高等学校计算机类规划教材

C++程序设计实用教程

主　编　郭金良　徐安凤
副主编　王　达　崔　蕊　潘群娜
　　　　崔　斌　李慧宗　刘向娇

本书资源使用说明

北京邮电大学出版社
·北京·

内容简介

本书是C++程序设计的入门教材，适合零基础的学习者使用。全书共16章，主要内容包括C++语言概述、C++语言基础知识、基本输入/输出、程序基本结构、函数、数组、字符串、指针与引用、用户自定义类型、类和对象、运算符重载、继承与派生、多态与虚函数、输入/输出流、模板与STL编程。

本书以C++98标准为基础，在相关知识点中融入C++11标准的新增功能介绍，从实用角度出发，精简内容、突出重点，强调对算法思想的介绍，便于读者由浅入深地逐步掌握C++语言的基本内容，并能用来处理实际问题。

本书既可作为高等院校计算机及相关专业的教材，也可作为对C++语言感兴趣的读者的自学参考书。

图书在版编目（CIP）数据

C++程序设计实用教程 / 郭金良，徐安凤主编. 北京 : 北京邮电大学出版社，2025. -- ISBN 978-7-5635-7590-9

Ⅰ. TP312.8

中国国家版本馆CIP数据核字第2025Z350K9号

策划编辑：赵　梅　　**责任编辑**：宋俊娥　　**封面设计**：义和文创

C++ CHENGXU SHEJI SHIYONG JIAOCHENG

出版发行：北京邮电大学出版社
社　　址：北京市海淀区西土城路10号（100876）
电话传真：010-82330190　62282185（发行部）　010-82333009　62283578（传真）
网　　址：www.buptpress3.com
电子信箱：buptpress3@163.com
经　　销：各地新华书店
印　　刷：三河市骏杰印刷有限公司
开　　本：787 mm×1 092 mm　1/16
印　　张：21
字　　数：579千字
版　　次：2025年8月第1版
印　　次：2025年8月第1次印刷

ISBN 978-7-5635-7590-9　　定价：59.80元

前　言

C++语言以其高效性、灵活性和广泛的应用领域，在计算机专业教育中占有重要地位，是计算机专业学生学习程序设计的首选语言之一。

本书秉承“夯实基础、注重实践、强调算法、培养思维”的核心理念，融合作者多年的教学经验与行业需求，旨在为读者提供一本系统性强、实用性高且契合新时代教育理念的教材。

一、教材结构

本书共16章，分为四大模块。

- 基础篇（第1～5章）：从C++程序的基本框架出发，逐步深入讲解数据类型、数据的表示与处理、程序结构、算法基础、输入/输出机制，最后讲解函数设计，培养读者的基础编程能力。
- 核心篇（第6～9章）：深入介绍数组、字符串、指针与用户自定义类型，强化读者的内存管理与复杂数据处理能力。
- 面向对象篇（第10～13章）：系统讲解类与对象、继承、多态和运算符重载，着力培养读者的面向对象思维。
- 高级特性篇（第14～16章）：覆盖文件流、模板和STL编程，拓展读者的工程化编程视野。

二、教材特色

（1）强调编程风格与习惯养成的重要性。本书从开篇就强调代码规范与编程风格的重要性，通过案例注释、命名规则讲解和代码分层设计演示，引导读者养成清晰、规范的编码习惯。无论是变量命名、代码缩进格式还是模块化设计方法，均以工程实践标准为参考，为读者后续进行软件开发奠定职业素养基础。

（2）内容体系完整，重点突出。本书以“基础知识→算法训练→面向对象→高级特性”为主线，覆盖C++核心语法与编程范式，对于程序基本结构、指针、类与对象、多态、模板等重点章节，通过深入浅出的理论剖析与实战案例分析，助力读者突破难点，规避常见误区。

（3）模块化设计，讲解循序渐进。本书每章采用“知识点→示例→综合应用→习题训练”的递进式结构。每章以学习目标开篇，由易到难，循序渐进，辅以层次分明的习题（基础题、编程题、拓展题），可满足不同层次读者的学习需求。附录部分提供了开发工具指南、习题参考答案及标准库速查手册，为读者的自主学习提供有力支持。

（4）案例驱动，强化实践能力。全书包含200多个实用案例，涵盖基础应用、数值计算、字符串处理、基本数据结构操作等诸多场景。通过大量案例的学习和训练，读者可以全面提升在程序阅读、设计、分析、编写和调试等方面的能力，进而强化其解决实际问题的能力。特别地，为了与程序设计竞赛紧密接轨，案例中的数据输入部分未提供过多提示，以锻炼读者的独立思考与解决问题能力。

（5）注重算法介绍，启发后续学习。算法是程序设计的灵魂。本书在介绍C++语言语法的同时，也高度注重算法的学习和应用。本书通过介绍递推、穷举、排序、查找、递归、贪心等常用算法及算法设计技巧，为读者后续学习数据结构和算法课程打下坚实的基础，也为参加程序设计竞赛的读者提供算法入门的指引，培养读者的算法设计与分析能力。

三、适用读者

本书旨在为普通高等院校计算机及相关专业的本科生提供一本系统的C++程序设计教材，同时也可作为程序设计爱好者的自学参考用书。阅读本书，读者只需要具备基本的计算机操作能力，无须预先掌握其他编程语言。

四、致谢

在编写本书的过程中，编者广泛参考了国内外的经典教材与C++标准文档，部分案例及习题得益于人工智能（Artificial Intelligence，AI）技术的辅助检查与优化。在此，向各位作者及相关企业表示诚挚的谢意。

本书的顺利出版，得益于**南阳师范学院的立项资助**，同时感谢北京邮电大学出版社编辑团队的严谨审校与辛勤付出。

参与本书编写的人员都是多年来从事C++程序设计课程教学的一线教师，书中许多内容都是他们教学经验的总结。

由于编者水平有限，书中难免存在疏漏之处，敬请各位专家、读者不吝赐教，批评指正。编者E-mail:20081067@nynu.edu.cn。

编　者

2025年6月

目　录

CONTENTS

第1章 C++语言概述

C++语言是在C语言的基础上进行扩展和改进而来的。它是一种高效的、通用的计算机编程语言，支持过程式编程、面向对象编程（object-oriented programming，OOP）、泛型编程（generic programming）等多种编程范式，广泛应用于系统编程、编译器、硬件驱动、图形界面设计、游戏开发、网络通信等领域。本章首先介绍C++语言的发展与特点，然后通过几个简单的例子说明C++程序基本结构以及C++程序开发步骤，并且强调遵循编码规范的重要性，旨在帮助读者对C++语言有一个全面的认识，初步具备编写简单C++程序的能力，为后续的学习打下坚实的基础。

学习目标

- 了解C++语言的发展与特点；
- 掌握C++程序基本结构；
- 熟悉C++程序开发的基本步骤；
- 能够利用开发工具编写简单的C++程序。

1.1 C++语言的发展与特点

1.1.1 C++语言的发展历程

C++语言起源于20世纪80年代初，是由丹麦计算机科学家比雅尼·斯特劳斯特鲁普（Bjarne Stroustrup）在贝尔实验室工作期间设计并实现的。起初，它被称为C with Classes，旨在通过增加对类（class）和对象的支持来增强C语言的功能，从而更有效地支持大型系统的软件设计与开发。

1983年，Stroustrup正式将这种语言命名为C++，即C plus plus，标志着它不再仅仅是C语言的一个扩展，而是一个独立的语言实体。C++语言早期沿袭了C语言的低级内存管理和高效的执行速度，同时后续引入了面向对象编程的关键概念，如封装（encapsulation）、继承（inheritance）和多态（polymorphism），这使得C++语言迅速成为工业界构建大规模、高性能应用程序的首选语言之一。

随着C++语言的发展，其标准也经历了多次修订和完善。1998年，C++标准委员会ISO/IEC发布了C++98标准，这是C++语言的第一个正式标准。其中，标准模板库（standard template library，STL）的引入显著增强了C++语言在泛型编程方面的能力，提升了C++程序的开发效率。

进入21世纪，C++语言继续快速迭代，ISO/IEC分别在2003年（C++03标准发布）、2011年（C++11标准发布）、2014年（C++14标准发布）、2017年（C++17标准发布）和2020年（C++20标准发布）等关键时间点上推出了新的语言标准。每次更新都包含了对已有特性的改进和完善。此时的C++标准逐步引入了现代编程语言的新特性，如右值引用、智能指针、lambda表达式、并发编程模型、元编程、类型推导、模块化支持等，使C++语言适应了更为复杂的应用场景和更高的性能要求。

如今，C++已经成为一种广泛使用的编程语言，长期占据计算机语言编程指数排行榜（https://www.tiobe.com/tiobe-index/）前列，是目前非常流行的编程语言之一。它不仅在系统编程、游戏开发、图形界面设计等传统领域发挥着重要作用，还在人工智能、大数据处理、云计算等新兴领域得到了广泛应用。

1.1.2 C++语言的特点

C++语言集诸多强大特性于一体，兼具高效性、灵活性和安全性。C++语言的主要特点如下。

（1）兼容C语言：C++语言设计之初便以C语言为基础，确保了对C语言的完美兼容。这意味着现有的C语言代码可以直接在C++环境中编译执行。

（2）面向对象编程：C++语言引入了类和对象的概念，支持封装、继承和多态三种面向对象编程的基本特性。

（3）泛型编程：C++语言通过模板（template）机制来支持泛型编程，允许代码独立于具体的数据类型，这极大提高了代码的复用性和抽象度。

（4）多范式支持（通用性）：C++语言不仅支持面向对象编程、泛型编程，还支持过程式编程，同时兼容函数式编程的部分特性。这种多范式支持使得C++语言能够适应各种复杂项目的开发需求。

（5）高效性：C++语言提供指针机制，允许程序员直接操控内存，编译器能够生成高效的机器码，这使得C++语言尤其适合对性能要求较高的应用。

（6）可移植性好（跨平台性）：C++语言是一种跨平台的语言，可以在多种操作系统上运行，包括Windows、Linux、macOS等，这使得C++语言能够适应不同的开发环境和运行环境的需求。

（7）异常处理：C++语言内置异常处理机制，能够捕获和处理程序运行过程中可能发生的错误，这增强了C++程序的健壮性和可靠性。

1.2 C++程序基本结构

下面介绍几个简单的例子，说明什么是C++程序。

1.2.1 简单C++程序

例1.1 编写程序，在屏幕上输出一行字符"Hello world!"。

```
#include <iostream>
```

```
using namespace std;
int main( ) {
    cout << "Hello world!" << endl;          // 输出"Hello world!"
    return 0;
}
```

说明：

（1）#include <iostream>是C++语言的一个预处理命令，它以“#”开头，行尾没有分号。这个命令的作用是将头文件（header file）iostream的内容包含到该命令所在的程序文件中。iostream是input-output-stream（输入/输出流）三个单词的组合。从字面意思可知，此文件负责提供程序进行输入/输出（I/O）时所需要的信息。由于几乎每个程序都少不了输入/输出，因此几乎每个C++程序都需要包含此命令。这类文件通常都放在程序文件的开头，称为头文件。

（2）using namespace std;语句表示使用命名空间std。它允许在代码中直接使用标准库（standard library）中的对象，如类、函数等，而不需要在它们的名称前面加上std::前缀。若无此行代码，则每次使用标准库中的类、函数等对象时都要加上std::前缀，比如，std::cout、std::endl。

注意：使用using namespace std;声明有一定的副作用，现代C++编程风格推荐使用明确的命名空间来避免命名冲突和提高代码的可读性。许多经验丰富的程序员以及C++编程规范都建议避免在全局范围内使用using namespace std;声明，而是在使用标准库中的对象时添加std::前缀。本书为方便排版，会用到using namespace std;声明，请读者注意。

（3）int main( )是函数首部，main是主函数的名称。每个C++程序都必须有且仅有一个main( )函数。main( )函数前面int的作用是声明函数的返回值类型为整数型。C++标准规定main( )函数的返回值类型必须是int型。一个C++程序总是从main( )函数开始执行，而不论main( )函数在整个程序中的位置如何。

（4）大括号{ }括起来的部分是函数体，是用来实现程序功能的语句序列。

（5）cout << "Hello world!" << endl;是一条C++语句。cout是C++系统预定义的对象名，它代表的是控制台输出流对象，默认将输出流中的内容输出到屏幕。“<<”是插入运算符，作用是将其后的内容插入输出流中，与cout配合使用，可以将输出流中的内容输出到屏幕、其他指定设备或文件。"Hello world!"是字符串常量，是要输出的内容，其中的双引号必不可少。endl的作用是输出一个换行符。最后的“;”是C++语句的结束标志，不可省略。

（6）“//”是C++语言中的行注释标志。C++语言规定，如果一行语句中出现“//”，则从它开始到本行末尾之间的全部内容都作为注释。注释是源程序的一部分，用于给代码添加说明或解释，帮助读者理解程序。但源程序在编译之后并不包含注释内容。

（7）return 0;的作用是向操作系统返回一个零值，表示程序正常执行结束。程序如果不能正常执行，则会自动向操作系统返回一个非零值。

例 1.1 的目的是使读者对C++程序的整体结构有一个大致的了解。

例 1.2 输入两个整数，求两数的和及最大值。

```
#include <iostream>                     // 包含iostream头文件，用于输入/输出操作
using namespace std;                    // 使用std命名空间
int main( ){
    int add(int a, int b);              // 对add( )函数的声明
    int a,b,sum,max_value;              // 定义int型变量：a、b、sum、max_value
    cin >> a >> b;                      // 输入两个整数，并分别存储到变量a和b中
```

```
7      sum = add(a,b);                 // 调用add( )函数，计算a和b的和，赋给变量sum
8      max_value = max(a,b);           // 调用库函数max( )求a和b的最大值，赋给max_value
9      cout << "sum = " << sum << endl;              // 输出sum的值
10     cout << "max = " << max_value << endl;        // 输出max_value的值
11     return 0;                       // 程序正常结束，返回0
12  }
13  //定义add( )函数，该函数接收两个int型的参数x和y，并返回它们的和
14  int add(int x,int y) {
15     return x+y;                     // 计算x+y的值，并返回计算结果
16  }
```

运行结果：

```
12 7↙              // ↙代表回车，下划线表示输入的数据，以便与输出内容区分
sum = 19
max = 12
```

说明：

（1）第 4 行语句是对自定义函数add( )的声明。它通知编译系统，add( )是一个函数，需要两个int型参数，并且函数返回的结果也是整数型。这也是函数的接口声明，告诉其他程序应如何使用此函数。

（2）第 5 行语句是变量定义语句，用于说明程序中要使用的已知量和未知量，并通知编译器为这些变量在内存中分配相应的空间。其中，int是数据类型，a、b等是变量名，变量sum用来表示a和b的和，变量max_value用来表示a和b的最大值。

（3）第 6 行语句是输入语句。cin是C++系统预定义的对象名（输入流对象）。“>>”是提取运算符，它的作用是从输入流中提取数据并存入其后的变量中，与cin配合使用，可以从指定设备读取输入信息并存入指定变量中。在输入数据时，输入的两个数据之间可以用空格符、制表符（按Tab键）或回车符分隔，不能用其他符号分隔。

（4）第 7 行语句是调用自定义的add( )函数，计算变量a和b的和，并将结果赋值给变量sum。“=”是赋值运算符，负责将赋值运算符右边的计算结果赋给赋值运算符左边的变量。

（5）第 8 行语句是调用标准库函数max( )求变量a和b的最大值，并赋值给变量max_value。

（6）第 9、10 行语句是输出语句，其含义与例 1.1 的输出语句相同。

（7）第 14 ～ 16 行语句是自定义函数add( )的定义（具体实现）。该函数的函数名为add，接收两个int型的参数x和y，并返回它们的和。函数定义是形式上的，使用函数时需要给出具体的参数值。比如，数学函数sin(x)是用来求给定角度的正弦值的，其中函数名为sin，x是形式参数（简称形参），使用时需要给出具体值，如sin(30)，30 是实际值，是实际参数（简称实参）。语句sum = add(a,b);是add( )函数的使用语句，其中a、b是实参。实参a、b分别传给形参x、y，形参x、y获得了具体值后，add( )函数就可以计算x+y的值，并通过return语句返回计算结果，从而实现函数的功能。

例 1.2 的目的是使读者了解一个C++程序可以包含多个函数，这些函数可以是C++系统提供的，也可以是用户自定义的。通过该例，读者可以对函数的形式和使用有一个初步的了解。有关函数的详细介绍见第 5 章。

例 1.3 使用类和对象重写例 1.2。

```
#include <iostream>
using namespace std;
class Calculator {                 // 定义Calculator类
```

```
    private:
        int a;
        int b;
    public:
        void input( ) {                    // 输入a、b的值
            cin >> a >> b;
        }
        int add( ) {                       // 加法运算
            return a + b;
        }
        int maxValue( ) {                  // 求最大值
            return max(a,b);               // 调用库函数max( )求最大值
        }
};
int main( ) {
    Calculator calc;                       // 定义 Calculator类对象calc
    calc.input( );                         // calc对象调用成员函数input( )实现输入
    cout << "sum = " << calc.add( ) << endl;       // calc对象调用成员函数add( )实现相加
    // calc对象调用成员函数maxValue( )实现求最大值
    cout << "max = " << calc.maxValue( ) << endl;
    return 0;
}
```

说明：

（1）本例实现的功能与例 1.2 完全相同，目的是演示C++语言提供的第 2 种编程方法，即面向对象程序设计方法。有关面向对象编程的内容将从第 10 章开始介绍。

（2）本例的程序将数据和操作数据的函数封装成一个名为Calculator的类。这个类定义了其对象具有接收输入两个整数、求这两个整数的和以及求这两个整数较大值的功能。在main( )函数中，程序定义了Calculator类的一个对象calc，并通过向calc对象发送指令（调用其成员函数）来完成程序的任务。这就好比鸟类具有飞行的功能，当向一只鸟发送飞行指令时，这只鸟就能完成飞行任务一样。

1.2.2　C++程序的结构

一个较复杂的C++程序往往由多人合作开发，每个人编写的程序构成独立的程序文件。在程序编译时，编译器以文件为单位进行编译，然后将编译后的文件连接成完整的应用程序。

（1）从总体上看，一个C++程序是由多个文件组成的。

（2）一个程序文件通常由以下三部分组成。

①预处理命令部分，以“#”开头。

②全局声明（在函数外的声明）部分，包括用户自定义类型的声明和程序中用到的全局变量的定义。例如，例 1.3 中的Calculator类就是一个全局声明。

③函数部分，是用来实现操作的部分，是C++程序的基本组成部分。每个可执行的C++程序可以包括一个或多个函数，其中必须有一个（而且仅能有一个）main( )函数。

上述三部分并不是每个C++程序文件都必须包含的，例如头文件一般只有声明部分，不包含函数部分。

（3）函数主要由以下几部分组成。

①函数首部，即函数定义的第 1 行，包括函数返回值类型、函数名、形参列表（形参类型 形参名，…）。函数名后面必须跟一对小括号，可以没有形参列表。

②函数体，即函数首部后面的大括号内的部分。如果函数中有多个大括号，则最外层的一对大括号为函数体的范围。函数体由声明部分和执行部分组成。

③声明部分（在函数体内的声明部分），包括对本函数中所用到的数据类型、函数的声明和变量的定义等。

④执行部分（在函数体内），由若干执行语句组成，用来执行相关的程序操作，以实现程序中函数的功能。语句是实现程序操作的基本单位，用于执行特定的操作或任务。例如，int a, b; 是变量定义语句，cin >> a >> b; 是输入语句。

（4）若一个C++程序是面向对象程序，则类是程序的核心数据类型。类是C++语言相对于C语言非常重要的发展之一。

（5）一个设计良好的源程序都应当加上必要的注释，以提高程序的可读性。注释的形式有以下两种。

①多行注释："/*" 和 "*/" 之间的全部内容都是注释，其有效范围可以为多行，这是从C语言继承过来的特性。

②单行注释：以 "//" 开头，从它开始一直到行尾的全部内容都是注释。使用 "//" 作注释开头时，有效范围只有一行，即本行有效，不能跨行。

1.2.3 C++语法元素

从程序语句的语法元素来看，C++程序主要包括以下几个方面。

（1）基本字符集：这是组成C++语言的基本符号，即美国信息交换标准代码（American Standard Code for Information Interchange，ASCII）字符集。基本字符集分为三类：字母、数字和特殊符号。

（2）词汇：这是构成语句的基础。C++语言包括 5 种词汇，即关键字（keyword）、标识符（identifier）、常量（constant）、运算符（operator）和标点符号（punctuation）。

关键字，又称保留字（reserved word），是C++系统预先定义好的具有特定含义的单词。如果试图将它们用作其他目的（如作为变量名），编译器将会报错。例如，例 1.1 中的using、int、return等均是关键字。C++11 定义了 73 个关键字。

标识符是程序员为程序中的各种元素指定的名字，这些元素包括变量、符号常量、函数、数组、类型、对象等。标识符的命名规则如下。

①由字母、数字和下划线三种字符组成，且首字符必须是字母或下划线。

②字母区分大小写。

③不能与关键字及C++系统预定义的标识符同名，且应见名知义。标识符一般采用英文单词或单词组合的形式。

标识符分为C++系统预定义的标识符（standard identifier）和用户自定义的标识符（user-defined identifier）。例如，例 1.2 中的cout、std、endl等是C++系统预定义的标识符，具有特殊含义，不应与用户自定义的标识符重名，而sum、add、max_value等都是用户自定义的标识符。

常量分为字面常量和符号常量。有关常量的详细内容将在第 2 章中学习。例如，例 1.2 中的"sum = "是字符串常量，而 0 是整数型常量。

运算符是对程序中的数据进行操作的一类词汇，包括单目运算符、双目运算符、三目运算符和关键字运算符（如new、sizeof等）。例如，例 1.3 中的 "+" "<<" "." 都是双目运算符。

标点符号是在程序中起分隔作用或界定范围作用的一类符号，属于基本字符集。例如，"#" 是预处理标记符，";" 是语句结束符，"{" 是复合语句的开始标记等。

1. 2. 4　书写规范

C++程序的书写规范对于代码的可读性、可维护性以及团队协作的效率都至关重要。尽管C++程序的书写格式相对自由，但初学者应养成良好的编程习惯，遵守约定俗成的书写规范。

（1）标识符命名：应做到见名知意，习惯使用小写字母，并注意标识符对大小写是敏感的，也就是说，大小写不同的标识符会被视为不同的标识符。变量名应使用小写字母和下划线，例如my_variable。函数名应采用小驼峰命名法，即第一个单词小写，后面单词的首字母大写，例如calcSum。类名应使用大驼峰命名法，即第一个单词的首字母也应大写，例如MyClass。符号常量名应使用大写字母和下划线，例如MAX_VALUE，并尽量避免以下划线开头或结尾。另外，标识符长度尽量不要超过 31 个字符。

（2）注释：应为复杂的代码段、函数和类添加注释，解释其功能、输入/输出以及可能的副作用。避免在简单的代码行上添加注释，除非有必要解释特殊的实现细节。

（3）缩进和空格：按Tab键进行缩进，并保持缩进方式的一致性。在运算符两侧、逗号后面添加空格，以提高代码的可读性。

（4）代码布局：将相关的代码组织在一起，例如将类的成员函数放在一起。在函数内部采用锯齿形书写格式，即一行写一个语句，并在不同的代码段之间适当地添加空行。建议每行代码的长度不超过 80 个字符。

以上是C++程序的基础书写规范，后续在介绍相关内容时会进一步讲解具体的规范。当然，这些规范并不是绝对的。在实际项目开发中，也可以根据团队的需求和偏好制定自己的编码规范。

1. 3　C++程序开发步骤

使用C++语言编写程序来解决一个实际问题，需要经过一系列的步骤。

例 1.4　输入一个华氏温度F，要求输出摄氏温度c。已知$c=\frac{5}{9}(F-32)$，输出结果在小数点后保留两位小数。

C++程序开发一般需要经过如下步骤。

（1）分析问题：明确问题的任务和目标，确定已知条件和求解对象。在例 1.4 中，已知条件是华氏温度F，求解对象是摄氏温度c，它们均是实数（浮点数）。

（2）设计算法（algorithm）：确定实现任务的方法和步骤。实现例 1.4 中任务的方法和步骤如下。

①方法：使用给定的转换公式。

②步骤：分为三步，即输入华氏温度F，根据公式计算摄氏温度c，按要求输出结果。

（3）编写代码：在明确了方法和步骤之后，选用合适的开发工具来编写代码。

用高级语言编写的程序称为源程序。C++源程序文件通常以.cpp作为扩展名（cpp是C plus plus的缩写）。

使用C++语言编写的代码如下：

```
#include <iostream>
#include <iomanip>              // 用来实现输出格式控制
using namespace std;
```

```
int main( ){
    float F,c;
    cout << "输入华氏温度:";
    cin >> F;
    c = 5 / 9 * (F - 32);
    cout << fixed << setprecision(2);          // 设置输出格式，小数点后输出两位有效数字
    cout << "摄氏温度:" << c << endl;
    return 0;
}
```

（4）编译源程序：计算机只能识别二进制代码，无法直接识别用高级语言编写的源程序。为了使计算机能执行这些源程序，必须使用编译器（compiler）软件（也称编译程序或编译系统），将源程序翻译成二进制形式的目标程序（object program）。目标程序文件名通常以.obj或.o（object的缩写）作为后缀。编译是以源程序文件为单位分别进行的，其作用是对源程序进行词法和语法检查。编译结束后，编译器会显示编译结果，若发现错误，则会显示所有的编译出错信息。一般编译器给出的出错信息分为两种：一种是错误（error），另一种是警告（warning）。如果程序不能通过编译，则需要返回第（2）步或第（3）步，检查算法是否正确以及确认代码存在的问题，改正错误后重新编译。

（5）连接目标程序文件：改正所有错误并且源程序全部编译通过后，会得到一个或多个目标程序文件，此时，需要使用系统提供的连接程序（linker）将一个程序的所有目标程序文件、系统的库文件以及系统提供的其他信息连接起来，最终形成一个可执行的二进制文件，其文件名的后缀为.exe（execute的缩写）（以Windows操作系统为例），这个文件是可以直接执行的。如果连接出错，通常是因为找不到库文件或目标程序文件，此时需要在程序开头添加相应的头文件。

（6）运行程序：运行编译、连接后形成的可执行二进制文件（.exe文件），获取运行结果。

（7）分析运行结果：如果运行结果不正确，应检查算法或程序是否有问题，并对程序进行调试和测试。这一步骤往往需要程序员花费更多的时间。例如，例1.4的代码运行时无论输入什么值，结果均为0，经过分析发现是5/9的结果为0导致的错误。这是因为在C++语言中，两个整数相除的结果为整数商。将代码改为5.0/9后，程序正常运行，结果如下：

```
输入华氏温度:100↙
摄氏温度:37.78
```

（8）后期维护：如果程序在使用过程中有进一步的任务需求或原有需求需要修改，后期还需要进行程序维护工作。

C++程序开发步骤如图1-1所示。

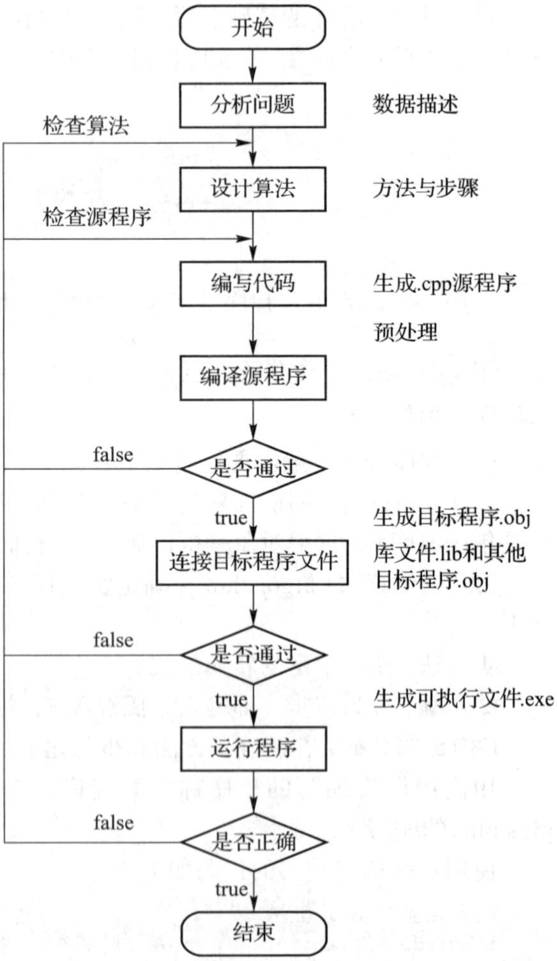

图1-1 C++程序开发步骤

1.4 习 题 1

一、填空题

1. C++语言中，预处理命令以符号________开头。

2. C++标准库中的类和函数是在命名空间________中声明的。

3. 一个函数由________和________两部分组成。

4. C++语言中，源程序文件的扩展名为________，经编译后生成的目标程序文件的扩展名为________。

5. 在C++程序开发步骤中，________是将源程序转换为可执行文件的过程。

二、判断题

1. C++语言支持面向对象编程，但不支持过程化编程。（ ）

2. 在C++语言中，注释是程序的必要部分，它会影响程序的执行结果。（ ）

3. 在C++语言中，"{"与"}"只能作为函数体的定界符。（ ）

4. 在C++语言中，"/*"与"*/"之间的内容是不被编译的。（ ）

5. 在C++语言中，分号是语句结束的标志。（ ）

三、选择题

1. 以下有关main()函数的描述中错误的是（ ）。

   A. 一个C++程序总是从main()函数开始执行的

   B. 在C++程序中，main()函数必须位于程序的最前面

   C. 在C++语言中，main()函数可以有参数

   D. 一个C++程序只能包含一个main()函数

2. （ ）符号用于表示C++语言中的单行注释。

   A. //　　B. /* */

   C. #　　D. < >

3. 具有下列扩展名的文件中，能在运行Windows操作系统的计算机中直接执行的是（ ）。

   A. .cpp　　B. .obj

   C. .exe　　D. .h

4. 标准输入/输出的头文件是（ ）。

   A. cmath　　B. iostream

   C. string　　D. iomanip

5. 下列选项中不能作为C++程序中用户自定义标识符的是（ ）。

   A. Main　　B. using

   C. _int　　D. Return

四、简答题

1. 什么是标识符？标识符的命名规则是什么？

2. 使用C++语言编写程序的步骤有哪些？

五、编程题

1. 在屏幕上输出笑脸字符"^_^"。

2. 在屏幕上输出如图 1-2 所示的倒三角图案（说明：“*”与“*”之间有一个空格）。

图 1-2　倒三角图案

3. 输入两个整数，求它们的乘积。[可以尝试定义一个函数multiply( )，接收两个整数参数，返回它们的乘积。]

4. 输入三个整数a、b、c，求它们中的最大值。

第2章 C++基础知识

C++基础知识是深入学习C++编程的重要起点。本章将带领读者探索C++语言的数据类型、常量、变量、运算符和表达式等核心概念，这些内容构成了C++程序设计的基础。正确理解数据的表示和运算，是编写有效的C++程序的关键。通过本章的学习，读者将掌握C++编程的基本元素，为后续编写复杂程序奠定坚实的基础。

学习目标

- 掌握C++语言的基本数据类型，了解不同类型数据的表示范围和存储方式；
- 理解常量的表示形式，能在程序中正确使用常量；
- 掌握变量的定义、初始化、赋值及使用方法；
- 掌握常用运算符的含义、优先级、运算规则及使用方法；
- 正确运用常量、变量表示数据，使用运算符操作数据，编写简单的C++程序实现对基本类型数据的处理。

2.1 C++语言的数据类型

2.1.1 数据类型概述

在使用计算机进行程序设计时，程序需遵循一系列步骤来处理数据并输出结果。数据既是程序操作的对象，也是构成程序的核心要素。

在现实世界中，数据总是以特定的形式存在的。处理数据时，人们通常会先对其进行分类，以便更有效地进行处理。程序设计语言也遵循这一原则。不同类型的数据在表示形式、存储方式及处理方法上各有差异。若所有数据均不加区分，其识别与处理将变得异常困难且易出错。因此，程序设计语言引入了数据类型的概念，对数据进行了分类。这一做法不仅满足了计算机处理数据的需求，还有助于提高数据的可理解性，简化数据操作，降低错误率，并提升效率。

数据类型定义为一个值的集合，以及在该值集上定义的一组操作。

（1）数据类型规定了与该类型相关的数据的存储表示及取值范围。

（2）数据类型规定了可以对该类型的数据执行的操作。

C++语言提供了丰富的数据类型，以满足程序设计的多样化需求。这些数据类型包括以下两大类。

（1）基本数据类型（fundamental data type），属于内置数据类型：包括整数型、浮点型、字符型、布尔（逻辑）型及空类型。基本数据类型主要用于描述简单数据。

（2）复合数据类型（compound data type）：包括数组类型、指针类型、枚举类型、结构体类型、共用体类型、类类型及引用类型。复合数据类型是由基本数据类型或其他复合数据类型依据特定规则组合而成的，用于描述现实生活中的复杂数据。例如，数组类型用于描述同类型批量数据的集合，结构体类型用于表示不同类型数据的组合，指针类型用于表示数据在内存中的存储位置。复合数据类型的引入极大地增强了C++语言的数据描述能力，使其能够表示如栈（stack）、链表、树等复杂的数据结构。

2.1.2 基本数据类型

C++语言的基本数据类型分5类，即整数型、浮点型、字符型、布尔型和空类型，分别用关键字int、float、char、bool、void表示。有的类型还可以通过加上修饰符进一步细分，如int型可以加有符号修饰符signed和无符号修饰符unsigned（没有负值），将int型分成signed int 和 unsigned int两种。基本数据类型的分类如表2-1 所示。

表2-1 基本数据类型的分类

数据类型	类型标识符	字节	数值范围
int	[signed] short	4	−32 768 ～ +32 767
	unsigned short [int]	4	0 ～ 65 535
	[signed] int	2	−2 147 483 648 ～ +2 147 483 647
	unsigned [int]	2	0 ～ 4 294 967 295
	[signed] long	4	−2 147 483 648 ～ +2 147 483 647
	unsigned long [int]	4	0 ～ 4 294 967 295
char	[signed] char	1	−128 ～ +127
	unsigned char	1	0 ～ 255
float	float	4	1.2×10^{-38} ～ 3.4×10^{38}
	double	8	2.2×10^{-308} ～ 1.8×10^{308}
	long double	12	$3.362\,1\times10^{-4\,932}$ ～ $1.189\,73\times10^{4\,932}$
bool	bool	1	false（0），true（1）
void	void		

说明：

（1）C++11 标准新增了char16_t（2 字节）、char32_t（4 字节）字符类型和long long双长整数型，使字符和整数的表示范围更大。

（2）C++语言并没有统一规定不同类型数据在内存中所占的字节数。字节数不同，数据的精度、数值范围也不同，具体每类数据占用多少字节的内存由编译器决定。用户可使用C++语言提供的运算符sizeof来测试在具体编译环境下不同类型数据在内存中被分配的字节数。表2-1 中各种数据类型的字节数是在GCC10.2 32-bit下测试的结果。

sizeof运算符的语法形式如下：

```
sizeof(数据类型/表达式)
```

作用：用来返回数据类型所占内存的大小。

例如：

```
cout << sizeof(float) << endl;          // 输出 4
cout << sizeof(char) << endl;           // 输出 1
```

char 和 bool 型本质上是整数型。C++编译环境在头文件 climits 中定义了代表每种整数型数据的极限值的符号常量。

例 2.1　整数型数据的最大值和最小值。

```
#include <iostream>
#include <climits>
using namespace std;
int main( ) {
    cout << "The number of bits in a byte = " << CHAR_BIT << endl;
    cout << "The minimum value of SIGNED CHAR = " << SCHAR_MIN << endl;
    cout << "The maximum value of SIGNED CHAR = " << SCHAR_MAX << endl;
    cout << "The maximum value of UNSIGNED CHAR = " << UCHAR_MAX << endl;
    cout << "The minimum value of SHORT INT = " << SHRT_MIN << endl;
    cout << "The maximum value of SHORT INT = " << SHRT_MAX << endl;
    cout << "The maximum value of UNSIGNED SHORT INT = " << USHRT_MAX << endl;
    cout << "The minimum value of INT = " << INT_MIN << endl;
    cout << "The maximum value of INT = " << INT_MAX << endl;
    cout << "The maximum value of UNSIGNED INT = " << UINT_MAX << endl;
    cout << "The minimum value of LONG = " << LONG_MIN << endl;
    cout << "The maximum value of LONG = " << LONG_MAX << endl;
    cout << "The maximum value of UNSIGNED LONG = " << ULONG_MAX << endl;
    cout << "The minimum value of LONG LONG = " << LLONG_MIN << endl;
    cout << "The maximum value of LONG LONG = " << LLONG_MAX << endl;
    cout << "The maximum value of UNSIGNED LONG LONG = " << ULLONG_MAX << endl;
    return 0;
}
```

运行结果：

```
The number of bits in a byte = 8
The minimum value of SIGNED CHAR = -128
The maximum value of SIGNED CHAR = 127
The maximum value of UNSIGNED CHAR = 255
The minimum value of SHORT INT = -32768
The maximum value of SHORT INT = 32767
The maximum value of UNSIGNED SHORT INT = 65535
The minimum value of INT = -2147483648
The maximum value of INT = 2147483647
The maximum value of UNSIGNED INT = 4294967295
The minimum value of LONG = -2147483648
The maximum value of LONG = 2147483647
The maximum value of UNSIGNED LONG = 4294967295
The minimum value of LONG LONG = -9223372036854775808
The maximum value of LONG LONG = 9223372036854775807
The maximum value of UNSIGNED LONG LONG = 18446744073709551615
```

C++系统在头文件 cfloat 中定义了每种浮点型数据的极限值的符号常量。

```
//float 型能存储的最大值和最小值
FLT_MAX = 3.40282e+38
FLT_MIN = 1.17549e-38
//double 型能存储的最大值和最小值
DBL_MAX = 1.79769e+308
DBL_MIN = 2.22507e-308
//long double 型能存储的最大值和最小值
LDBL_MAX = 1.18973e+4932
LDBL_MIN = 3.3621e-4932
```

（3）整数型数据在内存中按照二进制补码形式存储，其中无符号整数没有负数，最小值为0。例如，十进制短整数型数65的二进制形式为01000001，其在内存中的存储形式如图2-1所示。

0	0	0	0	0	0	0	0	0	1	0	0	0	0	0	1

图 2-1　十进制短整数型数 65 在内存中的存储形式

（4）浮点型数据在计算机中以规格化的指数形式存储，遵循IEEE 754标准，逻辑上用三元组$\{S,E,M\}$表示一个浮点数N：$N=(-1)^S\times M\times 2^E$。$S$表示$N$的符号位，如果$N$为正数，则$S=0$，否则$S=1$；$E$表示$N$的指数位（阶码），采用移码的方法表示正负指数；$M$为$N$的尾数位，也称有效数字位，尾数不为0时，尾数域的最高有效位应为1。浮点数的规格化表示在“计算机组成原理”课程中有详细讲解。例如，单精度浮点数N在内存中占4字节，N共占32位，其中S占1位，E占8位，M占23位，如图2-2所示。

31	30　　　23	22　　　0
S	*E*	*M*

图 2-2　单精度浮点数*N*在内存中的存储形式

M占的位数决定浮点数的有效数字的位数，位数越多，精度越高；E占的位数决定浮点数的取值范围，位数越多，范围越大。在MinGW GCC10.2.0环境中，float型数据提供6～7位有效数字，double型数据提供15～16位有效数字，而long double型数据提供19位有效数字。

（5）字符型数据在内存中以ASCII码形式存储，占1字节，使用指定的7位或8位二进制数的组合来表示128种或256种可能的字符。ASCII字符表见附录A。

（6）布尔型数据在内存中占1字节，只有两个值，即false（0）和true（1）。

（7）空类型主要用来定义通用指针或作为没有返回值的函数的返回值类型，不能用来定义普通变量，因为系统不知道如何分配内存。

2.2　数据的表示形式

2.2.1　常量

1. 常量及其分类

常量是指在程序运行过程中其值不能改变的量。常量分以下两大类。

（1）字面常量（直接常量）：从字面形式即可识别的常量。例如，126、-1.5、'a'、"OK"等。

（2）符号常量（宏常量）：通过#define定义的常量。

2. 字面常量

字面常量包括以下几种类型。

1）整数型常量

（1）十进制整数：与数学中的形式一样，如15、-3、0等。一个整数型常量加后缀字母l或L，表示其是long int型常量，加ll或LL则表示其是long long型常量，加字符U则表示其是unsigned int型常量。例如，12L、78LL、21U等。

（2）八进制整数：以数字 0 开头的整数，形式为 0 加若干个 0 ～ 7 的数字，表示其是八进制数形式的整数型常量。例如，030 相当于十进制数 24。

（3）十六进制整数：以一个数字 0 和一个英文字母 x（或 X）开头的整数，形式为 0x 加若干个 0 ～ 9 的数字及 A ～ F 的字母（大小写均可），表示其是十六进制数形式的整数型常量。例如，0x2B 相当于十进制数 43。

（4）二进制整数：C++11 标准增加了以 0b 开头的整数，形式为 0b 加若干 0 ～ 1 的数字，表示其是二进制形式的整数型常量。例如，0b010110 是二进制整数，它相当于十进制数 22。

2）浮点型常量

（1）十进制小数形式：一般由整数部分和小数部分组成，如 3.14、–9.8 等。若小数点前或后为 0，则可省略小数点前或后面的零，如 2.0 可省略表示为 2.（不建议这样使用）。C++ 编译器把用小数表示的浮点数常量一律按双精度常量处理，在内存中占 8 字节。如果在浮点数的数字之后加字母 F 或 f，则表示此数为单精度浮点数，如 12F、–3.14f，在内存中占 4 字节。如果加字母 L 或 l，则表示此数为长双精度数（long double），在 GCC 环境的内存中占 12 字节。

（2）指数形式：类似于数学中的科学记数表示，浮点型常数可用指数形式表示，如 2.718 可表示为 0.2718×10^{1}、27.18×10^{-1}、271.8×10^{-2} 等形式，在程序中相应地表示为 0.2718e1、27.18e–1、271.8e–2 等。字母 e 表示其后的数是以 10 为底的幂指数，如 1e12 表示 1×10^{12}。e 之前必须有数字，e 之后必须为整数。

由于指数部分的存在，同一个浮点数可以用不同的指数形式表示，数字部分中小数点的位置是浮动的。规范化的指数形式：数字部分必须小于 1，同时，小数点后面第一个数字必须是一个非 0 数字。C++ 编译器把指数形式的常量一律作为双精度常量处理。

3）字符型常量

（1）普通字符常量：用单引号（'）括起来的一个字符就是字符型常量。如 '*'、'#'、'a'、'X' 都是合法的字符常量。字符常量只能包括一个字符，如 'AB' 是不合法的；字符常量区分大小写字母，如 'B' 和 'b' 是两个不同的字符常量；单引号是定界符，不属于字符常量的一部分；字符常量不能为空，即两个单引号之间必须有一个字符，经常出现的错误是把空格符误写成 ''，中间忘记输入空格。

（2）转义字符常量：在 ASCII 字符表中，编号为 0 ～ 32 及 127 的字符为不可显示的字符（控制字符），这类字符在程序中不能直接表示。C++ 语言允许用一种特殊形式，即以 “\” 开头的字符序列来表示，“\” 称为转义字符。当然，其他字符也可用这种形式表示。表 2–2 给出了常用的转义字符。

表 2–2 常用的转义字符

转义字符	含义	ASCII 码值
\0	空字符	0
\a	响铃	7
\b	退格，当前位置前移一格，相当于按 Backspace 键	8
\t	水平制表（跳到下一个制表位），相当于按 Tab 键	9
\n	换行，当前位置移到下一行的开头，相当于按回车键	10
\r	回车，当前位置移到本行的开头，新内容会从行首开始覆盖原有内容	13
\\	反斜线符号	92

续表

转义字符	含义	ASCII码值
\'	单引号	39
\"	双引号	34
\ddd	1～3位用八进制数表示的字符	
\xhh	1～2位用十六进制数表示的字符	

注意：不能在单引号中使用全角字符，例如汉字，因为全角字符占2字节，相当于两个字符，是字符串。

例 2.2 转义字符的使用。

```
#include <iostream>
using namespace std;
int main( ) {
    cout << '\101' << '\t' << '\\' << '\n';
    cout << '\x42' << '\t' << '\'' << '\012';
    cout << '\060' << '\t' << '\"' << '\12';
    return 0;
}
```

运行结果：

```
A       \
B       '
0       "
```

说明：'\101'是字符A的八进制形式（ASCII码值为65），'\t'用来对齐第2列的字符，'\n'、'\012'、'\12'均是换行符，作用与endl一样。'\\'、'\''、'\"'分别表示单个字符\、'、"，因为"\"是转义字符，而'、"分别是字符常量和字符串常量的定界符，所以表示它们要使用转义字符。'\x42'是字符B的十六进制形式（ASCII码值为66），'\060'是字符0的八进制形式（ASCII码值为48）。

4）字符串常量

字符串常量是用一对双引号括起来的字符序列，如"cmd"、"Hello"、"exit"、"1978"等。编译器会在字符串的末尾自动加一个'\0'作为字符串结束标志。

字符串常量"cmd\n"在内存中占5字节，用cout << "cmd\n";输出时会输出字符串"cmd"并换行，而不包括'\0'，即'\0'只作为字符串结束标志，并不是字符串内容的一部分。

5）布尔（逻辑）常量

布尔常量只有两个值：true、false。在程序上直接输出其值，分别为1、0。

3. 符号常量

在程序中直接使用字面常量有以下两个问题。

（1）可读性差：若程序中出现3.14，它代表什么意思？实际上它有可能代表的是圆周率π的值。

（2）可维护性差：若程序中多次出现3.14，现在要求改为3.14159，则需要对所有的3.14进行修改。若漏掉其中任何一个，则会导致程序错误。

C++语言解决这个问题的方法之一是用一个标识符来代表这个常量，这个标识符称为符号常量，即以标识符形式出现的常量。

符号常量用#define命令定义，一般形式如下：

```
#define 标识符字符串
```

作用：用一个指定的标识符（也称宏名）来代表一个字符串（字面常量）。程序在预处理时会自动将所有的标识符用字符串替换。

例 2.3 输入圆的半径，求其面积（使用符号常量）。

```
#include <iostream>
using namespace std;
#define PI 3.141593          // 定义符号常量PI代表圆周率，末尾不能加分号
int main( ) {
    double radius, area;
    cin >> radius;
    area = PI * radius * radius;
    cout << "Area = " << area << endl;
    return 0;
}
```

运行结果：

```
2.5↙
Area = 19.635
```

注意：符号常量定义的末尾不要加分号，否则“;”会作为常量的一部分。符号常量使用大写字母和下划线表示。

2.2.2 变量

1. 变量的含义及属性

数据是保存在一定的存储单元中的，数据连同保存它的存储单元被抽象为变量。变量的含义为在程序运行过程中其保存在存储单元中的数据是可以改变的。变量有如下属性。

（1）变量名：变量均有名字，要根据标识符命名规则命名（见名知意，使用小写字母加下划线）。

（2）变量地址：一个变量在内存中占据一定的存储单元，该存储单元中存放着变量的值。该单元的起始位置就是该变量的地址（可用取地址运算符“&”获取变量的地址）。

（3）变量值：变量对应的存储单元中存放的内容为变量的值。一个变量有确定的值才能使用。

2. 变量的定义

C++标准规定，程序中用到的所有变量必须先定义后使用。

定义变量的一般形式如下：

```
数据类型　变量名表列;
```

变量名表列指的是包含一个或多个变量名的序列。例如，int a, b, c;。

注意：定义变量时，各变量间以逗号分隔，最后是分号。提倡用一行语句定义一个变量，以方便添加注释。

3. 变量的初始化

变量可以先定义再赋值，也可以在定义变量时给它赋一个初值。

变量初始化的一般形式如下：

```
类型名 变量名 = 初值;
```

或

```
类型名 变量名{初值};
```

例如:

```
double x = 3.14, g{9.8}, zero{ };
```

C++11 标准统一了初始化格式，推荐使用一对{ }来初始化所有对象。对于内置类型，若大括号内为空，系统通常将其初始化为零值（对于数值类型）或相应的默认构造状态（对于类类型）。但要注意的是，初始化的零值并不是所有类型的空值，得到的默认值会根据初始化的类型而有所不同。

如果变量未赋初值，则系统给变量分配的存储单元中的内容是未定义的，即变量值是随机的。此时若使用此变量，则编译器可能会提示警告信息。例如:

```
int a;
cout << a << endl;            // 输出结果是随机的
```

编译时提示:

```
[Warning] 'a' is used uninitialized in this function [-Wuninitialized]
```

4. 常变量

在定义变量时，在前面加上关键字const，则这个变量的值在程序运行期间不能改变，这种变量称为常变量（constant variable）。

例如:

```
const double pi{3.14};        // 定义常变量pi，其值始终为3.14，不能改变
```

在定义常变量时必须同时对它初始化，此后它的值不能再改变。

另外，C++11 标准也使用关键字constexpr来定义常变量，constexpr常变量称为编译时常变量，其值必须在编译时确定，不能依赖于运行时的信息。而const常变量称为运行时常变量，在编译时保证它的值在运行时不会被改变，但并不要求这个值在编译时已知。const常变量主要用于函数参数或类的成员（数据成员或成员函数），若编译时变量的值就能确定，则使用constexpr常变量。constexpr常变量比const常变量更严格，因为它要求表达式的值必须在编译时就能确定。

2.3 运算符与表达式

2.3.1 运算符与表达式概述

1. 运算符的定义

运算符是具有特定功能的符号，在程序设计语言中，它指示编译器执行特定的操作，能够对一个或多个操作数（运算对象）进行运算。

2. C++语言中的运算符

C++语言提供了丰富多样的运算符，这些运算符使用方便且功能强大，使得C++语言在处理各种类型的数据时具有极高的灵活性。C++语言的运算符按优先级共分为18级，并根据操作数的个数分为三类：单目运算符、双目运算符和三目运算符。

3. 表达式

在C++语言中，表达式是符合C++语法规则的有意义的组合，由运算符和操作数构成。例如，算术表达式、赋值表达式、逻辑表达式、关系表达式、逗号表达式和条件表达式等。

求值规则：在求解表达式时，首先根据运算符的优先级别的高低依次执行；当操作数两侧的运算符的优先级相同时，再按照规定的结合性（结合方向）进行处理。

4. 运算符的优先级

运算符的优先级规定了包含多种运算符的表达式中不同运算符的执行次序。优先级高的运算符先执行，优先级低的运算符后执行。在一个表达式中，可能包含由不同运算符连接起来的多个不同数据类型的数据对象。当表达式涉及多种运算时，不同的结合顺序可能导致不同的结果，甚至出现运算错误。因此，当表达式中包含多种运算时，运算符和操作数必须按照一定的优先级顺序进行结合，以确保运算的合理性和结果的正确性、唯一性。C++语言中可以通过使用小括号来改变优先级顺序，使得小括号内的运算优先于小括号外的运算。

5. 运算符的结合性

结合性是C++语言对表达式求值顺序的规定。当表达式中操作数两侧的运算符的优先级相同时，按照规定的结合性求值。结合性分为左结合性和右结合性。

左结合性：自左向右。例如，在表达式a+b-c*d中，操作数b两侧的运算符的优先级相同，且“+”和“-”具有左结合性，因此先执行a+b。

右结合性：自右向左。例如，在表达式a=b=c=15中，操作数c两侧的运算符的优先级相同，且“=”具有右结合性，因此先执行c=15。

2.3.2　运算符

1. 算术运算符

算术运算符（arithmetic operator）是用来实现算术运算的运算符，即处理四则运算的功能符号。

1）基本的算术运算符

（1）+：加法运算符、正运算符，例如，5+8、+2。

（2）-：减法运算符、负运算符，例如，5-3、-2。

（3）*：乘法运算符，例如，8*5。

（4）/：除法运算符，例如，8/5、1.5/3。除数不能为0。

（5）%：模运算符，或称求余运算符，例如，7%4的值为3。

优先级：+、-（正、负运算符）优先级为3级，*、/、%优先级为5级，+、-（加、减运算符）优先级为6级。

结合性：+、-（正、负运算符）具有右结合性，其他具有左结合性。

例如，3 + 5 * -1表达式中，-（负运算符）优先级高于*，先执行，然后执行*运算，最后执行+运算，结果为-2。

说明：

①两个整数相除的结果为整数，如5/3的结果值为1，舍去小数部分。

②求余运算使用被除数和除数的绝对值进行运算，不考虑数值的正负，运算结果的符号与被除数的符号保持一致。%两侧的操作数均为整数型数据，除数不能为0。例如，-7%4的值为-3，而7%(-4)的值为3。

2）自增（++）和自减（--）运算符

C++语言提供自增（++）和自减（--）运算符，作用是使变量的值增 1 或减 1。例如，++i 相当于i=i+1。这两个运算符仅作用于变量。

优先级和结合性如下：

（1）前置++、--，优先级为 2，具有右结合性。

（2）后置++、--，优先级为 2，具有左结合性。

运算规则：前置++、--是先使变量的值加 1 或减 1，再参与运算，而后置++、--是先使用变量的值参与运算，然后变量的值再加 1 或减 1。

例如，已知 int i=5;，则对变量 i 进行前置++、--运算与后置++、--运算的过程如下。

++i：在使用 i 之前，先使 i 的值加 1，则执行 j=++i 后，i、j 的值均为 6。

--i：在使用 i 之前，先使 i 的值减 1，则执行 j=--i 后，i、j 的值均为 4。

i++：在使用 i 之后，使 i 的值加 1，则执行 j=i++ 后，j 的值为 5，然后 i 的值变为 6。

i--：在使用 i 之后，使 i 的值减 1，则执行 j=i-- 后，j 的值为 5，然后 i 的值变为 4。

2. 关系运算符

关系运算符又称比较运算符，是用来判断两个操作数之间的大小关系是否成立的运算符。

C++语言提供了 6 种关系运算符：

① <（小于）　② <=（小于或等于）　③ >（大于）　④ >=（大于或等于）

⑤ ==（等于）　⑥ !=（不等于）

优先级：①～④优先级相同，为 8 级；⑤～⑥优先级相同，为 9 级。

结合性：左结合性。

关系运算的结果为布尔型，若关系成立则返回 true（值为 1），否则返回 false（值为 0）。

关系运算的比较规则：数值型数据直接进行比较，字符型数据按 ASCII 码值的大小进行比较，字符串从第一个字符开始往后逐字符比较（字典序）。一般情况下，半角字符小于全角字符，常用汉字依据拼音排序前后进行比较。

注意：判断一个浮点型数 a 是否等于零，不要用“==”，而用 fabs(a)<1e-6，即根据问题要求，数值小到一定程度就可认为其是零，或者判断两个很小的浮点型数 a、b 是否相等也不要用“==”，而用 fabs(a-b)<1e-6，即两个数之差的绝对值小到一定程度就可以认为两个数相等。

假设 a=3，b=4，c=5，则 a>b 的值为 false（0），a<b<c 的值也是 true（1）。

关系运算符的优先级低于算术运算符的优先级，例如，c<a+b 等效于 c<(a+b)。

关系运算符一般用来表示简单条件。例如，判断年龄 age 是否大于或等于 20 的条件可表示为 age>=20，判断整数 num 是否等于 0 的条件可表示为 num==0。

3. 逻辑运算符

逻辑运算符（布尔运算符）用来组合一个以上的逻辑条件（判断）或逻辑取反，并判断逻辑关系是否成立。若逻辑关系成立则返回 true，否则返回 false。逻辑运算符一般用来描述复合条件或取反的条件。C++语言提供如下三种逻辑运算符。

（1）&&：逻辑与（and）运算符，优先级为 13 级，结合性为自左向右。

（2）||：逻辑或（or）运算符，优先级为 14 级，结合性为自左向右。

（3）!：逻辑非（not）运算符，优先级为 3 级，结合性为自右向左。

逻辑非运算用来对操作数的逻辑值取反。对于逻辑与运算，当两个操作数的逻辑值均为 true 时，结果才为 true（真真为真，其余为假）。例如，假设 a、b 的逻辑值均为 true，则 a&&b

为true。对于逻辑或运算，当两个操作数的逻辑值至少有一个为true时，结果就为true（假假为假，其余为真）。例如，假设a、b其中之一的逻辑值为true，则a||b为true。逻辑运算规则如表 2-3 所示。

表 2-3　逻辑运算规则

a	b	!a	!b	a&&b	a||b
true	true	false	false	true	true
true	false	false	true	false	true
false	true	true	false	false	true
false	false	true	true	false	false

例如：判断整数x是否在区间（a,b）内，可表示为x > a && x < b，不可写成a < x < b。判断x是否不在（a,b）内，可表示为x <= a || x >= b，或者 !(x > a && x < b)。

4. 位运算符

位运算符用于对整数进行二进制位的运算，执行效率较高。位运算符分为移位运算符和按位逻辑运算符。C++语言的位运算符如表 2-4 所示。

表 2-4　C++语言的位运算符

优先级	运算符	说明	结合性	运算规则
3	~	按位取反	自右向左	~0=1，~1=0
7	<<	左移	自左向右	1101<<2，表示 1101 左移 2 位，结果为 110100
	>>	右移		1101>>1，表示 1101 右移 1 位，结果为 110
10	&	按位与		0&0=0，0&1=0，1&0=0，1&1=1
11	^	按位异或		0^0=0，0^1=1，1^0=1，1^1=0
12	|	按位或		0|0=0，0|1=1，1|0=1，1|1=1

例如，已知整数型变量a = 12，b = 5，假设用 1 字节来表示a、b，则a、b对应的二进制形式分别为 00001100、00000101。对a、b进行位运算后的结果如下。

~a的值为 -13，二进制形式为 11110011。

a << 2 的值为 48，二进制形式为 00110000，相当于a乘以 2^2。

a >> 2 的值为 3，二进制形式为 00000011，相当于a除以 2^2。

a & b的值为 4，二进制形式为 00000100。

a ^ b的值为 9，二进制形式为 00001001。

a | b的值为 13，二进制形式为 00001101。

5. 赋值运算符

1）简单赋值运算符

简单赋值运算符为“=”，作用是给变量赋值。变量除了在定义时通过初始化获得值外，还可以通过赋值运算（或称赋值操作）改变其值。简单赋值运算符的优先级为 16 级，结合性为右结合性。

一般形式如下：

```
变量 = 表达式
```

运算规则：先计算表达式的值，再将值赋给"="左边的变量。要求表达式（赋值表达式的右值）有确定的值，"="左边必须是变量（赋值表达式的左值）。

例如，a = 3 的作用是执行一次赋值运算，把常量 3 赋值给变量a。

2）复合赋值运算符

复合赋值运算符是在简单赋值运算符"="之前加上基本算术运算符、位运算符而构成的运算符，优先级和结合性与简单赋值运算符一样。C++语言提供的复合赋值运算符如表 2-5 所示。

表 2-5　复合赋值运算符

运算符	含义	举例
+=	加赋值	a += b 等价于 a = a + b
-=	减赋值	a -= b 等价于 a = a - b
*=	乘赋值	a *= b 等价于 a = a * b
/=	除赋值	a /= b 等价于 a = a / b
%=	取余赋值	a %= b 等价于 a = a % b
<<=	左移赋值	a <<= b 等价于 a = a << b
>>=	右移赋值	a >>= b 等价于 a = a >> b
&=	按位与赋值	a &= b 等价于 a = a & b
^=	按位异或赋值	a ^= b 等价于 a = a ^ b
|=	按位或赋值	a |= b 等价于 a = a | b

说明：

（1）表 2-5 的举例中，复合赋值运算符右边的表达式b若是包含若干项的表达式，则相当于它的外层有小括号。例如，a* = b + 3 等价于 a = a * (b + 3)。

（2）复合赋值运算符可以简化程序，提高程序编译效率，初学者要习惯这种写法。

6. 其他运算符

1）条件运算符

条件运算符"？ :"是C++语言中唯一的三目运算符，它要求有三个操作数。

一般形式如下：

```
表达式 1 ? 表达式 2: 表达式 3
```

运算规则：先求解表达式 1 的逻辑值，若为true则求解表达式 2，此时表达式 2 的值就作为整个条件表达式的值，若表达式 1 的逻辑值为false，则求解表达式 3，表达式 3 的值就是整个条件表达式的值。

例如，(x>y)?x:y，先判断x>y，若逻辑值为true，则整个表达式的值为x的值，否则为y的值，即整个表达式的结果为x和y的较大值。

条件运算符的优先级为 15 级，结合性为自右向左。

例如，a>b?a:c>d?c:d等价于a>b?a:(c>d?c:d)。

条件运算符的作用：用条件运算符将三个表达式连接起来，可用来替代双分支if语句，使程序更简洁。

2）求字节数运算符

求字节数运算符用来计算某种数据类型或表达式在内存中所占的字节数，它是单目运算符，优先级为 3 级，结合性为右结合性。

一般形式如下：

```
sizeof (类型名或表达式)
```

例如：

```
cout << sizeof(double) << endl; // 输出double型数据占内存的字节数为8
```

说明：sizeof运算符的返回值类型为size_t，在头文件cstddef中定义，一般定义如下：

```
typedef unsigned int size_t;
```

3）类型转换运算符

强制类型转换运算符的作用是将数据的类型强制转换成指定类型，一般形式如下：

```
(类型说明符)表达式              // C语言风格
类型说明符(表达式)              // C++函数风格
```

例如，已知double x = 1.5, y = 3.14;，则对x、y进行强制类型转换的结果如下：

```
(int)x                        // 将x的值转换为int型，得到值1
(int)(x+y)                    // 将x+y的值转换为int型，得到值4
double(7%2)                   // 将7%2的值转换为double型，得到值1.0
```

注意：C语言风格的强制类型转换要求，若操作数为变量则不用加小括号，若操作数为表达式则一定要加小括号，如(double)(x+y)，但若对x+y忘记加小括号则只转换x的类型。因此推荐使用C++函数风格的强制类型转换。

在强制类型转换时，得到的是一个目标类型的中间值，原来变量的类型和值未发生变化。如上例中(int)x，x的值仍然是1.5。需要注意的是，当把较高类型数据转换为较低类型数据时，数据的精度可能会损失。

C++11 标准提供了更安全、明确的强制类型转换，有以下 4 种格式。

（1）static_cast<type>(expression)：是最常用的类型转换格式，执行非多态的转换。

（2）reinterpret_cast<type>(expression)：通常为操作数的位模式提供低层次的重新解释，主要用于指针类型数据的转换，如将void * 转换为char *。

（3）const_cast<type>(expression)：用来将const表达式转换成非常量类型，仅用于转换指针或引用，用来移除对象的常量属性。

（4）dynamic_cast<type>(expression)：用于对象指针的类型转换，能够在运行时检查类型转换是否安全。

7. 运算符的副作用

运算符的副作用是指运算符在使用时不仅返回一个值，而且修改了操作数或程序状态，可以理解为运算符具有除了基本运算外的额外功能。读者应该了解运算符的这一特点。在多数情况下，C++程序经常要使用运算符的副作用。例如：

（1）前置和后置形式的自增和自减运算符都会改变操作数的值。

（2）赋值运算符不仅返回一个值，而且修改其左边操作数的值。

（3）函数调用运算符本身并不直接产生副作用，但如果函数内部修改了全局变量、静态变量、类成员变量或通过指针、引用传递的参数（非const常变量），则该函数的调用会产生副作用。

2.3.3 表达式

C++语言的表达式是由运算符和操作数组成的符合C++语法规则的式子。由于C++语言的运算符十分丰富，所以表达式的种类也很多。实际上前面介绍运算符时已经涉及了相关的表达式。常见的表达式有以下 5 种。

1. 算术表达式

算术表达式是指用算术运算符和小括号将操作数连接起来的、符合C++语法规则的式子。例如，a*b-c/2+d%3+sqrt(2)是一个包含常量、变量和函数的算术表达式。

说明：

（1）求算术表达式的值时，按运算符的优先级的高低依次执行，优先级高的先执行，当操作数两边的运算符的优先级相同时，再按照结合性决定求值顺序。

（2）算术表达式的值是一个数值，其数据类型由运算符和操作数决定。

（3）表达式中括号不论有多少层，一律使用小括号。例如，(x+(y/2-1))/(x+2)。

（4）表达式中的乘号不能省略。例如，数学上的xy写成C语言表达式为x*y。

（5）数学上的式子要转换成正确的C++语言的表达式。例如，数学式$(x+y)/(x+\sqrt{5})$对应的C++语言表达式的写法为(x+y)/(x+sqrt(5))。

（6）数学式子中的特殊计算（如求平方根、指数、对数、三角函数值等）要用到C++语言提供的数学库函数，需要使用头文件cmath。例如，$\sqrt{x}$要写成sqrt(x)，x^y要写成pow(x,y)。

例 2.4 输入两个双精度浮点数x、y（x大于 0，y不等于 0），求$\sqrt{x}$、x^y、x/y、$\log_{10}x$的值，输出结果小数点后保留 5 位有效数字。

```
#include <iostream>
#include <iomanip>
#include <cmath>
using namespace std;
int main( ) {
    double x, y;
    cin >> x >> y;
    cout << fixed << setprecision(5);          // 设置小数点后保留 5 位有效数字
    cout << sqrt(x) << endl;                   // 使用sqrt(x)求√x
    cout << pow(x, y) << endl;                 // 使用pow(x, y)求x^y
    cout << x / y << endl;
    cout << log10(x) << endl;                  // 使用log10(x)求lgx
    return 0;
}
```

运行结果：

```
2 10↙
1.41421
1024.00000
0.20000
0.30103
```

数学函数在程序设计时使用频繁，一定要熟练使用。比如，求一个正整数n是几位数，可使用表达式static_cast<int>(log10(n)+1)；求高精度的圆周率π，可使用表达式acos(-1.0)，也可使用表达式 2*asin(1.0)；求浮点数x除以浮点数y的余数，可使用表达式fmod(x,y)。

2. 关系表达式

关系表达式是用关系运算符将两个表达式连接起来的式子。

一般形式如下：

```
表达式　关系运算符　表达式
```

关系表达式的值是一个逻辑值，即 true 或 false，用来描述简单条件。

例如，已知 int a = 3, b = 5;，则 a、b 的几种关系表达式的值如下：a>b 的值为 false，a==0 的值为 false，a>0 的值为 true, 'a' > 'b' 的结果为 false。

注意：初学者经常把关系运算符“==”误写成赋值运算符“=”而造成程序错误，这点一定要注意。例如，x=2 表示将数值 2 赋给变量 x，x 的结果值为 2，而 x==2 是判断变量 x 的值是否等于 2。

3. 逻辑表达式

逻辑表达式是用逻辑运算符将两个表达式连接起来的式子，通常用来描述两个或两个以上条件构成的复杂条件或取反的条件。

一般形式如下：

```
表达式　逻辑运算符　表达式
```

逻辑表达式的值是一个逻辑值，即 true 或 false。在给出逻辑表达式的运算结果时，以数值 1 代表 true，以 0 代表 false，但在判断一个逻辑值是不是 true 时，采取的标准是：如果其值是 0 就认为是 false，如果其值是非 0 就认为是 true。例如：

（1）若 a = 1，b = 0，则 a && b 的值为 false（0），而 a||b 的值为 true（1）。

（2）若 a = 0，则 a || 'a' 的值为 true（1），因为 'a' 是非空字符，其值为非 0。

（3）!'c' 的值为 false（0）。

说明：

①在逻辑表达式的求解中，并不是所有的运算都要被执行，只有在必须执行下一个逻辑运算才能求出表达式的值时，才执行该运算。例如：

a&&b&&c：只有 a 的值为 true 时，才需要判断 b 的值；只有 a 和 b 的值都为 true 时，才需要判断 c 的值；若 a 的值为 false，则 b、c 两个表达式就不会被计算。

a||b||c：只要 a 的值为 true，就不必判断 b 和 c 的值；只有 a 的值为 false 时，才会判断 b 的值；a 和 b 的值均为 false 时，才判断 c 的值。

上述运算规则称为逻辑表达式短路现象。在由 && 和 || 运算符组成的逻辑表达式中，C++ 语言有节省计算原则，当计算出一个子表达式的值后就能确定整个逻辑表达式的值时，后面的子表达式不需要再计算。例如：

```
int a = 0,b = 3;
a && (b++);          // b++不会被执行
```

②数学上表示多个数据进行比较的表达式要转换为 C++ 语言的逻辑表达式。例如，要表示 x 的值是否在 (1,10) 内的条件，不能写成 1<x<10，假定 x=0，则会先计算 1<0，值为 false（0），再计算 0<10，则值为 true（1），这个结果显然是错误的，正确写法是 (x>1)&&(x<10)。由于关系运算符的优先级高于逻辑运算符，所以小括号也可以不写。

下面列举几个用逻辑运算符来表示复杂条件的例子。

（1）判断某一年份 year 是不是闰年。判断一个年份为闰年的条件是符合下面两个条件中的任何一个：能被 4 整除，但不能被 100 整除，或者能被 400 整除。例如，2004、2000 年是闰年，2005、2100 年不是闰年。用一个逻辑表达式可如下表示：

```
(year % 4 == 0 && year % 100 ! = 0) || year % 400 == 0
```

当给定年份year为某一整数值时，如果上述表达式值为true（1），则year为闰年，否则year为非闰年。可以加一个“!”来判别非闰年，表达式如下：

```
!((year % 4 == 0 && year % 100! = 0) || year % 400 == 0)
```

（2）判断自然数*n*能否同时被3和5整除，可表示为n % 3 == 0 && n % 5 == 0，若表达式的值为true（1），则表示*n*能同时被3和5整除。

（3）判断字符ch是不是字母，可表示为(ch >= 'A' && ch <= 'Z') || (ch >= 'a' && ch <= 'z')，若表达式的值为true，则表示ch是字母，否则不是。

例 2.5 逻辑表达式短路现象的演示。

```
#include <iostream>
using namespace std;
int main( ) {
    int a = 1, b = 2, m;
    m = --a && ++b;          // 因为--a值为false，++b没有被执行，m值为0，b值不变
    cout << m << '\t' << a << '\t' << b << endl;
    m = ++a && ++b;          // 因为++a值为true，++b也要执行，m值为1
    cout << m << '\t' << a << '\t' << b << endl;
    m = ++a || b--;          //因为++a值为true，b--没有被执行，m值为1
    cout << m << '\t' << a << '\t' << b << endl;
    return 0;
}
```

运行结果：

```
0       0       2
1       1       3
1       2       3
```

4. 赋值表达式

由赋值运算符将一个变量和一个表达式连接起来的式子称为赋值表达式。

一般形式如下：

```
变量 = 表达式
```

赋值表达式的值就是被赋值的变量的值，如表达式x = 5的值就是变量x的值5。赋值表达式也可以使用复合赋值运算符，例如x += 5。

注意：当把“=”右边表达式的值赋给左边的变量时，若表达式的类型与左边变量的类型不一致，系统就会将右边表达式的值的类型转换为左边变量的类型后再赋值。

例如，假设变量x是int型，当执行x = 1.5时，x的结果为1，1.5（double型）舍去了小数部分再赋值给x。所以为了安全起见，左值与右值的数据类型应尽可能一致，否则在赋值兼容的情况下系统会自动进行转换，不能保证数据的安全性。通常将占据内存空间小的数据赋值给占据内存空间大的变量是安全的。

5. 条件表达式

由条件运算符“?:”组成的表达式称为条件表达式，例如a>b?a:b。

条件表达式的值取决于“?”前面的表达式，表达式的值为true时，整个表达式的值为“:”前的表达式的值，否则为“:”后的表达式的值。条件表达式的类型为“?”后面两个表达式中类型更高的那个表达式的类型。

例如，条件表达式x>y?1:1.5，如果x小于或等于y，则条件表达式的值为1.5，若x大于y，

则值应为 1。由于C++语言把 1.5 按双精度浮点数处理，双精度浮点数的类型比整数型高，因此，系统将 1 转换成双精度浮点数，以此作为表达式的值。比如，sizeof(1>0?1:1.5)的值为 8。

例 2.6 从键盘输入一个字符，判断它是不是大写字母。如果是大写字母，则将它转换成小写字母；如果不是大写字母，则不转换。最后输出得到的字符及其ASCII码值。

```
#include <iostream>
using namespace std;
int main( ) {
    char ch;
    cin >> ch;
    // 判别变量ch是不是大写字母，是大写字母则转换成小写字母
    ch = (ch >= 'A' && ch <= 'Z') ? (ch + 32) : ch;
    cout << ch << endl;
    cout << static_cast<int>(ch) << endl;          // 使用强制类型转换
    return 0;
}
```

运行结果：

```
B↙                  // 第 1 次输入
b
98                  // 字母b的ASCII码值为 98
0↙                  // 第 2 次输入
0
48                  // 字符 0 的ASCII码值为 48
```

2.3.4 类型转换

当一个表达式中有不同类型数据之间的混合运算时，C++语言要求不同类型的数据要转换为同一种类型，然后才能进行运算。转换数据类型除了可以使用前面学习的强制类型转换外，还可以使用系统提供的自动转换功能，这种自动转换称为隐式类型转换。

隐式类型转换的规则是将低类型数据转换为高类型数据。数据的类型越高，数据的表示范围越大，精度也越高。各数据类型的高低顺序如图 2-3 所示。

bool
char } → int → unsigned → long → unsigned long → float → double → long double
short

低 ————————————————————→ 高

图 2-3　各数据类型的高低顺序

说明：

（1）隐式类型转换是编译器自动完成的，这种转换是安全的，因为在转换过程中数据的精度没有损失。

（2）bool、char、short型数据参与运算时，必须先转换为int型数据。

（3）逻辑运算符要求参与运算的操作数必须是布尔型。如果操作数是其他类型，则系统自动将其转换成布尔型，转换规则：非 0 转换为true，0 转换为false。

（4）位运算的操作数必须是整数，当二元位运算的操作数是不同类型的整数时，系统也会自动进行类型转换。

（5）在进行赋值运算时，如果赋值运算符左边变量的类型和右边表达式的类型不同，系统就会自动将右边表达式的类型无条件地转化为左边变量的类型。当表达式的类型高于变量类型时，可能会丢失一部分数据或降低数据的精度，这不一定安全。例如：

```
int a = 3.14; // a的值为3，降低了精度
```

注意：在求表达式的值时，一定要注意不同类型数据的取值范围，不要出现数据溢出。

例 2.7 数据溢出的情况举例。

```
#include <iostream>
#include <bitset>                                   // 使用bitset类
using namespace std;
int main( ) {
    int a = 32767;
    short b = a + 1;
    cout << b << endl;
    cout << bitset<16>(b) << endl;  // 将b转换为16位bitset对象并输出
    return 0;
}
```

运行结果：

```
-32768
1000000000000000
```

说明：

（1）因为变量a的二进制形式为00000000 00000000 01111111 11111111，a+1的二进制形式为00000000 00000000 10000000 00000000，将a+1赋值给b（超出了short型的最大取值范围）时，b取a+1的低16位10000000 00000000，其值正好是-32768。

（2）bitset<16>(b)是将b转化为16位的bitset对象，bitset对象由二进制位构成，相当于将b以二进制形式输出。

2.4 习 题 2

一、填空题

1．在C++语言中，字符型数据在内存中以________存储。

2．在C++语言中，整数型数据在内存中以二进制________形式存储。

3．在C++语言中，浮点型数据在内存中以规范化的________形式存储。

4．在C++语言中，转义字符以________开头，在内存中占________字节。

5．在C++语言中，布尔型数据的值只有true和________。

6．运算符"++"和运算符"--"只能用于________，而不能用于常量或表达式。

7．已知a=3, b=2, c=1;，表达式f = a>b>c的值是________。

8．若已定义int x=1, y=1;，则表达式++x&&y-- 的值是________。

9．在C++语言中，一个int型数据与一个double型数据相加，则结果是________型。

10．字符串"a+b=12\n\t"的长度为________。

二、判断题

1．变量定义后必须初始化或赋值后方可参与运算。（　　）

2．字符常量是用单引号括起来的单个字符，例如'a'。（　　）

3．布尔型值在C++语言中占用1字节。（　　）

4. 字符常量'a'与字符串常量"a"本质上没有区别。 (　　)
5. 字符型数据可以和整数型数据进行混合运算。 (　　)
6. 类型转换可以改变表达式的数据类型，但不会改变其值。 (　　)
7. 表达式'a'&&'b'的值为true。 (　　)
8. 使用按位与运算符&可以将特定位清零。 (　　)
9. 左移运算符“<<”相当于将原数乘以 2 的指定次方。 (　　)

三、选择题

1. 下列标识符不能用于定义常量的是(　　)。

A．const　　B．constexpr

C．define　　D．void

2. 下列有关常量、变量的说法中错误的是(　　)。

A. 变量必须先定义后使用

B. 使用符号常量可以增强程序的可读性

C. 定义变量时可以对变量进行初始化

D. 程序中可以改变符号常量的值

3. 假设整数型变量a的值为5，使变量b的值不为 2 的表达式是(　　)。

A．b = a/2　　B．b=a%2

C．b = 6−(−−a)　　D．b=a>3?2:1

4. 下列浮点型常量中不符合C++语法的是(　　)。

A．−3.14159　　B．1234f

C．2.1E3　　D．1E2.1

5. 以下选项中，不合法的字符常量是(　　)。

A．'\n'　　B．'\xa'

C．'\0'　　D．"\045"

6. 正确的转义字符反斜杠的表示方法是(　　)。

A．'\'　　B．\

C．"\"　　D．'\\'

7. 下列叙述中，错误的是(　　)。

A．true是一个布尔常量　　B．"x"是一个字符常量

C．100 是一个整数型常量　　D．3.14 是一个浮点型常量

8. 假设有定义int a=1,b=9;，则表达式a*=b%=2 的值是(　　)。

A．1　　B．2

C．9　　D．3

9. 已知int a=3;，则执行a+=a−=a*a;后变量a的值为(　　)。

A．3　　B．0

C．9　　D．−12

10. 将整数x的最低有效位设置为 1 可以使用(　　)。

A．x | 0　　B．x | 1

C．x & 1　　D．x ^ 1

四、简答题

1. 字符型常量与字符串常量有什么区别?

2. 什么是数据类型？请列举C++语言中的基本数据类型。
3. 解释左移运算符（<<）和右移运算符（>>）的作用，并说明它们在效率上的优势。
4. C++语言规定程序中的变量要先定义后使用，这样做有什么好处？

五、编程题

1. 从键盘输入两个整数a、b（b不等于0），计算并输出a、b的和、差、积、商和余数。
2. 从键盘输入一个字符，输出其ASCII码值。
3. 从键盘输入一个浮点数（有效数字小于6位），输出其整数和小数部分。
4. 从键盘输入一个正整数，输出它是几位数。
5. 从键盘输入一个任意的3位正整数，分别求出其个位、十位和百位上的数字并输出。
6. 从键盘输入两个整数，交换它们的值并输出。（尝试使用位运算符）

第3章 基本输入/输出

在C++语言中，数据的输入/输出是编程中不可或缺的一部分，正确地输入数据和按要求输出程序的执行结果是实现程序功能的基础。C++语言提供了多种方式来处理数据的输入与输出。本章从输入/输出的基本概念入手，介绍键盘输入与屏幕输出（控制台输入与输出）以及如何控制输入/输出格式以满足程序基本的输入/输出需求。详细的输入/输出内容见第14章。

学习目标

- 了解C++语言中输入与输出的基本概念；
- 掌握基本类型数据的键盘输入方法与屏幕输出方法；
- 正确使用流操纵符（格式控制符）实现按指定格式输入/输出数据；
- 了解C语言中使用scanf()函数和printf()函数进行输入/输出的方法。

3.1 输入与输出的基本概念

C++语言本身没有直接为输入和输出提供专门的语句结构，输入/输出的处理方法不是由C++语言本身定义的，而是在编译系统提供的I/O类库中定义的。

在I/O类库中定义了许多流类来实现多种方式的数据输入与输出，数据的输入与输出都可以通过“流”（stream）来处理。流类的对象用于在各种不同的设备（如键盘和屏幕）上执行基本的数据输入/输出操作。所谓“流”，是指与外部设备相关联的数据流，数据流是由一系列字节组成的，这些字节是按进入流的顺序排列的。从“流”中获取数据的操作称为提取操作，向“流”中添加数据的操作称为插入操作。

在C++语言中，I/O类库预定义了流类对象cin和cout，以及流运算符“<<”和“>>”。cin用来处理标准输入，即键盘输入。cout用来处理标准输出，即屏幕输出。流提取运算符“>>”的作用是从标准输入流中提取若干字节的数据传送到内存指定区域的变量中。流插入运算符“<<”的作用是将需要输出的内容插入输出流中，即输出到屏幕上。

由于流类对象cin和cout以及流运算符“<<”和“>>”的定义等信息是存放在C++语言的输入/输出流类库iostream中的，因此如果在程序中使用cin、cout和流运算符，必须使用预处理命令引入流类的头文件iostream。

注意：流运算符“<<”和“>>”与二进制位运算符左移“<<”和右移“>>”的含义不同，它们属于运算符重载，使用时注意区别。

1. 数据输入

C++语言通过输入流对象cin和流提取运算符“>>”从默认输入设备生成的输入流中提取若干字节，传送到计算机内存中指定的变量中。例如，cin >> a >> b;，用户从键盘输入3、空格、5、回车到输入流，“>>”从输入流中提取3和5传送到指定变量a、b中。数据输入流程如图3-1所示。

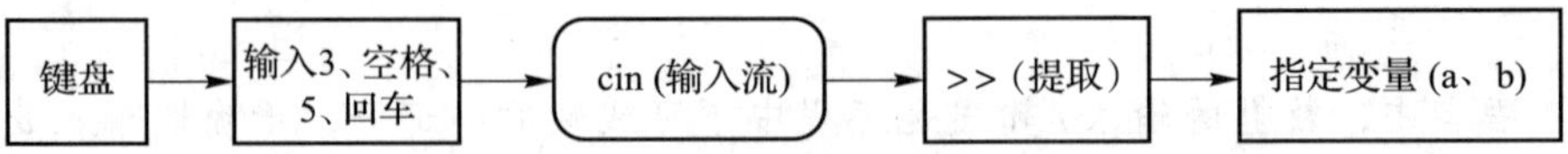

图3-1 数据输入流程

2. 数据输出

C++语言通过输出流对象cout和流插入运算符“<<”将需要输出的内容插入输出流中，默认的输出设备是屏幕。例如，cout << a << b << endl;，将程序中变量a、b的值和回车换行符依次插入输出流中，然后在屏幕显示。数据输出流程如图3-2所示。

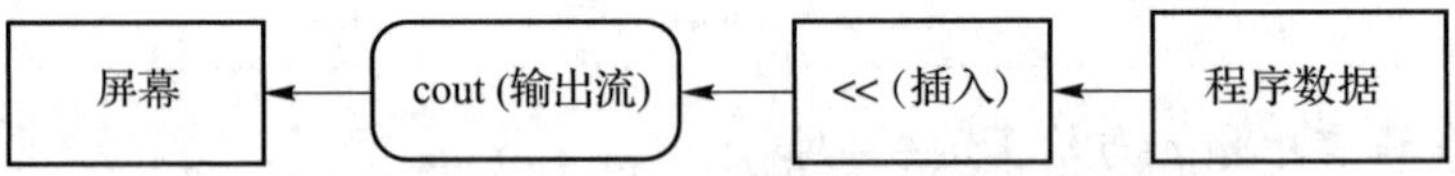

图3-2 数据输出流程

3.2 键盘输入和屏幕输出

3.2.1 简单的键盘输入

简单的键盘输入是通过流对象cin和提取运算符“>>”来实现的。

一般格式如下：

```
cin >> 变量1 >> 变量2 >> …… >> 变量n;
```

作用是从键盘输入若干数据，依次存入内存中指定的各变量中。由cin和“>>”形成的语句称为cin语句。

说明：

（1）输入数据的类型要与对应变量的类型一致，否则程序可能无法正确读取数据。例如：

```
int a, b;
cin >> a >> b;
```

若用户输入1.5，按空格键，然后输入3，按回车键，则a的值为1，“.”不是合法的整数，b无法获取到输入的数据3，输入失败。

（2）若输入多个数据，数据之间可按空格键、Tab键或回车键来分隔。例如：

```
cin >> a >> b;
```

若输入数据是3和5，则3和5之间可按空格键分隔，也可按Tab键分隔，也可以按回车键分成两行输入。

(3)程序执行过程中，遇到cin时会暂停程序运行，等待用户输入数据，输入数据的个数要与变量的个数一致。若输入的数据的个数少于变量的个数，则继续等待用户输入；若输入的数据的个数多于变量的个数，则多出的数据会作为后面出现的cin语句的输入(可能会造成后面程序的输入错误)。用户正确输入数据后需要按回车键结束。

注意： 由于cin把空格符、制表符和回车换行符作为输入数据的分隔符，若要输入这些字符传送给字符变量，它们将被跳过，无法完成输入。有关单个字符数据的输入见 14.2.3 节。

例 3.1 从键盘输入两个整数给变量a、b，交换a、b的值并输出。

```
#include <iostream>
using namespace std;
int main( ){
    int a, b;
    cin >> a >> b;
    int temp = a;
    a = b;
    b = temp;
    cout << "a = " << a << endl;
    cout << "b = " << b << endl;
    return 0;
}
```

运行结果：

```
5 8↙          // 交换前a =5 b = 8
a = 8
b = 5
```

说明：程序中交换两个变量的值，一般使用中间变量(temp)来实现，C++语言中也可以使用库函数swap( )来实现。例 3.1 中变量交换的语句也可用swap(a,b)替换。

3.2.2　简单的屏幕输出

简单的屏幕输出是通过流对象cout和插入运算符“<<”来实现的。

一般格式如下：

```
cout << 表达式1 << 表达式2 << …… << 表达式n;
```

作用是将各表达式的值依次插入输出流中，并在屏幕上显示。由cout和“<<”形成的语句称为cout语句。

说明：在用cout输出时，用户不必通知计算机按何种数据类型的格式输出，系统会自动判断输出数据的类型，使输出的数据按相应的数据类型的格式输出。另外，在输出数据时可以添加必要的注释，以提高代码的可读性和可维护性。

例 3.2 使用cout输出不同类型的数据。

```
#include <iostream>
using namespace std;
int main( ) {
    int a = 5;
    bool b = true;
    char c = 'A';
    double d = 3.1415926;
    cout << "a = " << a << endl;
    cout << "b = " << b << endl;                    // 对于逻辑值true，默认输出是1
```

```
    cout << "c = " << c << '\n';                    // 使用\n换行
    cout << "d = " << d << endl;                    // 对于浮点型数据，系统默认输出 6 位有效数字
    return 0;
}
```

运行结果：

```
a = 5
b = 1
c = A
d = 3.14159
```

例 3.2 中的输出数据，是按各数据类型默认的格式输出的，若想按指定的格式输出，需要使用 3.3 节将要介绍的流操纵符（格式控制符）。

3.3 使用流操纵符控制输入/输出格式

3.2 节中介绍了使用cin、cout来输入、输出数据，其中数据的格式使用的是系统默认格式。实际编程中有时需要按一定的格式来输入/输出数据，如输出浮点型数据时小数点后保留两位有效数字，输出整数时按十六进制形式输出，输出逻辑型数据时直接输出true或false等。在C++语言中使用cin、cout进行输入、输出时，可以使用流运算符进行输入/输出格式控制。常用的流操纵符如表 3-1 所示，使用这些流操纵符需要包含头文件iomanip。

表 3-1　常用的流操纵符

操纵符	说明
dec	[默认]以十进制形式输出整数
hex	以十六进制形式输出整数
oct	以八进制形式输出整数
setw(w)	指定输出宽度为w个字符，若输入字符串则最多输入w个字符，且仅对其后的数据有效
setbase(b)	设置输出整数型数据的进制为b（参数为 8、10 或 16）
showbase	输出数据时显示数据进制的前缀，八进制数前加 0，十六进制数前加 0x
noshowbase	[默认]输出数据时不显示数据进制的前缀
fixed	浮点数用十进制小数形式表示
scientific	浮点数用科学记数法表示
setfill(c)	在指定输出宽度时，若数据的宽度小于指定输出宽度则用字符c填充空位，默认用空格填充
left	左对齐，即在输出数据的宽度小于设定宽度时在右边添加填充字符
right	右对齐，即在输出数据的宽度小于设定宽度时在左边添加填充字符
internal	数值的正负号在指定宽度内左对齐，数值右对齐，中间添加填充字符
setprecision(n)	设置浮点数的精度，默认有效数字为 6 位。在不使用fixed和scientific时，n为输出数据的有效数字的位数，如果数据的有效数字的位数超过n，则四舍五入或自动变为科学记数法输出并保留n位有效数字。在使用fixed和scientific的情况下，n是指小数点后保留的位数

续表

操纵符	说明
showpoint	对于浮点数，始终显示小数点和尾随 0
noshowpoint	[默认]对于浮点值，不显示小数点和尾随 0
boolalpha	逻辑值 true 和 false 输出为字符串
noboolalpha	[默认]逻辑值 true 和 false 分别输出为 1、0
showpos	正数前面加前缀 “+”
noshowpos	[默认]正数前面不加前缀 “+”
uppercase	十六进制数中使用 A ～ F，若输出前缀，则输出 0X，科学记数法中输出 E
nouppercase	[默认]十六进制数中使用 a ～ f，若输出前缀，则输出 0x，科学记数法中输出 e
skipws	[默认]输入时跳过空白字符
noskipws	输入时不跳过空白字符
endl	换行并刷新输出流

例 3.3 从键盘输入一个整数，分别以不同格式输出。

```
#include <iostream>
#include <iomanip>
using namespace std;
int main( ){
    int a = 123456;
    // 指定输出宽度为 10，默认右对齐，前面加默认填充的空格字符
    cout << setw(10) << a << endl;
    // 以十六进制形式输出并加十六进制前缀
    cout << hex << showbase << a << endl;
    // 以八进制形式输出并加八进制前缀
    cout << oct << a << endl;
    //恢复到十进制形式输出且不加十进制前缀
    cout << dec << noshowbase;
    //设置填充字符为'*'，指定输出宽度为 10，以十进制形式输出
    cout << setfill('*') << setw(10) << a << endl;
    return 0;
}
```

运行结果：

```
    123456
0x1e240
0361100
****123456
```

例 3.4 从键盘输入一个浮点数，分别以不同格式输出。

```
#include <iostream>
#include <iomanip>
using namespace std;
int main( ) {
    double x = 123.456789;
    //设置输出宽度为 10，指定按 7 位有效数字输出，默认右对齐
    cout << setw(10) << setprecision(7)  << x << endl;
    //设置填充字符为'*'，输出宽度为 10，小数点后保留 2 位有效数字，默认右对齐
    cout << setfill('*') << setw(10) << fixed << setprecision(2) << x << endl;
```

```
    //设置以科学记数法格式输出，小数点后保留3位有效数字，显示正负号，默认右对齐
    cout << scientific << setprecision(3) << showpos << x << endl;
    return 0;
}
```

运行结果：

```
  123.4568
****123.46
+1.235e+02
```

3.4 使用scanf( )函数和printf( )函数进行输入/输出

C++语言保留了C语言中用于键盘输入的scanf( )函数和用于屏幕输出的printf( )函数，可以方便地按指定的格式输入/输出数据。在C++程序中使用C语言的输入/输出函数，需要包含头文件stdio.h或cstdio。

1. scanf( )函数（格式输入函数）

一般语法格式如下：

```
int scanf(const char* format, …);
```

常用格式如下：

```
scanf(格式控制字符串,地址表列);
```

作用：根据format（格式控制字符串）指定的格式从stdin（标准输入设备——键盘）中读取数据，并保存数据到指定变量中。格式控制字符串用来指定用什么样的格式来输入数据，地址表列用于指定输入参数的地址（通常使用变量地址），并且要求格式控制字符串中的格式控制符与后面地址表列中的地址个数相同，类型一一对应。

格式控制字符串也可以包含普通字符，输入时原样输入。常用的输入格式控制符如表3-2所示。地址表列中的各个地址之间用逗号分隔。例如，用scanf( )函数给int型变量x、y输入值，两个值在输入时用逗号分隔，可使用如下语句：

```
scanf("%d,%d",&x,&y);
```

表3-2 常用的输入格式控制符

控制符	说明
%d	输入一个十进制整数，输入long long型数使用%lld控制符
%o	输入一个八进制数
%x	输入一个十六进制数
%f	输入一个float型数，输入double型数使用%lf控制符，输入long double型数使用%Lf控制符
%c	输入单个字符
%s	输入一个字符串
%p	输入一个指针

scanf( )函数的返回值是成功赋值的变量数量。若输入的数据与格式控制字符不匹配，则

变量将无法获取正确的数据。例如：

```
int x = 5;
scanf("%f",&x);                    // 应该使用%d，使用%f是错误的
printf("x = %d",x);                // 若输入 12，则输出结果 x = 1094713344，是一个垃圾值
```

2. printf( ) 函数（格式输出函数）

一般语法格式如下：

```
int printf(const char *format, …);
```

常用格式如下：

```
printf(格式控制字符串,输出表列);
```

作用：根据format（格式控制字符串）给出的格式将输出表列中的数据项输出到stdout（标准输出设备——屏幕）。printf( )函数的返回值是输出的字符数。常用的输出格式控制符与输入格式控制符类似，详细内容请参考C语言的相关文献。

说明：在输出数据时还可以在格式控制符前加修饰符。举例如下。

（1）*m.n*：*m*为宽度修饰符，表示输出数据的宽度，*n*为精度修饰符。对于浮点数，精度修饰符指定了小数点后的位数；对于字符串，它指定了最大输出的字符数。

（2）左右对齐标记："-"表示左对齐，"+"表示在正数前显示加号，"0"表示空缺位置用0填充。

例如：

```
printf("%5d", 123);                    // 输出" 123"，数值前面用 2 个空格填充
printf("%.2f", 123.456);               // 输出" 123.46"，小数点后保留 2 位
printf("%.3s", "control");             // 输出"con"，字符数为 3
printf("%-5d", 123);                   // 输出"123  "，数值后面用 2 个空格填充
printf("%+5d", 123);                   // 输出" +123"，数值前面有一个空格
printf("%05d", 123);                   // 输出"00123"，空缺位置用 0 填充
```

例 3.5 使用scanf( )函数输入班级总人数和考试的不及格人数，用printf( )函数输出班级及格率，小数点后保留 2 位小数。

```
#include <iostream>
#include <cstdio>                      // 为了引入scanf( )函数和printf( )函数
using namespace std;
int main( ) {
    int total, fail;
    double ratio;                      // 表示及格率
    printf("请输入班级总人数和不及格人数: ");
    scanf("%d %d",&total,&fail);
    ratio = (total - fail) / (1.0 * total) * 100;
    printf("及格率为: %0.2lf%%\n", ratio);
    return 0;
}
```

运行结果：

```
请输入班级总人数和不及格人数: 49 5↙
及格率为: 89.80%
```

说明：严格来说，输出double型数据明确用"%lf"，但在某些编译器中，也可以使用"%f"来输出double型数据。"%Lf"用于输出long double型数据。

例 3.5 中的输入和输出语句用C++语言可如下表示：

```
cin >> total >> fail;
cout << "及格率为：" << fixed << setprecision(2) << ratio << "%" << endl;
```

当需要大批量输入数据或按一定格式输入数据时，使用scanf( )函数更加方便和高效。例如，若程序要求按"a+b="格式输入a、b两个数，则使用scanf( )函数时语句为scanf("%d+%d=",&a,&b);，而使用输入流对象cin比较麻烦。

3.5 习 题 3

一、填空题

1. 在C++语言中，标准输入流对象是________。
2. 使用________运算符可以向标准输出流对象插入数据。
3. 在C++语言中使用流操纵符，如setw，通常与头文件________一起使用。
4. 要从键盘输入一个字符并存储在变量ch中，可以使用语句________。
5. printf( )函数参数中的格式化字符串中，"%d"用于输出________型数据。

二、判断题

1. cout是C++语言中的标准输出流对象，用于向屏幕输出数据。 (　　)
2. 执行语句int d; cin >> d >> endl;，输入一个整数后按回车键可以给变量d赋值。(　　)
3. 流操纵符setprecision用于设置浮点数的有效数字的位数，要使用它必须包含头文件cmath。 (　　)
4. 在C++语言中，使用cin >> ch可以输入任何字符。 (　　)
5. 使用scanf( )函数时，必须确保格式化字符串与提供的变量的类型完全匹配，否则可能导致未定义行为。 (　　)

三、选择题

1. 下列头文件中不能用于C++语言中标准输入/输出操作的是(　　)。
   A. iostream　　B. cstdio
   C. cmath　　D. iomanip
2. 对于语句int x, y; cin >> x >> y;，从键盘输入数据为x,y赋值，下列输入内容中操作正确的是(　　)。
   A. 5, 8　　B. x=5, y=8　　C. 5 8　　D. 58
3. 对于语句cout << endl << x;中的各个组成部分，下列叙述中错误的是(　　)。
   A. cout是一个输出流对象　　B. endl的作用是输出回车符后换行
   C. x是一个变量　　D. “<<”称作提取运算符
4. 要输出一个带有两位小数的浮点数，可以使用的流操纵符是(　　)。
   A. setw　　B. setfill
   C. setprecision　　D. fixed和setprecision
5. 下列语句中可以从标准输入流中读取一个字符(包括空白字符)的是(　　)。
   A. cin.get( )　　B. cin.peek( )
   C. cin >> ch　　D. putchar( )

6. 要在输出中插入换行符，可以使用的字符或操纵符是(　　)。

A. '\a'　　B. '\n'

C. endl　　D. B和C都对

7. 要设置输出数字的宽度，可以使用的流操纵符是(　　)。

A. setfill　　B. setw

C. left　　D. right

8. 在C++语言中，(　　)函数可以用于输出单个字符到标准输出。

A. putchar( )　　B. putc( )

C. cout.put( )　　D. A、B和C都对

四、简答题

1. 在C++语言中，用于流操作的运算符“<<”和“>>”有何区别？

2. 什么是流操纵符？请至少举出两个常用的流操纵符并说明其作用。

五、编程题

1. 使用cin.get( )函数从键盘输入一个字符，并输出其ASCII码值。

2. 从键盘输入一个整数(小于10^{10})，输出其十进制和十六进制形式，用逗号分隔，格式为右对齐，占12个字符宽度，空位置用字符“*”填充。

3. 从键盘输入三个浮点数，然后输出这三个数，格式为每个数占一行，右对齐，占10个字符宽度，小数点后保留3位数字。

4. 假设圆周率 $\pi=3.1415926$，输入圆的半径，求圆的周长和面积(输出结果小数点后保留5位)。

5. 计算存款到期利息。从键盘输入存款金额money、存期year和年利率rate，根据公式计算存款到期时的利息(税前)interest。公式如下：$interest=money(1+rate)^{year-money}$(输出存款到期利息时，保留2位小数)。

第4章 程序基本结构

使用C++语言编写程序解决实际问题，首先要知道解决问题的方法和步骤，然后按一定的结构编写程序，就像写文章一样，文章是由一系列段落组成的，而程序也是由一些基本结构组成的。本章从算法的概念入手，强调算法是编程的灵魂，数据结构是编程的基础，然后介绍程序的三种基本结构，即顺序结构、选择结构和循环结构，并通过实例讲解常用的算法，从而提高读者解决实际问题的能力。

学习目标

- 了解算法的概念与算法的表示方法；
- 掌握if语句与switch语句，理解这两个语句的不同；
- 掌握while语句、do-while语句和for语句，熟练使用循环结构解决实际问题；
- 掌握常用的算法。

4.1 算法的概念与算法的表示方法

4.1.1 算法的概念

C++语言不仅支持面向对象的程序设计，也支持基于过程的程序设计（procedure-based programming）。所谓基于过程的程序设计，是指在解决一个问题时将问题分解为一个个子问题（功能模块），再根据每个子问题设计出需要计算机依次执行的每一个具体操作，并用一条条程序语句实现具体操作。也就是说，将解决问题的完整流程的每一个步骤通知计算机，计算机按规定好的顺序自上而下地执行程序。解决问题的方法和步骤就是算法。

例如，食谱是烹饪的算法，它详细列出了制作一道菜肴所需的食材、食材的用量和烹饪步骤。厨师按照食谱上的指示进行操作，就能制作出美味的菜肴。食谱中的每一步都是精确且有序的，就像程序算法中的步骤一样，确保了过程的可重复性和结果的一致性。

图灵奖（Turing Award）的获得者，瑞士著名的计算机科学家尼克劳斯·维尔特（Niklaus Wirth）提出过一个揭示基于过程的程序设计本质的经典公式：

数据结构＋算法＝程序

它表明一个基于过程的程序应包括以下两方面的内容。

（1）数据结构（data structure），实现对数据的描述，即程序中要操作的数据有哪些，这些数据是什么类型以及数据的组织形式（数据间的关系及存储方式）。

（2）算法，实现对操作的描述，即处理数据的方法和一系列的操作步骤。

程序设计的过程就是针对具体问题选择恰当的数据结构并设计相应算法的过程，对同一个问题，选择不同的数据结构，设计不同的算法，可能带来不同的程序实现效果。数据结构是算法操作的对象，算法是程序的核心。

在“数据结构”课程中，算法的定义如下：算法是规则的有限集合，是为解决特定问题而给出特定的、有限长的指令序列。

4.1.2　算法的表示方法

常用的算法的表示方法有自然语言描述、流程图、伪代码等，其中流程图是使用最广泛的算法表示方法，它用一些几何图框表示各种操作，具有简单直观的优点，非常适合初学者用来描述算法。

美国国家标准化协会（American National Standards Institute，ANSI）规定了程序中常用的流程图符号，如表 4-1 所示。

表 4-1　程序中常用的流程图符号

符号	名称	含义
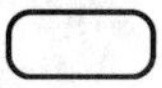	起止框	表示流程图的开始或结束，用于标识流程的起始点和终止点
	处理框	表示流程中的一个步骤或数据处理过程，通常包含执行的具体操作或算法
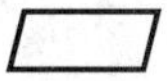	输入/输出框	表示数据的输入或输出，用于标识流程中数据的来源和去向
	判断框	表示流程中的判断或决策点，根据判断结果的不同选择不同的执行路径
○	连接点	表示流程图中不同部分之间的连接点，用于指示流程的分支和汇合
↓	流程线	用于连接各个图框，表示执行顺序和数据的流动方向
-----[	注释	用于添加文字说明或备注，以便用户更好地理解流程图的内容

表 4-1 所示的符号构成了流程图的基础元素，用于清晰地表示程序的执行流程和逻辑结构。通过合理地组合这些符号，用户可以绘制出直观、易于理解的流程图，从而更好地理解和分析程序的运行过程。本章主要使用流程图和自然语言来描述算法。

例 4.1　输入两个自然数 m 和 n，并求它们的最大公约数。

问题分析：求两个自然数的最大公约数的方法有很多，最常见的是欧几里得算法，即辗转相除法。用自然语言描述欧几里得算法可如下表示：

①输入自然数 m 和 n；

②求 m 除以 n 的余数 r；

③若 r 等于 0，则 n 为最大公约数，算法结束，否则执行第④步；

④将 n 的值放在 m 中，将 r 的值放在 n 中；

⑤重新执行第②步。

用流程图表示欧几里得算法如图 4-1 所示。

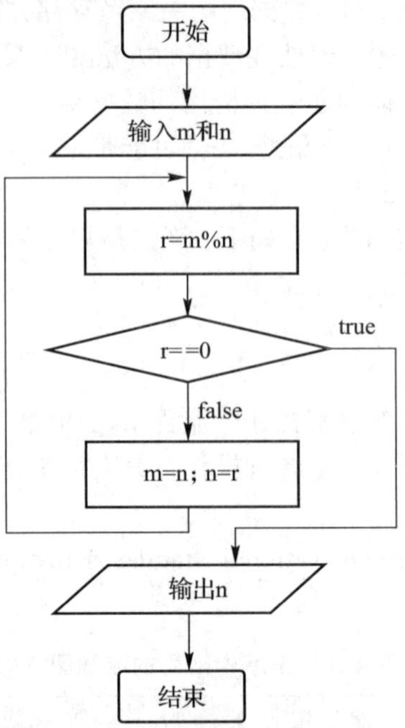

图 4-1　用流程图表示欧几里得算法

根据流程图编写的C++程序如下：

```
#include <iostream>
int commonDivisor(int m, int n) {   // 求最大公约数函数
    int r = m % n;                  // r保存m除以n的余数
    while (r != 0)  {               // r不为 0 时循环(辗转相除)
        m = n;
        n = r;
        r = m % n;
    }
    return n;
}
int main( ) {
    int m, n;
    std::cin >> m >> n;
    std::cout << commonDivisor(m, n) << std::endl;
    return 0;
}
```

运行结果：

```
147 35↙
7
```

4.2　顺序结构

顺序结构（sequential structure）是程序的三种基本结构之一，也是最简单的程序基本结构，程序自上而下依次执行各条语句。顺序结构流程图如图 4-2 所示。

从整体上看，一般程序都是顺序结构，即由输入数据、处理数据、输出结果三部分组成。

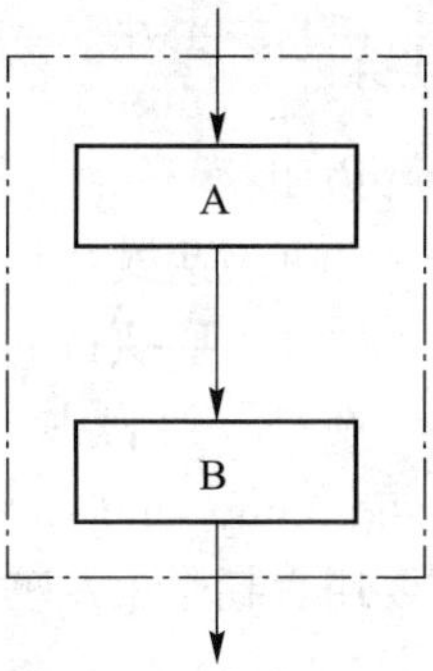

图 4-2　顺序结构流程图

例 4.2 输入满足构成三角形的三条边的条件的三个数 a、b、c，求三角形的面积。

问题分析：已知三角形的三边求三角形的面积，可以使用古希腊数学家阿基米德提出的海伦公式，公式如下。

$$s=\sqrt{p(p-a)(p-b)(p-c)}$$

$$p=\frac{a+b+c}{2}$$

用自然语言描述算法如下：①输入三边长 a、b、c；②利用公式求半周长 p；③利用海伦公式求面积 s；④输出面积 s。

将算法转化为程序如下：

```
#include <iostream>
#include <cmath>                        //为了引入sqrt( )函数
int main( ) {
    double a, b, c, p, s;
    std::cin >> a >> b >> c;
    p = (a + b + c) / 2.0;
    s = sqrt(p * (p - a) * (p - b) * (p - c));
    std::cout << "area = " << s << std::endl;
    return 0;
}
```

运行结果：

```
3 4 5↙
area = 6
```

4.3　选择结构

选择结构（selection structure）也称分支结构，是程序的三种基本结构之一。选择结构是依据给定的条件是否成立，从多种预设的执行路径（或称为分支路径）中选择一种来继续程序执行的。C++语言实现选择结构的语句有两条：if语句和switch语句。

4.3.1　if语句

1. 单分支选择结构

一般形式如下：

```
if (表达式)语句
```

作用：当给定表达式（条件）的逻辑值为true（非 0）时，执行其后的语句，否则什么也不做。单分支选择结构流程图如图 4-3 所示。

例如，当变量 x 大于 0 时，输出 x 的平方根，可用如下if语句表示：

```
if (x > 0){
```

```
    cout << sqrt(x) << endl;
}
```

说明：

（1）表达式就是条件，判断时表达式的值为非 0，则其逻辑值就是true，否则为false。

（2）当要执行的语句不止一个时，要用复合语句。

在C++语言中，将一组逻辑相关的语句用一对大括号括起来所构成的语句块，称为复合语句（compound statement）。也就是说，逻辑上要实现某个操作，需要多个语句来实现，这里需要用大括号{}把这些语句括起来作为一个整体。

2. 双分支选择结构

语法形式如下：

```
if (表达式) 语句1 else 语句2
```

作用：当给定表达式（条件）的逻辑值为true（非 0）时，执行语句 1，否则执行语句 2。双分支选择结构流程图如图 4-4 所示。

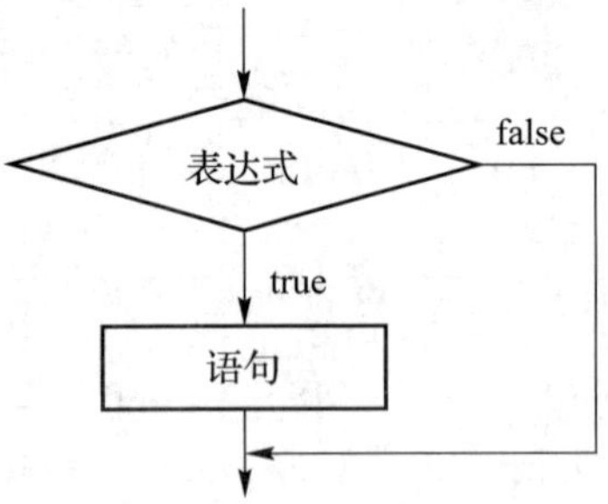

图 4-3 单分支选择结构流程图

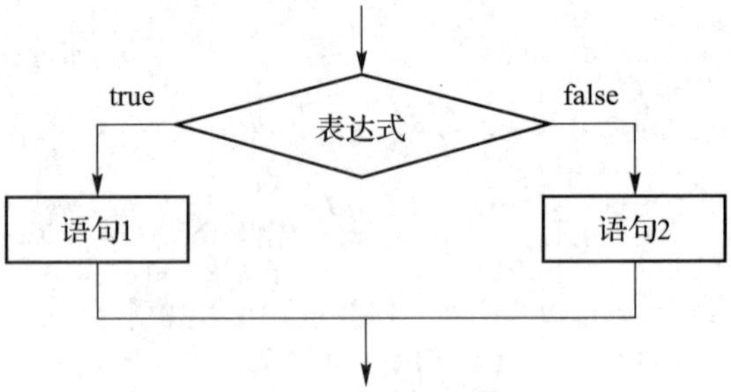

图 4-4 双分支选择结构流程图

说明：

（1）else语句是if语句的子句，不能作为独立的语句单独使用，必须与if语句配对使用。

（2）当要执行的语句 1 或语句 2 不止一条时，必须使用复合语句。

例 4.3 从键盘输入一个整数a，判断其是奇数还是偶数，并在屏幕上显示判断结果。

分析：可以根据该整数与 2 相除的余数是不是 0 来判断其奇偶性。

```
#include <iostream>
int main( ) {
    int a;
    std::cin >> a;
    if (a % 2 == 0) {
        std::cout << a << " is an even number." << std::endl;
    } else {
        std::cout << a << " is an odd number." << std::endl;
    }
    return 0;
}
```

运行结果：

```
7↙
7 is an odd number.
```

3. 多分支选择结构

语法形式如下：

```
if (表达式1) 语句1
else if (表达式2) 语句2
else if (表达式3) 语句3
……
else if (表达式n) 语句n
else 语句n+1
```

作用：如果表达式 1 的逻辑值为true，则执行语句 1，否则判断表达式 2 的逻辑值，如果为true，则执行语句 2，……，如果if后所有表达式的逻辑值都不为true，则执行语句n+1，即选择多种执行路径之一执行。多分支选择结构流程图如图 4-5 所示。

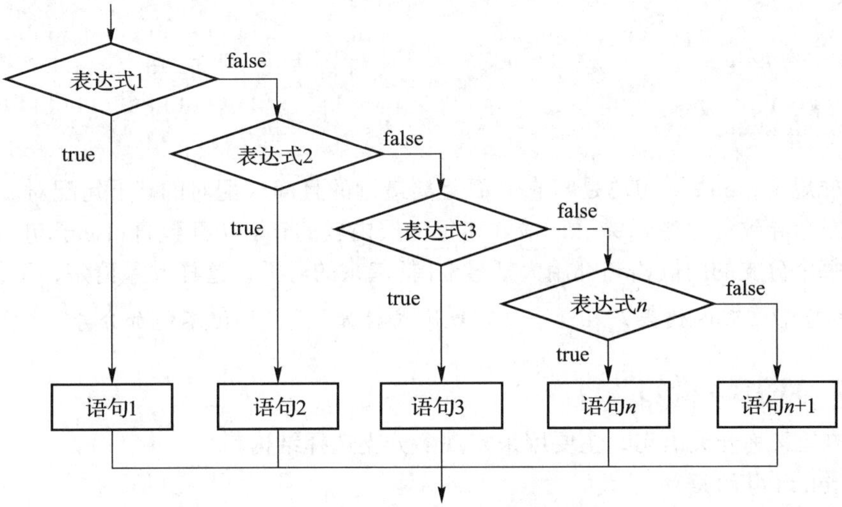

图 4-5　多分支选择结构流程图

例 4.4　某商场促销，消费 500 元以下，不打折；消费 500 元(含)以上，打九五折；消费 1000 元(含)以上，打九折；消费 3000 元(含)以上，打八五折；消费 5000 元(含)以上，打八折。编程实现输入客户消费金额，输出客户实际需要支付的金额，输出结果的小数点后保留 2 位。

```
#include <iostream>
#include <iomanip>
using namespace std;
int main( ) {
    double cost, pay;                          // cost表示消费金额，pay表示支付金额
    cout << "输入消费金额：";
    cin >> cost;
    if (cost < 500) {
        pay = cost;
    } else if (cost < 1000) {
        pay = cost * 0.95;
    } else if (cost < 3000) {
        pay = cost * 0.9;
    } else if ( cost < 5000) {
        pay = cost * 0.85;
    } else {
        pay = cost * 0.8;
    }
    cout << "实际支付金额：" << fixed << setprecision(2) << pay << endl;
    return 0;
}
```

运行结果：

```
输入消费金额：3120↙
实际支付金额：2652.00
```

4. if语句的嵌套

在if语句中又包含一个或多个if语句称为if语句的嵌套。多分支选择结构实际上是在else子句中嵌套if语句的if语句嵌套结构。

一般形式如下：

```
if (表达式1)
    if (表达式2)  语句1
    else  语句2
else
    if (表达式3)  语句3
    else  语句4
```

C++标准规定，else子句总是与它前面距离最近的且尚未配对的if语句配对。为了避免误用if语句的嵌套导致程序逻辑错误，最好使每一层内嵌的if语句都包含else子句。更好的办法是，养成把每个分支的内嵌语句都用大括号{}括起来的习惯，这样关系清楚，不易出错。

注意： 初学者常犯的错误是在if语句的表达式后加“;”，切记不能加分号。

4.3.2 switch语句

switch语句又称开关语句，主要用来实现多分支选择结构。

1. switch语句的语法形式

一般形式如下：

```
switch (表达式){
    case 常量表达式1: [语句1] [break;]
    case 常量表达式2: [语句2] [break;]
    ……
    case 常量表达式n: [语句n] [break;]
    [default: 语句n+1]
}
```

说明：

（1）switch、case、default、break都是关键字，switch是开关语句的标识。

（2）switch语句中表达式的结果值和case后面的常量表达式的结果值的类型应该一致，其类型必须为整数型（如整数型、字符型、枚举型等）。

（3）每一个case后的常量表达式是由常量组成的表达式，其值也只能是整数型，且各个常量表达式的值不允许相同。

（4）中括号[ ]表示其中的内容是可选项，语句可以是单个语句，也可以是复合语句。

（5）break语句用来终止当前case分支并跳出switch结构，即当switch语句执行完当前的case分支后就结束。若没有break语句，则switch语句会接着执行下一个case分支。

（6）各case分支与default分支的出现次序任意，若每个case分支均带有break语句，则case分支的出现次序不影响执行结果。一般要求switch语句应包含default分支，且放在所有case分支之后。

2. switch语句的执行过程

switch语句的执行过程如下：

（1）计算关键字switch后表达式的值。

（2）当switch后表达式的值与某一个case分支中的常量表达式的值相匹配时，执行此case分支中的内嵌语句，直到遇到break语句或者switch语句的右大括号为止。

（3）如果所有的case分支中的常量表达式的值都不能与switch后表达式的值匹配，那么若有default分支则执行default分支的内嵌语句，若没有default分支则结束switch语句的执行。

switch语句的执行流程如图 4-6 所示。

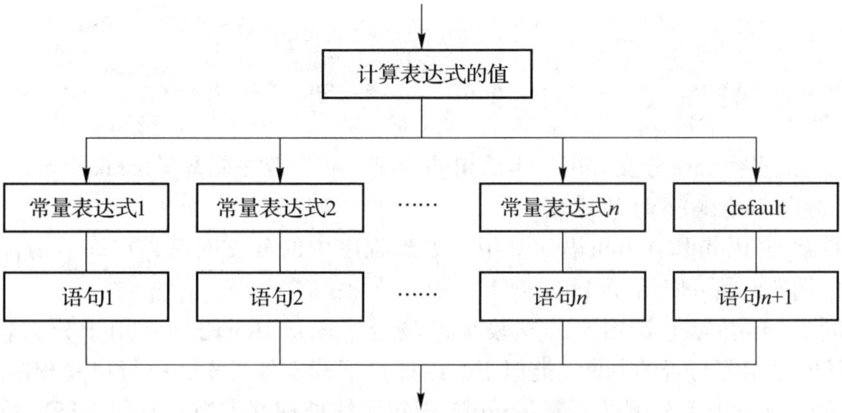

图 4-6　switch语句的执行流程

例 4.5 从键盘输入年份year和月份month，输出该月的天数days。

问题分析：根据公历常识，每年的 1、3、5、7、8、10 和 12 月，每月有 31 天；每年的 4、6、9、11 月，每月有 30 天；2 月，若是闰年则有 29 天，若是平年则有 28 天。如何判断某一年是不是闰年已在 2.3.3 节中介绍过。此题包含的情况比较多，适合用switch语句解决。

```
#include <iostream>
int main( ) {
    int year, month, days;
    std::cout << "input year, month: ";
    std::cin >> year >> month;
    switch (month) {
        case 1:
        case 3:
        case 5:
        case 7:
        case 8:
        case 10:
        case 12:
             days = 31;
             break;
        case 4:
        case 6:
        case 9:
        case 11:
             days = 30;
             break;
        case 2:
             if ((year % 4 == 0 && year % 100 != 0) || year % 400 == 0) {
                 days = 29;
             } else {
                 days = 28;
             }
             break;
        default:
```

```
            std::cout << "input month error." << std::endl;
            return 0;
    }
    std::cout << "days = " << days << std::endl;
    return 0;
}
```

运行结果：

```
input year, month:2024 2↙                    //第1次运行输入
days = 29
input year, month:2023 6↙                    //第2次运行输入
days = 30
```

说明：此题是多个case分支共用一组语句的情况，初学者往往漏写break语句，一定要注意。

3. if语句与switch语句的比较

（1）相同点：if语句和switch语句常用来处理程序中的分支问题，在许多场合下可以相互替代。例如，例4.5也可使用if语句来实现。

（2）不同点：if语句主要用于分支较少的场合，而switch语句常用于分支较多的场合；switch语句只进行相等与否的判断（类似于数组通过下标定位元素，执行速度较快），而if语句还可以进行大于或小于等范围的判断；switch语句无法处理浮点数，只能进行整数的判断，而且关键字case后表达式的值必须是常量，如果涉及浮点数或变量的判断，应当使用if语句；if语句嵌套的层次越多，可读性就越差，而switch语句的可读性较好。

选择if语句还是switch语句，应当从可读性和程序效率多方面综合考虑，适当搭配两种结构才能写出高质量的代码。

4.4 循环结构

循环结构（loop structure）是程序的三种基本结构之一。循环结构是在给定的条件成立时重复执行某段程序，直到条件为false时结束重复执行的结构。其中，给定的条件称为循环条件，重复执行的程序段称为循环体。

C++语言实现循环结构的语句有：while语句、do-while语句、for语句、goto语句，下面主要介绍前三种语句。

4.4.1 while语句

while语句的一般形式如下：

```
while (表达式) {
    循环体
}
```

作用：当给定的条件（表达式）为true（非0）时，重复执行循环体。while语句的执行流程如图4-7所示。

特点：先判断表达式的逻辑值，然后执行循环体。while循环也称当型循环。

说明：

（1）循环体如果包含一条以上的语句，必须用复合语句。如果循环体不加大括号，则while语句的范围只到关键字while后面第一个分号处。要养成良好的编写代码习惯，循环体只

有一条语句时也要用{}括起来。

(2)在循环体中应有使循环趋向于结束的语句，否则该循环体为无限循环(死循环)。

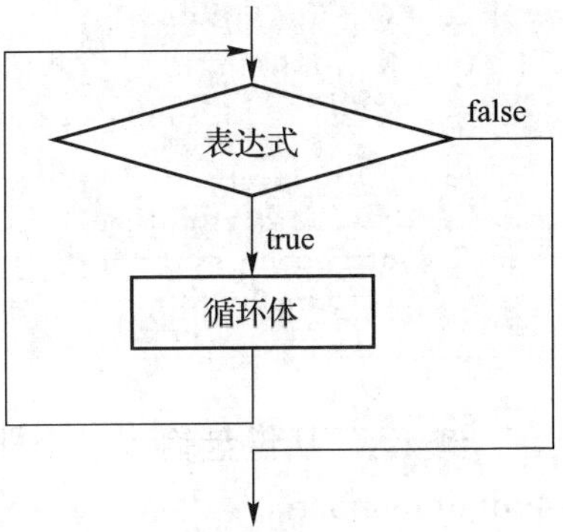

图 4-7　while语句的执行流程

例 4.6　编程求 1+2+3+⋯+100 的结果。

问题分析：此题当然可以用数学上的等差数列求和公式直接求解，但这里讨论一般意义上的累加求和问题。设用变量s表示累加和，用变量item表示累加项，开始时s=0，item=1，当item的值小于或等于 100 时，将item累加到s，然后item加 1，不断重复，直到item大于 100，结束循环，这是一个循环累加的过程。

```
#include <iostream>
int main( ) {
    int s = 0;                          // 求和单元置0
    int item = 1;                       // 初始累加项为1
    while (item <= 100) {
        s += item;                      // 累加item到s
        ++item;                         // item取下一个值，用来改变循环条件
    }
    std::cout<<"s = "<<s<<std::endl;
    return 0;
}
```

运行结果：

```
s = 5050
```

4.4.2　do-while语句

do-while语句的一般形式如下：

```
do {
    循环体
} while (表达式);
```

作用：先执行一次循环体，然后判断表达式的逻辑值，当表达式的逻辑值为true(非 0)时，返回重新执行循环体，如此反复，直到表达式的逻辑值为false(0)时结束循环。do-while语句的执行流程如图 4-8 所示。

特点：先执行循环体，然后判断循环条件是否成立。do-while循环也称直到型循环。

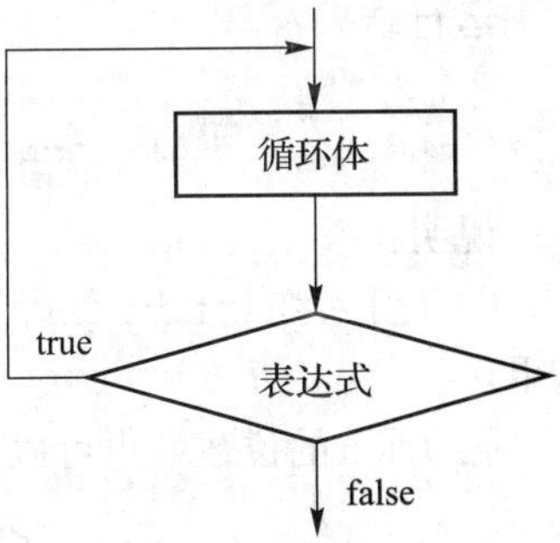

图 4-8　do-while语句的执行流程

说明：

(1)同while循环一样，do-while语句的循环体如果包含一条以上的语句，应以复合语句形式出现。如果循环体不加大括号，则编译出错。

(2)在循环体中应有使循环趋向于结束的语句，否则该循环为死循环。

例 4.7　编程求 1+2+3+⋯+100 的结果，用do-while语句实现。

```
#include <iostream>
int main( ) {
```

```
    int s = 0;
    int item = 1;
    do {
        s += item;
        ++item;
    } while(item <= 100);
    std::cout << "s = " << s << std::endl;
    return 0;
}
```

例 4.8 从键盘输入一个非负整数，输出它是几位数。例如，输入 1234，输出：1234 is 4-digit number。

问题分析：设用变量*n*表示非负整数，用变量digits表示n的位数，循环用*n*除以 10 取整，用digits记录循环次数。当*n*为 0 时，结束循环，digits的值就是*n*的位数。用自然语言描述算法如下。

①输入*n*。

②计数器digits = 0。

③循环执行如下操作，直到*n* = 0 时结束。

```
n = n / 10;          //除以 10 取整，去掉个位数
++digits;            //位数加 1
```

④输出digits。

```
#include <iostream>
int main( ) {
    int n, digits = 0;                  // digits为计数器，初始值为 0
    std::cin >> n;
    int temp = n;                       // 暂存n的值
    do {
        n = n / 10;                     // n除以 10，去掉个位
        ++digits;                       // 计数器加 1
    } while (n != 0);                   // n不为 0 时继续循环
    std::cout << temp << " is a " << digits << "-digit number." << std::endl;
    return 0;
}
```

运行结果：

```
12345↙
12345 is a 5-digit number.
```

说明：

（1）引入变量temp保存n的原始值，是因为循环改变了n的值，无法使用n按要求输出结果。

（2）求n的位数，也可以不用循环，而直接用表达式static_cast<int>(log10(n)) + 1。

4.4.3 for语句

for语句的一般形式如下：

```
for(表达式 1;表达式 2;表达式 3)   循环体
```

for语句的执行过程描述如下：

（1）求解表达式 1（只计算一次）。

（2）求解表达式 2，若其逻辑值为true（非 0），则执行for语句的循环体，然后执行第（3）

步；若其逻辑值为false（0），则结束循环，转到第（5）步。

（3）求解表达式 3（任务是改变循环条件）。

（4）转回上面的第（2）步继续执行。

（5）循环结束，执行for语句下面的一条语句。

for语句的执行流程如图 4-9 所示。

for语句最常用的格式如下：

```
for (循环变量赋初值;循环条件;循环变量增值) {
    循环体
}
```

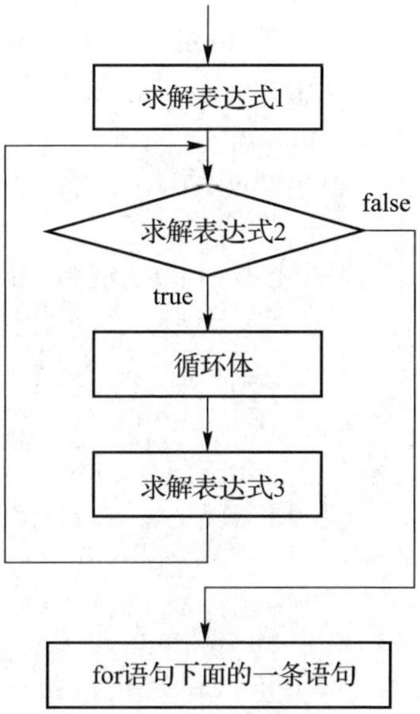

图 4-9　for 语句的执行流程

例 4.9　用for语句实现计算 1+2+3+⋯+100 的结果。

```
#include <iostream>
int main( ) {
    int i;                    //循环变量，作为累加项
    int s = 0;
    for(i = 1;i <= 100; ++i) {
        s += i;
    }
    std::cout << "s = " << s << std::endl;
    return 0;
}
```

程序运行结果与例 4.7、例 4.8 完全相同，但使用for语句后代码更加简洁。

说明：

（1）for循环也称计数循环，较适用于循环次数已经确定的情况，也可以用于循环次数不确定但给出循环结束条件的情况。

（2）循环体不止一条语句时要使用复合语句，否则for语句将在循环体遇到第一个分号处结束。

（3）for语句的一般形式中的表达式 1 可以省略，此时表达式 1 应在for语句之前求解（给循环变量赋初值），但其后的分号不能省略，分号是for语句的语法成分。

（4）表达式 2 可以省略，即不判断循环条件，相当于循环条件始终为true，循环将无终止地进行下去（死循环），此时应在循环体内设置退出循环的语句，常用break语句结束循环。

（5）表达式 3 也可以省略，此时应在循环体中添加改变循环条件的语句或终止循环的语句，以保证循环能正常结束。

（6）可以同时省略表达式 1 和表达式 3，只保留表达式 2，即只给循环条件，此时for语句相当于while语句。

（7）三个表达式可同时省略，此时应在循环体内设置终止循环的语句，否则该循环为死循环。

例 4.10　从键盘输入 n 个整数，求它们的最大值。

问题分析：求 n 个数的最大值常用的算法是打擂台算法。假设最大值用变量max_value（擂主）表示，初始值设为INT_MIN（整数的最小值），循环输入每一个数number并与max_value比较（打擂），若number大于max_value，则这个数就是新的最大值（新擂主），用此数更新max_value的值，循环结束时，max_value的值就是这 n 个数中的最大值。用自然语言描述算法如下。

①读入整数赋值给变量 n。

②设置max_value = INT_MIN。

③重复以下操作 n 次：

输入一个数存入number；

若number > max_value，则max_value = number。

④输出max_value。

```
#include <iostream>
#include <climits>                                    // 为了引入INT_MIN
int main( ) {
    int n, number;
    int max_value = INT_MIN;                          // 用来存储最大值
    std::cout << "请输入整数的个数：";
    std::cin >> n;
    std::cout << "请输入" << n << "个整数：";
    for(int i = 1; i <= n; ++i) {
        std::cin >> number;
        if(number > max_value) {
             max_value = number;
        }
    }
    std::cout << "最大值 = " << max_value << std::endl;
    return 0;
}
```

运行结果：

```
请输入整数的个数：5↙
请输入 5 个整数：51 38 81 101 71↙
最大值 = 101
```

说明：存储最大值的变量max_value的初始值取整数的最小值INT_MIN，这是通用方法；当求最小值时，初始值取整数的最大值INT_MAX。每种整数型数据的极限值在头文件climits中定义，详见例2.1。

4.4.4 循环嵌套

一个循环结构的循环体内又包含另一个完整的循环结构，称为循环的嵌套。内嵌的循环中还可以继续嵌套循环，称为多层循环。为了方便描述，处在外层的循环称为外循环，处在内层的循环（被包含的循环）称为内循环。三种循环结构while循环、do-while循环和for循环可以互相嵌套。

设计循环嵌套程序的注意事项有：明确外循环的作用是什么；明确内循环的作用是什么；明确内、外循环的关系如何（通常内循环受外循环控制）；明确语句的位置，以及循环前、中、后要做什么；要保证嵌套的每一层循环在逻辑上都是完整的，避免嵌套交叉使用。

例 4.11 编程实现输出如图4-10所示的数字三角形。

```
1
2   4
3   6   9
4   8   12  16
5   10  15  20  25
6   12  18  24  30  36
7   14  21  28  35  42  49
8   16  24  32  40  48  56  64
9   18  27  36  45  54  63  72  81
```

图 4-10 数字三角形

问题分析：

（1）此题要求输出一个数字三角形，它是一个平面图案，是由若干行和若干列数据组成的，这是一个典型的二重循环问题。

（2）外循环控制要输出的行数（用变量i表示行数，共输出 9 行，每循环一次输出一行数据）。

（3）内循环控制每行输出的数据（用变量j表示列数，共输出i列，数据是i*j）。

（4）内循环输出数据的个数与外循环有关（内循环的执行次数受外循环控制，第i行输出i个数据）。

（5）内循环输出一行数据后要换行。

```
#include <iostream>
#include <iomanip>                                  //为了引入流操纵符setw
int main( ) {
    int i, j;                                       //循环变量i、j，分别表示行数和列数
    for(i = 1; i <= 9; ++i) {                       //控制输出行数
        for(j = 1; j <= i; ++j) {                   //输出一行
            std::cout << std::setw(4) << i*j;       //每个输出的数据宽度为 4
        }
        std::cout << std::endl;                     //换行
    }
    return 0;
}
```

4.4.5　break 语句和 continue 语句

在循环中可以使用break语句和continue语句，它们能够根据需要提前终止循环体中它们下面的语句的执行，这两个语句不能单独使用，一般只能在循环体内使用。其中break语句也可以在switch语句中使用，用来结束switch语句的执行。

1．break 语句

语法形式如下：

```
break;
```

作用：结束循环，不管循环条件是不是true，转去执行循环语句后面的下一条语句。break语句只能结束当前层的循环。

例 4.12　素数判断：输入一个正整数m，判断它是不是素数，若是素数则输出“Yes”，否则输出“No”。

素数的定义：素数，也称质数，是指在大于 1 的自然数中，除了 1 和它本身外不能被其他自然数整除的数。注意，1 不是素数。

问题分析：根据素数的定义，若m能被 2 到$m-1$之间的任意一个整数整除，则m不是素数，否则m是素数。数学上已证明只需要除到$\sqrt{m}$即可。定义标记变量flag，若m是素数，则flag为true，否则为false。

用自然语言描述算法如下：

①标记变量 flag = true，假设m为素数。

②输入m。

③循环用 2 到$\sqrt{m}$之间的每一个整数去除m，若能整除，则 flag = false，结束循环；若直到循环结束，也不能整除，则 flag 保持初始值 true。

④根据flag的值，输出结果。

```
#include <iostream>
int main( ) {
    int m;
    bool flag = true;                             // 假设m为素数
    std::cin >> m;
    if (m < 2) {                                  // 判断特殊情况
        flag = false;
    }
    for (int i = 2; i * i <= m; ++i) {
        if (m % i == 0) {
            flag = false;                         // 能整除，标记变量flag设为false
            break;                                // 使用break语句结束循环
        }
    }
    if (flag == true) {
        std::cout << "Yes" << std::endl;
    } else {
        std::cout << "No" << std::endl;
    }
    return 0;
}
```

运行结果：

```
7↙                    // 第1次运行时输入7
Yes
25↙                   // 第2次运行时输入25
No
```

说明：循环条件用i*i <= m代替i <= int(sqrt(m))，可省去函数调用。

2. continue语句

语法形式如下：

```
continue;
```

作用：结束本次循环，即跳过循环体中尚未执行的语句，接着进行下一次是否执行循环的判断（for循环还会执行循环变量增值部分）。与break语句不同，continue语句是结束本次循环。

例 4.13 明7暗7游戏。

问题描述：明7暗7是一种数字报数游戏，明7指含有7的数字，例如7、17、27等；暗7指7的倍数，例如14、21、28等。游戏参与者按自然数顺序报数，当报到明7或暗7时，需以约定的动作代替报数，同时下一位玩家继续报数。

编写程序，模拟1到100的报数过程，当遇到明7或暗7时跳过，遇到其他的数时输出，每行输出15个数。

问题分析：若数字用变量n来表示，则明7可表示为(n % 10 == 7) || (n / 10 == 7)，暗7可表示为n % 7 == 0。设计计数器变量cnt来计数，输出时控制每输出15个数后换行。

算法可以简单描述如下：

①遍历1到100的数字；

②对每个数字检查是不是明7或暗7；

③如果不是，则输出该数字，同时计数器cnt加1；

④如果计数器cnt达到15的倍数，则输出换行符。

```
#include <iostream>
#include <iomanip>
int main( ) {
    int cnt = 0;                                          // 将计数器初始值设为 0
    for (int n = 1; n <= 100; ++n) {
        if (n % 10 == 7 || n / 10 == 7) {                 // 明 7 判定
            continue;
        }
        if ( n % 7 == 0) {                                // 暗 7 判定
            continue;
        }
        std:: cout << std::setw(4) << n;
        cnt++;                                            // 每输出 1 个数后 cnt 加 1
        if (cnt % 15 == 0) {                              // 每输出 15 个数后换行
            std::cout << std::endl;
        }
    }
    return 0;
}
```

运行结果：

```
   1   2   3   4   5   6   8   9  10  11  12  13  15  16  18
  19  20  22  23  24  25  26  29  30  31  32  33  34  36  38
  39  40  41  43  44  45  46  48  50  51  52  53  54  55  58
  59  60  61  62  64  65  66  68  69  80  81  82  83  85  86
  88  89  90  92  93  94  95  96  99 100
```

说明：判定明 7、暗 7 的两个条件可合并为n % 10 == 7 || n /10 == 7 || n % 7 == 0。

4.5 常用算法

4.5.1 求值法

求值法是根据问题中给定的条件，运用程序的三种基本结构来解决问题。

求值法，一般从如下两方面入手来设计算法。

（1）确定约束条件：找出问题的约束条件。

（2）选择控制结构：根据问题的要求选择合适的控制结构。简单问题一般用顺序结构、选择结构即可解决，如求函数的值、求方程的根、求最大值、求平均值等。复杂问题多数要用到循环结构，有时可能需要自己设计程序结构。

例 4.14 编写程序，实现输入变量x的值，根据如下分段函数求y的值。

$$y=\begin{cases}2x+1 & (x<0)\\ 0 & (x=0)\\ \sqrt{x} & (x>0)\end{cases}$$

问题分析：此问题比较简单，用if语句即可处理。因为有求平方根运算，数据类型需要用到double型。

```
#include <iostream>
#include <cmath>
```

```
int main( ) {
    double x, y;
    std::cout << "Input x:";
    std::cin >> x;
    if(x < 0) {
        y = 2 * x + 1;
    } else if (x == 0) {
        y = 0;
    } else {
        y = sqrt(x);
    }
    std::cout << "y = " << y << std::endl;
    return 0;
}
```

运行结果：

```
Input x:5↙
y = 2.23607
```

例 4.15 输入一个正整数*n*，求其各位数字之和。

问题分析：要求各位数字之和，需要分离每一位数字，常用方法是短除法（又称欧几里得除法或模除法），即用*n* % 10 得到当前数的个位数，然后用*n* = *n* / 10 去掉这个个位数，循环这个过程，直到*n*等于 0 为止。

```
#include <iostream>
int main( ) {
    int n;
    int s = 0;                          // 变量s用来存放各位数字的和，初始值为0
    std::cin >> n;
    while(n != 0) {
        s += n % 10;                    // 求个位数并累加
        n /= 10;                        // 去掉个位数
    }
    std::cout << "s = " << s << std::endl;
    return 0;
}
```

运行结果：

```
2014↙
s = 7
```

说明：在C++语言中，短除法是一个基本的数学运算，通常用于求两个整数相除的商和余数，其在计算机程序设计领域中有广泛应用。从本例可以得到如下结论：整数*n*通过*n* % 10 得到个位数，通过*n* % 100 得到最后两位数，……；而通过*n* / 10 去掉个位数，通过*n* / 100 去掉最后两位数，以此类推。

4.5.2 累加求和法

累加求和问题是程序中非常常见且基本的问题之一。前面学习的例 4.7，以及后面将要学习的例 4.17 都使用了累加求和法。

累加求和法的一般格式如下：

```
S = S + T
```

其中，S是累加器，T为每次的累加项，T的值不断变化，依次将T的值累加到S中。

累加求和法一般通过循环来实现，在设计算法时，应注意以下几点。

（1）累加器S的初值置为 0，确认累加项T的初值。

（2）确定循环条件（一般与T有关）。

（3）设计循环体：包含累加 S += T，计算下一项T等内容。

例 4.16 从键盘输入若干个学生的成绩（输入的成绩为 -1 时结束），求学生成绩的平均分。

问题分析：设用变量score来表示成绩，用变量average表示平均分，而求平均分需要知道学生人数，再设用变量cnt来统计学生人数。求总分是一个循环求和的过程，关键是如何描述循环条件，可以这样来描述：成绩不为 -1 时继续循环，且由于cin >> score在输入合法值时返回对象cin的引用，是非 0 值，故循环条件可合并为cin >> score && score != -1。算法描述如下。

①平均分average、计数器cnt均初始化为 0。

②循环输入成绩且成绩不为 -1 时，执行如下语句：

　　累加成绩average += socre;

　　统计人数cnt++;

③求平均分，输出结果。

```
#include <iostream>
int main( ) {
    double score, average = 0.0;
    int cnt = 0;
    std::cout << "Enter the score(ending with -1): ";
    while(std::cin >> score && score != -1){
        average += score;
          cnt++;
    }
    average /= cnt;
    std::cout << "average = " << average << std::endl;
    return 0;
}
```

运行结果：

```
Enter the score(ending with -1): 87 98 76 65 100 -1↙
average = 85.2
```

例 4.17 计算圆周率。

祖冲之（429—500 年）是我国南北朝时期伟大的科学家，他首次计算出圆周率 π 的值在 3.14 159 26 和 3.141 592 7 之间，相当于推算到小数点后第 7 位，是世界上第一位将圆周率值推算到小数点后第 7 位的科学家。这一纪录保持了将近 1 000 年，直到 15 世纪才由阿拉伯数学家阿尔 · 卡西打破。

利用如下公式求圆周率值，直到最后一项的绝对值小于 10^{-7} 时结束。

$$\frac{\pi}{4} \approx 1-\frac{1}{3}+\frac{1}{5}-\frac{1}{7}+\cdots$$

问题分析：设用变量pi表示圆周率，初值为 0.0，是累加器；用变量item表示累加项，初值为 1。item的计算式由分子、分母和符号三部分组成，分子总为 1，不需要单独处理，分母用变量deno表示，初值为 1，符号用变量sign表示，初值为 1（代表正数），则item可表示为

sign / deno；当计算下一项item时，执行sign = −sign，deno += 2；循环条件是item的绝对值大于或等于 10^{-7}。算法描述如下。

①初始化各变量：pi=0.0, deno=1, item=1, sign=1。

②当|item| ≥ 10^{-7} 时，循环执行：

累加pi += item;

求下一项deno += 2, sign = −sign, item = sign * 1.0 / deno;

③输出 4*pi。

```
#include <iostream>
#include <iomanip>
#include <cmath>
using namespace std;
int main( ) {
    int sign = 1;
    double deno = 1, item = 1, pi = 0;
    while((fabs(item)) >= 1e-7 ) {
        pi = pi + item;
        deno = deno + 2;
        sign = -sign;
        item = sign / deno;
    }
    pi = pi * 4;
    cout << fixed << setprecision(7) << "π = " << pi << endl;
    return 0;
}
```

运行结果：

```
π = 3.1415925
```

说明：求高精度圆周率可以使用反三角函数，本例强调的是累加求和问题的基本算法。

4.5.3　累乘求积法

累乘问题也是程序设计中非常常见的问题之一。累乘求积法的一般格式如下：

```
P = P * T
```

其中，P是累乘积，T为每次的累乘项。

累乘求积法通常也是通过循环来实现的，在设计算法时，应注意以下几点。

（1）累乘积P的初值置为 1，确认累乘项T的初值。

（2）确定循环条件（一般与T有关）。

（3）设计循环体：包含累乘 P *= T，计算下一项T等内容。

（4）累乘积的值可能很大或很小，可以根据情况定义P的数据类型为long double型。

例 4.18　输入正整数*n*，求*n*的阶乘（factorial）。

问题分析：参数*n*的阶乘可用如下公式表示。

```
n! = 1 × 2 × 3 × … × n
```

用变量fac表示阶乘，初值为 1，由于阶乘值可能很大，将其数据类型定义为long long型；累乘项用变量i来表示，初值为 1，循环*n*次，累乘式为fac *= i。

```
#include <iostream>
int main( ) {
    int i, n;
```

```
    long long fac = 1;                    // 累乘器初始化为1
    std::cin >> n;
    for(i = 1; i <= n; ++i) {
        fac *= i;
    }
    std::cout << "fac = " << fac << std::endl;
    return 0;
}
```

运行结果：

```
13↙                             // 第 1 次运行时输入
fac = 6227020800
20↙                             // 第 2 次运行时输入
fac = 2432902008176640000
```

说明：从运行结果看，13!已超过int型的最大值 2 147 483 647，20!已接近long long型的最大值 9 223 372 036 854 775 807，即 21!将出现int型数据溢出，此时fac应定义为long double型；但由于浮点型数的存储方式带来的精度问题，可能无法保证有效数字位数的准确性。读者在设计程序时应时刻注意数据溢出问题。

例 4.19 每天进步一点点问题。

假设有两个数x和y，开始均为 1，数x每天递增 1%，数y则每天递减 1%，问 365 天后x、y的值各为多少？要求结果的小数点后保留 6 位，并求两者的比值，并将比值结果取整。

问题分析：根据数学知识，数x每天递增 1%，则递增后的x与原来x的关系可表示为$x = 1.01 * x$，循环计算 365 次，即为 365 天后的x的值；而数y的计算方法与x类似。

```
#include <iostream>
#include <iomanip>
using namespace std;
int main( ) {
    double x = 1.0, y = 1.0;
    for(int i = 1; i <= 365; ++i )  {
        x *= 1.01;
        y *= 0.99;
    }
    cout << fixed << setprecision(6);
    cout << "x = " << x << endl;
    cout << "y = " << y << endl;
    cout << "x : y = " << int(x / y) << endl;
    return 0;
}
```

运行结果：

```
x = 37.783434
y = 0.025518
x : y = 1480
```

说明：此问题也可使用库函数pow(1.01*x,365)计算。从程序结果看，每天进步一点点，365 天之后，结果竟是原来的近 38 倍，反之，退步的结果也是惊人的。

4.5.4 递推法

递推法（迭代法）是利用问题本身所具有的某种递推关系来求解问题的。

递推法从已知的初始条件出发，依据某种递推关系，逐次推出所要计算的中间结果和最终结果。初始条件要么在问题本身已经给定，要么需要通过对问题的分析和化简后确定。

递推的本质是把一个复杂的计算过程转化为一个简单的计算过程的重复。

递推的基本方法有以下两种。

（1）正向顺推：从已知条件出发，向着问题的解前进，一步一步推出答案。

（2）反向逆推：从问题的结果出发，一步一步还原出答案。

递推法的关键是找到相邻的数据项之间的关系，即递推关系。递推法的一般步骤如下。

（1）确定递推变量，即哪些数据参与递推过程，一般是简单变量，也可以是数组。

（2）建立递推关系，递推关系是递推的依据，是解决递推问题的关键。一般需要对问题进行深入分析和推导才能找到数据项之间的递推关系，有时可能是找到多个数据项之间的关系。

（3）确定递推边界（或者称为初始条件），递推边界是递推的基础。一般根据问题在最简单情况下的数据确定递推变量的初始值。

（4）控制递推过程，一般通过循环实现。

例 4.20 求斐波那契数列（Fibonacci sequence）的前 20 个数，采用正向顺推法。

斐波那契数列又称黄金分割数列，因为当数列项数趋向于无穷大时，前一项与后一项的比值越来越逼近黄金分割比例数，约为 0.618，准确值为（$\sqrt{5}-1$）/2。这个数列有如下特点：第 1、2 个数均为 1，从第 3 个数开始，该数是其前面两个数之和。可用如下公式表示：

$$F_1=1 \quad (n=1)$$
$$F_2=1 \quad (n=2)$$
$$F_n=F_{n-1}+F_{n-2} \quad (n\geqslant 3)$$

问题分析：本问题中的数列的项，从第 3 项开始，均可由前两项之和求得。若用变量 f1 表示上上一项，用变量 f2 表示上一项，用变量 f 表示当前项，则 f = f1 + f2，这是递推关系式；参与递推的变量有三个，开始时 f1、f2 的初值为 1，这是初始条件；根据题目要求求数列的第 3 项到第 20 项，使用 for 循环实现。算法可描述如下。

①f1 = 1，f2 = 1。

②输出 f1 和 f2。

③循环从 3 到 20，求每一项并输出。

```
    f=f1+f2;                // 输出f
    f1=f2;                  // f2 的值变为上上一项
    f2=f;                   // f的值变为上一项，即f2、f的值变为新的前两项
```

将算法细化，加入输出格式控制后的程序如下：

```
#include <iostream>
#include <iomanip>
using namespace std;
int main( ) {
    int f1 = 1, f2 = 1, f;                          // f1 和 f2 均初始化为 1
    int cnt = 2;                                    // 计数器控制每行输出 5 个数据
    cout << setw(10) << f1 << setw(10) << f2;       // 每个输出的数据宽度为 10
    for(int i = 3; i <= 20; ++i) {                  // 循环求值
        f = f1 + f2;                                // 求当前项
        cout << setw(10) << f;                      // 输出
        cnt++;
        if(cnt % 5 == 0) {                          // 每输出 5 个数后换行
            cout << endl;
        }
        f1 = f2;
        f2 = f;
    }
```

```
    return 0;
}
```

运行结果：

```
        1           1           2           3           5
        8          13          21          34          55
       89         144         233         377         610
      987        1597        2584        4181        6765
```

例 4.21 猴子吃桃问题，采用反向逆推法。

一只猴子摘下若干个桃子，每天吃一半，还不过瘾，又多吃了 1 个，到第 10 天再想吃时，就只剩 1 个桃子了。求猴子最初共摘了多少个桃子。

问题分析：此问题可以用反向逆推的方法来解决。猴子每天吃的桃子数量取决于前一天的桃子数，若用变量 x 表示当前时间的桃子数，用变量 y 表示前一天的桃子数，则有 $x=y/2-1$，即 $y=2(x+1)$，这就是递推关系式。初始条件为第 10 天的桃子数 $x=1$，进行递推，从第 9 天递推到第 1 天。

```
#include <iostream>
#include <iomanip>
int main( ) {
    int x = 1, y;                                          // 当前时间x的初值为1
    for(int day = 9; day >= 1; --day) {
        y = 2 * ( x + 1);                                  // 求前一天的桃子数
        x = y;                                             // y变为当前时间的桃子数
    }
    std::cout << "peaches: " << y << std::endl;
    return 0;
}
```

运行结果：

```
peaches: 1534
```

说明：若只设一个递推变量 x，则循环体可改写为 x = 2 * (x + 1)。

4.5.5　穷举法

穷举法也称枚举法，是对问题的所有可能解，逐一试探求解的方法（属于暴力求解方法）。

基本思想：根据问题的已知条件预估解的范围；在此范围内对所有可能的解进行逐一验证；若某个可能解符合题目的全部条件，则该可能解为该问题的一个解；若全部解都不符合题目的全部条件，则说明该问题无解。

穷举法求解问题的两个基本要素如下。

（1）确定穷举对象和穷举范围：穷举对象和穷举范围的选择直接影响算法的时间复杂度，穷举过程用循环结构来实现。

（2）确定判定条件：确定符合什么条件的值才能成为问题的答案，判断每个对象是否符条件用选择结构来实现。

优点：算法简单，逻辑清晰，易于理解，程序易于实现。

缺点：运算量较大（与穷举范围有关），只适用于有几种组合、是否存在、求解不定方程等类型的问题。

例 4.22 韩信点兵问题。

问题描述：韩信有一队士兵，按从 1 至 5 排队报数，最末一个士兵报的数为 1；按从 1 至 6 报数，最末一个士兵报的数为 5；按从 1 至 7 报数，最末一个士兵报的数为 4；最后再按从 1 至 11 报数，最末一个士兵报的数为 10。请问韩信至少有多少个士兵?

问题分析如下。

（1）穷举对象和范围：设韩信至少有 x 个士兵，穷举对象选 x。由于不知士兵上限是多少，只能从最少人数逐个判断，即从 1 开始，直到满足条件为止（使用 do-while 循环）。

（2）判定条件：根据题意，按从 1 至 5 排队报数，最末一个士兵报的数为 1，即 x 被 5 整除，余数为 1，同理，则有 x 被 6、7、11 整除，余数分别为 5、4、10，用表达式可表述为 x % 5 == 1 && x % 6 == 5 && x % 7 == 4 && x % 11 == 10。

```
#include <iostream>
int main( ) {
    int x = 0;
    do {
        x++;
    } while ( !(x % 5 == 1 && x % 6 == 5 && x % 7 == 4 && x % 11 == 10) );
    std::cout << "Number of soldiers: " << x << std::endl;
    return 0;
}
```

运行结果：

```
Number of soldiers: 2111
```

说明：韩信点兵问题，实际上源于中国古代的一部数学著作《孙子算经》中的一道有名的数学问题，原文为“今有物不知其数，三三数之剩二,五五数之剩三,七七数之剩二，问物几何?”这个问题又称中国剩余定理。它形成了一类问题，也就是初等数论中的解同余式。

例 4.23 求三个整数的最小公倍数。

问题分析：三个整数分别用变量 a、b、c 表示，任选一个数，例如 a 作穷举对象，执行循环，每次将循环变量 i 的值（初值为 a）递增 a，当 a 的倍数也是 b、c 的倍数时，i 的值就是这三个数的最小公倍数。

```
#include <iostream>
int main( ) {
    int a, b, c;
    std::cin >> a >> b >> c;
    for(int i = a; ; i += a) {                       // 每次递增a
        if(i % b == 0 && i % c == 0) {               // 判断i是不是b、c的倍数
            std::cout << i << std::endl;
            break;                                   // 出现最小公倍数，终止循环
        }
    }
    return 0;
}
```

运行结果：

```
2 5 7↙
70
```

说明：若先对变量 a、b、c 排序，找出最大值，以最大值作穷举对象，则循环次数会少一些。

4.6 习 题 4

一、填空题

1. 常用的算法表示方法有：自然语言描述、________、伪代码等。

2. 程序的三种基本结构为顺序结构、选择结构(分支结构)和________。

3. C++语言中实现选择结构的语句有________语句和________语句。

4. 使用________语句可以提前终止当前循环，跳出循环体。

5. switch语句可以根据一个变量的值选择执行多个________中的一个。

二、判断题

1. if语句的条件表达式必须用括号括起来。 ( )

2. C++语言中的switch语句只能使用整数型或枚举类型的条件表达式。 ( )

3. 在C++语言中，break语句只能用于跳出最近的循环或switch语句。 ( )

4. 空语句;可以作为一个有效的循环体。 ( )

5. 使用递推法求解问题时，通常需要存储中间结果以避免重复计算，这样可以提高算法效率。 ( )

三、选择题

1. 在C++语言中，嵌套if语句中的else子句总是与( )配对。

A. 其之前最近的if语句　　B. 第一个if语句

C. 缩进位置相同的if语句　　D. 其之前最近的且尚未配对的if语句

2. 有以下程序：

```
#include <iostream>
int main( ) {
    int a;
    std::cin >> a;
    if(a++ < 5) std::cout << a;
    else std::cout << a--;
    return 0;
}
```

程序运行时从键盘输入 5 然后按回车键，则程序的输出结果是( )。

A. 4　　B. 5

C. 6　　D. 7

3. 使用switch语句时，case后面的常量表达式可以是( )。

A. 仅整数型　　B. 整数型、字符型和枚举型

C. 任何类型　　D. 整数型、字符型和浮点型

4. ( )不属于选择结构。

A. if语句　　B. switch语句

C. while语句　　D. if-else语句

5. 以下代码的输出结果是( )。

```
int x = 10;
switch(x) {
```

```
    case 10: cout << "Ten";
    default: cout << "Unknown";
}
```

A．Ten　　B．Unknown　　C．TenUnknown　　D．编译错误

6．以下程序的输出结果是（　　）。

```
#include <iostream>
int main( ) {
    int n = 1;
    while(n++ < 4) ;
        std::cout << n;
    return 0;
}
```

A．1　　B．5　　C．6　　D．4

7．下面有关for循环的正确描述是（　　）。

A．for循环只能用于循环次数已经确定的情况

B．for循环是先执行循环的循环体语句，后判断表达式

C．在for循环中，不能用break语句跳出循环体

D．for循环的循环体中，可以包含多条语句，但必须用大括号括起来

8．关于break和continue语句，下列说法中错误的是（　　）。

A．break语句可以用在switch语句中

B．continue语句可以用在switch语句中

C．break语句可以提前终止循环

D．continue语句可以跳过当前循环的剩余部分

9．下列描述中不属于循环结构的优点的是（　　）。

A．简化代码　　B．提高代码可读性

C．减少代码量　　D．提高代码执行速度

10．下面程序的输出结果为（　　）。

```
#include <iostream>
int main( ) {
    for(int i = -1; i < 4; i++)
        std::cout << (i ? '0' : '*');
    return 0;
}
```

A．0*0　　B．0000

C．0*00　　D．0*000

四、简答题

1．简述C++程序的基本结构有哪些，并解释每个结构的作用。

2．简述break语句和continue语句在循环结构中的作用。

五、编程题

1．输入三个整数a、b、c，求它们中的最大数。

2．从键盘输入一个字符，判断该字符是不是大写字母、小写字母、数字字符或其他字符。如果该字符是大写字母，则输出“upper”；若是小写字母，则输出“lower”；若是数字字符，则输出“digit”；若是其他字符，则输出“other”。（输出不含双引号，下同）

3．判断输入的正整数是否既是3的倍数又是5的倍数。若是，则输出“yes”；否则输出

"no"。

4. 输入浮点数 x，根据下面分段函数计算并输出 y 的值（保留 2 位小数）。

$$y=\begin{cases}(x+1)^2+2x+\dfrac{1}{x} & (x<0)\\ \sqrt{x} & (x\geqslant 0)\end{cases}$$

5. 某公司规定，销售人员收入由基本工资和销售提成两部分组成，其中基本工资是 1 500 元/月，销售提成的计算规则如下：

（1）销售额小于或等于 10 000 元时，按照销售额的 5% 提成；

（2）销售额大于 10 000 元但小于或等于 50 000 元时，超出 10 000 元的部分按照销售额的 3% 提成；

（3）销售额大于 50 000 元时，超出 50 000 元的部分按照销售额的 2% 提成。

输入员工销售额，计算并输出员工收入。

6. 输入一个 0 ～ 6 的整数，输出对应的星期数。其中 0 对应 Sunday，1 对应 Monday，2 对应 Tuesday，3 对应 Wednesday，4 对应 Thursday，5 对应 Friday，6 对应 Saturday。

7. 三天打鱼两天晒网问题。中国有句成语"三天打鱼两天晒网"。假设某人从某天开始三天打鱼两天晒网，问这个人在以后的第 n 天是在打鱼还是在晒网？若是在打鱼，则输出"Fishing"，否则输出"Sunning net"。

8. 从键盘输入若干个正整数，直到输入 –1 时为止，求出这些数的平均值（小数点后保留 3 位小数）。

9. 已知市场上每个橘子卖 0.4 元，假设某人第 1 天买了 2 个橘子，从第 2 天开始，每天买的橘子的个数是前一天的 2 倍，直到买的橘子个数达到不超过 N（N 的值从键盘输入，$N>2$）的最大值。求平均每天花多少钱，保留 2 位小数。

10. 输入两个正整数 m 和 n，求 m、n 的最大公约数和最小公倍数。

11. 输入两个数 n 和 a（$n\geqslant 1$，$a\leqslant 9$），求 $S_n=a+aa+aaa+\cdots+aa\cdots aaa$（有 n 个 a）的值。例如，$n=5$，$a=2$ 时，$S_n=2+22+222+2222+22222$。

12. 输入两个正整数 a 和 b，求 $[a,b]$ 间的所有素数，每行输出 5 个素数。

13. 有一个分数序列：2/1，3/2，5/3，8/5，13/8，21/13，…。求这个数列的前 n 项之和，结果保留 2 位小数（n 从键盘输入）。

14. 输入一个正整数 n（$n<7$），输出 n 行由大写字母 A 开始的由大写字母构成的三角形字符阵列图。例如输入正整数 4，输出结果如下：

```
A B C D
E F G
H I
J
```

第 5 章 函数

函数是模块化程序设计的核心概念，是模块化程序的基本单位，是对数据处理过程的抽象。函数可以使程序简洁明了，提高程序的易读性、代码重用性和可维护性。本章介绍模块化程序设计的基本概念、函数的定义与使用、函数的嵌套调用和递归调用(递归算法)、内联函数、带默认参数的函数与函数重载、变量的作用域与存储类别等相关内容，使读者进一步加深对程序结构与程序执行流程的理解。

学习目标

- 了解模块化程序设计和函数的基本概念；
- 掌握函数的定义、声明与使用；
- 掌握递归函数的定义与使用；
- 熟悉内联函数、带默认参数的函数的定义与使用、函数重载；
- 理解变量的作用域与存储类别等基本概念。

5.1 模块化程序设计概述

5.1.1 模块化程序设计的概念

在进行大型程序设计时，由于任务相对复杂，若将所有代码放在一个程序文件中，程序篇幅较大，这会给程序设计、调试和阅读带来很多困难。

1971 年，Wirth 教授提出采用“自顶向下、逐步求精、分而治之”的原则进行大型程序设计，其基本思想是运用科学的抽象方法，把一个复杂问题的解决方案按处理问题的功能进行分解，其分解原理是使每个子模块尽可能只实现一个功能，然后对每个子模块按功能再分解成若干个低级的子模块。一步一步按层次将大功能模块分解为小功能模块，从上到下每一层不断地进行功能细化，直到最底层都是功能单一、简单的小模块。最后通过模块间的协作来完成整个程序的功能。

模块化程序设计是一种高效的编程方法，它通过划分功能模块来降低程序的复杂度、提高代码的重用性和可维护性，为程序员提供了更加灵活、高效的编程手段。

5.1.2　函数的基本概念

1. 函数的概念

在C++程序中，主要通过函数、类等封装手段来将代码划分为不同的模块，通过接口或函数调用来实现模块间的协作。

函数是C++模块化程序设计的核心概念。一个函数就是一个程序模块，用于完成特定的功能。若干个函数有机地组织在一起形成一个较大的程序，可以完成相对复杂的任务。当多个函数被整合到一个文件中时，这个文件就称为文件模块。

一个C++程序可以包含若干个函数，其中函数名为main的函数称为主函数。一个C++程序的main( )函数有且仅有一个，main( )函数是程序的入口，意味着程序的执行总是从main( )函数开始的，正常情况下也在main( )函数内结束。为了方便描述，除了main( )函数以外的其他函数通常被称为子函数。在程序的执行过程中，main( )函数可以调用其他子函数，子函数之间也可以相互调用，但子函数不能调用main( )函数，因为main( )函数是由系统直接调用的。函数调用的层次关系如图 5-1 所示。

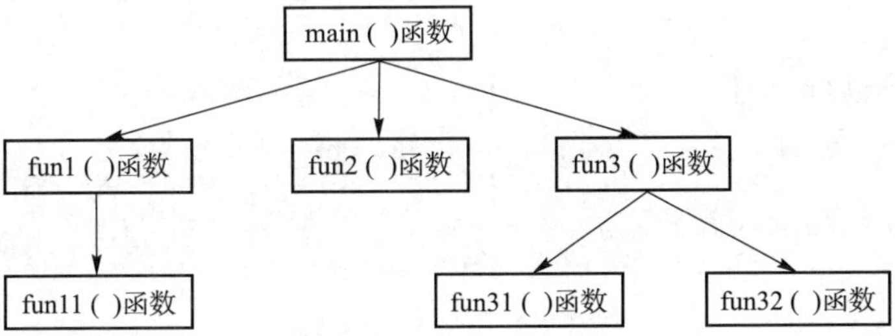

图 5-1　函数调用的层次关系

2. 函数的分类

（1）从用户使用的角度看，函数分为如下两类。

①系统函数，即库函数，由编译器提供，用户可以直接使用它们，使用时需要在程序中包含相应的头文件。如sqrt( )、rand( )、isalpha( )等函数都是系统函数。

②自定义函数，是用户为解决特定的问题而编写的函数。

（2）从函数的形式看，函数分为如下两类。

①无参函数，只是完成特定的功能，无须传入任何数据，调用函数时不必给出参数。示例如下：

```
// 无参函数，输出12个*
void stars( ){
    std::cout << "************" << std::endl;
}
```

②有参函数，在调用函数时要给出参数，通知函数要处理的数据是什么。主调函数和被调用函数之间通过参数来传递数据。示例如下：

```
// 有参函数，输出n个*
void stars(int n) {
    for(int i = 1; i <= n; ++i) {
        std::cout << "*";
    }
    std::cout << std::endl;
}
```

（3）从函数的存储类别看，函数可分为如下两类。

①外部函数，即普通函数，是指可以被程序内任何源程序文件中的函数调用的函数，用关键字extern修饰，该关键字通常省略。

②内部函数，是定义函数时在函数首部前加关键字static的函数，是仅限于在本源程序文件内使用的函数。

5.2 函数定义与使用

类似于变量的使用规则，函数也一样需要先定义后使用。函数的定义要比变量的定义复杂一些，不仅要定义函数的接口（函数首部），还必须定义函数的功能实现（函数体）。

5.2.1 函数定义与声明

1. 函数定义

函数定义的一般形式如下：

```
类型标识符 函数名([形参表列]){
    声明部分
    执行语句
}
```

说明：

（1）类型标识符指定函数的类型，即函数返回值的类型，可以是任何数据类型。C++新标准规定类型标识符不可省略。若函数不返回值，则函数类型为void。

（2）函数名必须是合法的标识符，一般使用小写英文单词，要做到见名知意。当采用多个英文单词组合时，除了首单词用小写外，其他单词的首字母大写。

（3）形参表列是一组用逗号分隔的形参，它规定了函数被调用时应该接收的参数。若函数无形参，则形参表可以为空，也可以用void显式说明没有参数。每个形参由参数类型和参数名两部分组成，类似于变量的定义语句，如例1.2中add()函数的定义形式为int add(int x, int y)。

函数返回值的类型、函数名、形参表列构成函数的首部。

注意： 函数首部后不能加分号，否则会产生语法错误。

（4）大括号括起来的部分称为函数体，其中声明部分用来定义或声明函数内使用的各种变量或函数，这些变量和仅在此函数内声明的函数在此函数外不能使用；执行部分用来完成对参数的处理和实现函数功能。

例 5.1 编写程序，通过自定义函数输出由n行的星号组成的三角形图案。$n=3$时的三角形图案如图5-2所示。

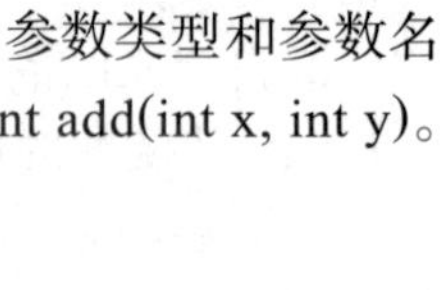

图 5-2 $n=3$时的三角形图案

问题分析：

（1）此题与例4.11中输出数字三角形属于同一类问题，即输出平面图案，只不过此题要求用函数实现，图案是由若干行星号组成的。此函数不需要返回值，函数类型为void，函数名可为printTriangle，函数参数只有一个，即输出的行数n，所以函数首部如下：

```
void printTriangle(int n);
```

（2）函数体由二重循环组成，外循环控制要输出的行数（用变量i表示行数，共n行），内循环控制每行输出星号的个数（用变量j表示列，共输出 2 * i - 1 个星号）。

（3）在输出每行星号之前，要输出n - i个空格，一行星号输出结束后要换行。

```
#include <iostream>
void printTriangle(int n) {
    int i, j, k;
    for(i = 1; i <= n; ++i) {                        // 共输出n行
        for(k = 1; k <= n -i; ++k) {                 // 每行前插入n-i个空格
            std::cout << " ";
        }
        for (j = 1; j <= 2 * i - 1; ++j) {           // 输出一行，其中包含 2*i-1 个*
            std::cout << "*";
        }
        std::cout << std::endl;                      // 换行
    }
}
int main( ) {
    int n;
    std::cin >> n;
    printTriangle(n);                                // 函数调用
    return 0;
}
```

运行结果：

```
4↙
   *
  ***
 *****
*******
```

2. 函数声明

函数声明是指在函数尚未定义的情况下，事先将该函数的相关信息通知编译器，以便编译器检查函数使用的合法性。

在例 5.1 中，若将printTriangle( )函数的定义放在main( )函数的下面，main( )函数中的函数调用语句printTriangle(n);在编译时会提示：[Error]“printTriangle” was not declared in this scope。翻译成中文：[错误]未在此作用域中声明“printTriangle”。编译器无法判断此函数调用的正确性，给出语法错误的提示。在这种情况下，需要先进行函数声明。

函数声明的一般形式如下：

```
返回值类型 函数名([形参表列]);
```

说明：函数声明是在函数首部后加分号，也就是函数的接口，作用是通知编译器该函数的正确使用方法。函数声明与函数定义在返回值类型、函数名和形参表列必须完全一致，如果不一致就会发生编译错误。其中，函数声明可以不包含形参名，而只包含形参类型。

在例 5.1 中，printTriangle(n)函数的定义在main( )函数之前，编译时编译器已经知道了函数的完整定义，此时不需要再声明此函数，若将该函数定义放在main( )函数之后，则必须进行函数声明。下面的函数声明都是合法的。

```
void printTriangle(int n);
```

或者

```
void printTriangle(int);                // 函数原型
```

函数原型(function prototype)是只写形参类型而不写形参名的函数声明。

为了使用户对整个程序的结构和作用一目了然，程序员习惯把main( )函数放在前面，所以应养成对所有用到的函数进行声明的习惯。这是保证程序正确和易读的重要方法。

函数声明的位置(需在函数调用语句之前)可以在调用函数内，也可以在调用函数之外。如果函数声明放在调用函数的外部，并且在所有函数定义之前，则在各个主调函数中不必对该函数再作声明。

库函数的函数声明都在头文件中提供，程序使用#include命令包含这些头文件，相当于在函数外提供了函数声明。若不使用#include命令而直接使用库函数，编译时同样会提示错误。

函数声明的作用：在程序编译阶段，编译器根据函数原型对程序中函数调用的合法性进行全面检查，如果发现与函数原型不匹配的函数调用，就报告编译错误，方便用户根据错误提示发现和纠正程序错误。

例 5.2 求三个数的最大值。

问题描述：从键盘输入三个整数a、b、c，输出三个数中的最大值，要求定义函数maxValue(x,y)，函数的功能是求参数x、y的最大值。

问题分析：求三个数的最大值，需要两两比较，可以将两两比较求最大值的功能抽象为函数。根据题目描述，函数的原型如下：

```
int maxValue(int, int);
```

假设用变量max_val表示最大值，程序的实现过程可表述如下：

①输入a、b、c；

②调用maxValue( )函数求a、b的最大值，赋值给max_val；

③再次调用maxValue( )函数求max_val、c的最大值，赋值给max_val；

④输出max_val。

```
#include <iostream>
int main( ) {
    int a, b, c;
    int maxValue(int, int);                 // 函数原型声明
    std::cin >> a >> b >> c;
    int max_val;
    max_val = maxValue(a, b);               // 调用函数求a、b的最大值，赋值给max_val
    max_val = maxValue(max_val, c);         // 调用函数求max_val、c的最大值，赋值给max_val
    std::cout << "max_value = " << max_val << std::endl;
    return 0;
}
int maxValue(int x, int y) {
    return x > y ? x : y;                   // 返回最大值
}
```

运行结果：

```
2 5 8↙
max_value = 8
```

5.2.2 函数参数与返回值

1. 函数参数

函数参数是在定义或调用函数时函数名后括号中的参数。

形参，即形式参数，是在定义函数时，函数名后面小括号中的参数。形参必须指定类型。

实参，即实际参数，是调用一个函数时，函数名后面小括号中的参数（可以是常量、变量或表达式）。实参不能指定类型，但一般要求有确定的值。

实参与形参必须一一对应，参数个数、次序、数据类型要一致。

在例 5.2 中，函数定义中的参数表为（int x, int y），其中x、y是两个整数型形参，而函数调用语句maxValue(a, b)中的a、b是实参。

2. 函数返回值

C++语言中，非void型的函数必须使用return语句来返回处理的结果（返回值）。

一般形式如下：

```
return 表达式;
```

表达式可以是常量、变量或复杂的表达式，如例 5.2 中的return x > y ? x : y;语句。原则上return语句中表达式的类型要与函数返回值的类型一致，否则以函数返回值的类型为准，即默认将表达式的类型隐式转化为函数返回值的类型。

对于void型函数，函数执行结束时会自动返回函数调用处，即隐含包含了一个不含表达式的return语句。

5.2.3　函数调用

1. 函数调用的形式

函数调用由函数名和实参表列组成，其中实参表列要用小括号括起来。一般形式如下：

```
函数名([实参表列])
```

如果调用的是无参函数，则实参表列可以没有，但小括号不能省略。如果实参表列中包含多个实参，则各参数间用逗号隔开。实参与形参的个数应相等，数据类型应匹配（数据类型相同或赋值兼容）。实参与形参按顺序对应，一对一地传递数据。调用函数时实参不能带数据类型标识。

一个函数通常包含两部分：函数内部实现的功能与函数的返回值。按函数在语句中的作用来分，函数调用有如下两种具体的调用方式。

（1）函数语句（使用函数的功能）：函数调用以单独的语句形式存在，并不要求函数返回一个值，只是要求函数完成特定的操作。例 5.1 中的函数调用语句printTriangle(n);就是使用函数的功能，实现输出n行星号。

（2）函数表达式（使用函数的返回值）：函数调用出现在一个表达式中，这时要求函数返回一个确定的值以参与表达式的运算。例 5.2 中的函数调用语句max_val = maxValue(a, b);使用的就是函数的返回值。例 5.2 中的两个函数调用也可以合并为一个，如下表示：

```
max_val = maxValue(maxValue(a, b), c);
```

maxValue(a, b)是函数调用部分，其返回值作为外层maxValue( )函数调用的一个实参，这里使用的也是函数的返回值。

2. 函数调用的执行过程

在C++语言中，函数调用的执行过程涉及几个关键步骤。下面通过一个简单的例子来说明函数调用的执行过程。

例 5.3　使用函数求两个整数的和。

```
#include <iostream>
int main( ) {
```

```
    int add(int, int);
    int a = 3, b = 5;
    int result = add(a, b);         // 函数调用
    std::cout << "The result is: " << result << std::endl;
    return 0;
}
int add(int x, int y) {             // 函数定义
    return x + y;
}
```

在这个例子中，main( )函数调用了add( )函数，并传递了整数型变量a(值为3)和b(值为5)作为实参。函数调用的结果(值为8)被赋值给变量result，然后执行结果被打印出来。

当在程序中调用一个函数时，函数调用会执行以下步骤。

(1)参数传递：在函数调用时，编译器将实参(此例中是a和b的值)复制到函数的对应形参中(此例中为x和y)，这个过程称为参数传递。参数传递可以通过值传递、指针传递或引用传递来完成。本例是通过值传递来进行参数传递的。

(2)函数栈帧的创建：当函数被调用时，系统会为该函数分配一个栈帧(stack frame)。栈帧是一个用于存储函数的局部变量、参数和返回地址(函数执行完毕后程序应该继续执行指令的位置)的内存区域。在这个例子中，add( )函数的栈帧将包含参数x和y以及返回地址。

(3)函数执行：在栈帧被创建并初始化后，函数开始执行。函数体中的代码将按照顺序执行，直到遇到return语句或到达函数末尾。在这个例子中，add( )函数将计算x+y的值，并将结果返回给调用者。

(4)返回值传递：当函数执行到return语句时，它将计算结果存储在返回寄存器中(通常当计算结果为基本数据类型时)，并返回到调用函数的代码位置继续执行。在调用者的代码中，这个返回值可以被存储在一个变量中或者被用于其他计算。在这个例子中，add( )函数的返回值被存储在main( )函数的result变量中。

(5)函数栈帧的销毁：当函数执行完毕后，它的栈帧将被销毁，释放其所占用的内存，这个过程是系统自动完成的。

根据上面的描述可以看到，C++语言中函数调用的过程涉及参数传递、函数栈帧的创建和销毁、函数执行以及返回值传递等步骤。这些步骤共同支持函数在程序中正确地执行并返回结果。

说明：例5.3中，在未出现函数调用时，形参并不占用存储单元，因此也称虚拟参数。只有在发生函数调用时，函数中的形参才被分配存储单元，以便接收从实参传来的数据。在函数调用结束后，形参所占的存储单元也被释放，对形参的任何改变不影响对应的实参变量的值(实参变量与形参变量是完全不同的变量)。

5.3 函数的嵌套调用与递归调用

5.3.1 函数的嵌套调用

在调用一个函数的过程中，被调用函数又调用另一个函数称为函数的嵌套调用。函数的嵌套调用是常见的函数调用形式。

C++语言不允许对函数作嵌套定义，也就是说，在一个函数中不能完整地包含另一个函数

的定义。除main( )函数外，程序中其他函数的定义都是互相平行和独立的。

例 5.4 编程输出 100 以内的所有素数，并要求每行输出 10 个素数。

问题分析：定义prime( )函数，用来判断整数*n*是不是素数，若是素数，则返回true，否则返回false。函数原型如下：

```
bool prime(int n);
```

穷举 100 以内的所有整数*n*，若*n*是素数，则输出*n*的值。输出素数时计数，每输出 10 个素数后换行。

```
#include <iostream>
#include <cmath>
#include <iomanip>
bool prime(int n);                                  // 函数声明
int main( ) {
    int cnt = 0;                                    // 计数器
    for(int n = 1; n <= 100; ++n) {
        if(prime(n)) {
            std::cout << std::setw(5) << n;
            cnt++;
            if(cnt % 10 == 0) {                     // 每行输出 10 个素数
                std::cout << std::endl;
            }
        }
    }
    return 0;
}
bool prime(int n) {
     if(n < 2) {                                    // n小于 2，不是素数
         return false;
     }
    int k = static_cast<int>(sqrt(n));              // 调用数学库函数 sqrt( )
    for(int i = 2; i <= k; ++i) {                   // 检查 2 到k的数是不是n的因子
        if(n % i == 0) {                            // 若i是n的因子，则n不是素数
            return false;
        }
    }
    return true;                                    // n是素数
}
```

运行结果：

```
    2    3    5    7   11   13   17   19   23   29
   31   37   41   43   47   53   59   61   67   71
   73   79   83   89   97
```

说明：该程序包含了三个函数，即函数main( )、子函数prime( )和数学库函数sqrt( )，函数在调用前要先声明，sqrt( )函数的声明在头文件cmath中。此例中函数嵌套调用的流程如图 5-3 所示。

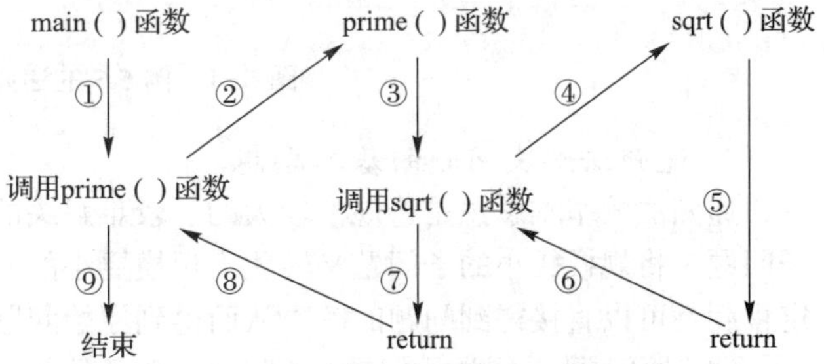

图 5-3　例 5.4 中函数嵌套调用的流程

5.3.2　函数的递归调用

1. 递归函数

在调用一个函数的过程中被调用函数又直接或间接地调用函数本身，称为函数的递归调用

(recursive call)，相应的函数称为递归函数。一个函数直接调用其本身称为直接递归，一个函数通过其他函数调用其本身称为间接递归。

递归是解决问题的一种有效方法，递归函数调用自身不能无终止地调用下去，要有递归结束条件。采用递归解决问题，要满足两个基本条件：一是函数必须直接或间接地调用自身；二是函数中必须有递归的终止条件，即结束条件，避免无穷递归。

例 5.5 编写递归函数，求两个自然数的最大公约数。

问题分析：改写例 4.1，两个自然数用变量 m、n 表示，则函数原型为 int gcd(int m, int n);。根据欧几里得算法，定义变量，使 r = m % n。当 r == 0 时，n 为最大公约数，这是递归的结束条件；否则执行 gcd(m,n) = gcd(n,r);，这是递归公式，是算法满足递归函数的基本条件。

```
#include <iostream>
int gcd(int m, int n) {
    int r = m % n;
    if(r == 0) {
        return n;
    } else {
        return gcd(n, r);
    }
}
int main( ) {
    int a, b;
    std::cin >> a >> b;
    std::cout << "gcd = " << gcd(a, b) << std::endl;
    return 0;
}
```

运行结果：

```
48 18↙
gcd = 6
```

例 5.5 的递归调用过程如图 5-4 所示。

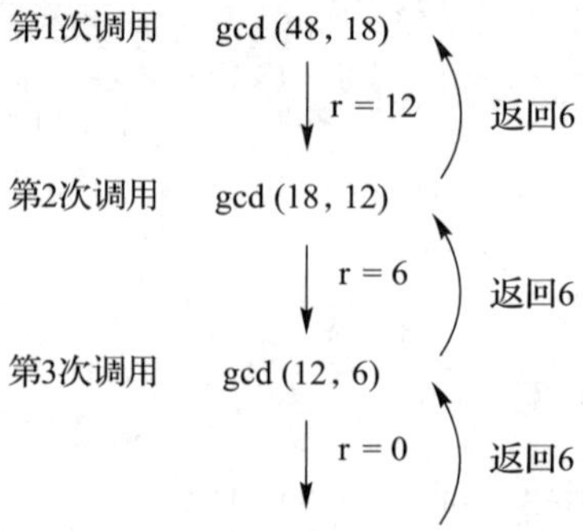

图 5-4 例 5.5 的递归调用过程

2. 递归法解决问题的基本思想

递归法的基本思想是将规模较大的、较难解决的问题转化为规模较小的、易于解决的同类子问题。将规模较小的子问题又转化为规模更小的问题，一直转化子问题，直到子问题小到一定程度，可以直接得到问题的解，从而得到原始问题的解。递归描述如下：

(1)原问题->同类子问题(递归的一般条件)；

(2)直接得到问题的解->递归的基本条件(递归的终止条件，出口)。

优点：简单直观，易编易懂，逻辑结构清晰，可读性好。

缺点：函数调用使程序运行的时间开销和空间开销增大，效率偏低。

例 5.6 汉诺（Hanoi）塔问题。

问题描述：古代有一座梵塔，塔内有三个座A、B、C，开始时A座上有*n*个大小不等的盘子，大的在下，小的在上，如图 5-5 所示。现要求将所有盘子从A座移到C座，规定每次只允许移动一个盘子，且在移动过程中在三个座上都始终保持大盘在下，小盘在上。在移动过程中可以利用B座，编写程序输出移动盘子的步骤。

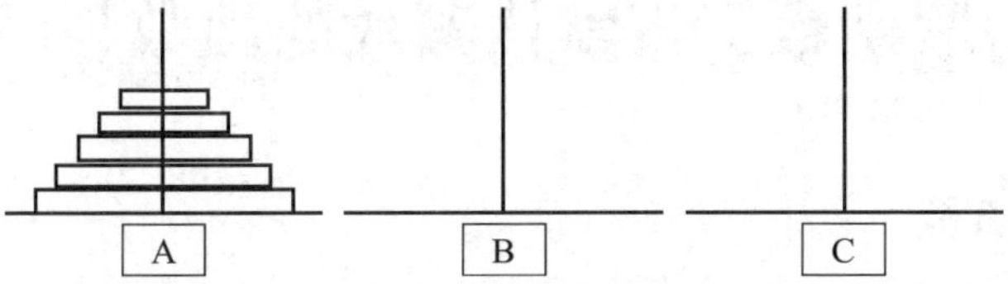

图 5-5　汉诺塔示意图

问题分析：这是一个经典的递归问题，首先分析*n*个盘子的移动问题能否转换为*n*−1 个盘子的移动问题。若能将*n*−1 个盘子利用C座移动到B座，则A座剩余的一个盘子可直接移动到C座，然后将B座上的*n*−1 个盘子再利用A座移动到C座，则任务完成。其次分析当问题小到一定程度时能否直接得到问题的解。此题很明显，当只有一个盘子时，直接将其从A座移动到C座即可。算法满足用递归法求解问题的基本要求。

定义函数move(int n, char x, char y)，表示将第*n*个盘子从*x*座移到*y*座，*x*和*y*分别代表A、B、C座之一。

定义递归函数hanoi(int n, char a, char b, char c)，表示将*n*个盘子借助B座从A座移到C座。

```
#include <iostream>
int main( ) {
    void hanoi(int n, char a, char b, char c);      // hanoi( )函数声明
    int n;
    std::cin >> n;
    hanoi(n, 'A', 'B', 'C');                         // 将A座上的n个盘子借助B座移动到C座
    return 0;
}
void hanoi(int n, char a, char b, char c)  {
     void move(int n, char x, char y);               // move( )函数声明
     if(n == 1)                                      // 递归结束条件
        move(n, a, c);
    else {
        hanoi(n - 1, a, c, b);               // 将A座上的n-1 个盘子借助C座移动到B座
        move(n, a, c);
        hanoi(n - 1, b, a, c);               // 将B座上的n-1 个盘子借助A座移动到C座
    }
}
void move(int n, char x, char y) {
     std::cout << n << "  " << x << " --> " << y << std::endl;
}
```

运行结果：

```
3↙
1  A --> C
2  A --> B
1  C --> B
3  A --> C
```

```
1  B --> A
2  B --> C
1  A --> C
```

说明：n个盘子最多需要移动 2^n-1 次，随着盘子数量的增多，移动的次数呈指数级增长，程序的运行效率较低。

5.4 内联函数、带默认参数的函数与函数重载

5.4.1 内联函数

在C++语言中，为了提高程序的执行效率，在编译时将所调用函数的代码直接嵌入主调函数中，而不是将函数调用流程转出去，这样可以节约调用函数时需要的时间和空间的开销。

这种嵌入主调函数中的函数称为内联函数（inline function，也称内嵌函数、内置函数）。

定义内联函数的方法是在声明或定义函数时，在函数首部的左端加关键字inline。

例 5.7 内联函数示例。

```
#include <iostream>
inline int maxValue(int a, int b) {
    return a > b ? a : b;
}
int main( ) {
    std::cout << maxValue(12, 5) <<std::endl;                // 输出12
    return 0;
}
```

说明：该例中maxValue( )函数被声明为内联函数，程序在编译时，语句std::cout << maxValue(12, 5) << std::endl;被替换为std::cout << (12 > 5 ? 12 : 5) << std::endl;，也就是说不再调用函数，而是将函数的代码嵌入函数调用处，这样可以提高程序的执行效率。

注意：使用内联函数可以节省程序的运行时间，但可能会增加目标程序文件的长度。若内联函数中包括复杂的控制语句，如循环语句或switch语句等，则不能对函数用inline声明。

5.4.2 带默认参数的函数

C++语言允许在定义函数时给形参设置默认值，这样函数在被调用时，形参就可以不用通过实参来获取值，而是直接使用默认值，这样省去了参数传递的时间消耗，提高了程序的执行效率。这就类似在定义变量时对变量进行初始化，而不是先定义变量再赋值。

这种形参带有默认值的函数称为带默认参数的函数。

例 5.8 带默认参数的函数示例。

```
#include <iostream>
int minValue(int a = 2, int b = 8, int c = 5) {              // 求三个数的最小值
    int m;
    m = a < b ? a : b;
    m = c < m ? c : m;
    return m;
}
int main( ) {
```

```
    std::cout << minValue( ) << std::endl;              // 输出 2
    std::cout << minValue(10) << std::endl;             // 输出 5
    std::cout << minValue(-1, 9) << std::endl;          // 输出-1
    std::cout << minValue(1, 4, 7) << std::endl;        // 输出 1
    return 0;
}
```

说明：一般情况下，函数调用时形参从实参那里取得值，因此要求实参与形参一一对应。而在给函数形参设置了默认值的情况下，在函数调用时，如果形参无对应的实参，则使用形参的默认值，如果形参有对应的实参，则形参的默认值无效。

注意：

（1）如果函数有多个形参，可以使每个形参都有一个默认值，也可以只对一部分形参指定默认值，对另一部分形参不指定默认值。例如：

```
int fun(int a, int b = 3, int c = 5);
```

（2）设置形参的默认值时，要求从形参表列的右端开始，即在指定了默认值的形参右侧的每一个形参都必须设置默认值，否则会提示编译错误。例如，下面的函数声明是错误的。

```
int fun(int a, int b = 3, int c);
```

（3）如果一个函数既有定义语句又有声明语句，形参默认值的设置应放在函数声明语句中，而不是放在函数定义语句中；如果一个函数只有定义语句而没有声明语句，形参默认值的设置应该直接放在函数定义语句中。

5.4.3　函数重载

在C++语言中，函数重载（function overloading）是指在同一作用域内可以有多个函数使用相同的名字，但它们的参数列表，包括参数类型、参数个数和参数顺序，必须存在不同。

通过函数重载，可以为一个函数名定义多个函数版本，以便根据调用时提供的不同参数来执行不同的操作，即一个函数名对应多种用途。

例 5.9　函数重载示例。

```
#include <iostream>
int add(int a, int b) {                              // 版本一，接收两个整数并返回它们的和
    return a + b;
}
double add(double a, double b) {                     // 版本二，接收两个浮点数并返回它们的和
    return a + b;
}
int add(int a, int b, int c) {                       // 版本三，接收三个整数并返回它们的和
    return a + b + c;
}
int main( ) {
    // 调用不同版本的add( )函数
    int ints_sum = add(2, 5);                        // 调用第一个版本的函数
    double doubles_sum = add(2.6, 3.5);              // 调用第二个版本的函数
    int three_ints_sum = add(1, 2, 3);               // 调用第三个版本的函数
    std::cout << "Sum of integers: " << ints_sum << std::endl;
    std::cout << "Sum of doubles: " << doubles_sum << std::endl;
    std::cout << "Sum of three integers: " << three_ints_sum << std::endl;
    return 0;
}
```

运行结果：

```
Sum of integers: 7
Sum of doubles: 6.1
Sum of three integers: 6
```

说明：本例中定义了三个名字相同的add( )函数，每个函数的参数列表是不同的。在main( )函数中，通过提供不同数量和数据类型的参数来调用这些函数。C++编译器会根据调用时提供的参数的数据类型和数量来确定应该调用哪个版本的add( )函数。

注意：函数重载的解析是在编译时完成的，编译器会根据函数名和参数列表来确定要调用的函数。因此，如果两个同名函数只有返回值类型不同而参数列表相同，那么它们不能构成函数重载（会产生编译错误），因为函数的返回值类型在函数重载中是不被考虑的。

5.5 变量的作用域与生存期

在C++语言中，每个变量都有其有效作用范围（能被读写访问的范围），这就是变量的作用域（scope），变量在作用域外不能被访问。变量的生存期是指从系统给变量分配的存储空间开始，到系统收回该变量所占有的存储空间为止的时间，即变量在内存中存在的时间。

C++语言中所有变量都有自己的作用域，变量的声明方式不同，其作用域也不同。根据变量在程序中定义位置的不同，将变量分为局部变量和全局变量。

5.5.1 局部变量

局部变量（local variable）是在一个函数内部定义的变量，它只在本函数范围内有效，在此函数以外不能使用。

在复合语句中定义的变量，只在本复合语句范围内有效，即在语句块内定义的变量也是局部变量，退出语句块时变量被从内存中释放，不再有效。

在循环语句内定义的变量也仅在循环语句内有效。例如：

```
for (int i = 1; i < 5; ++i){          // 变量i仅在循环体内有效
    cout << i << endl;
}
```

说明：

（1）函数的形参是局部变量。

（2）不同函数中可以使用同名的局部变量，它们代表不同的对象，互不干扰。

使用局部变量的好处是提高了程序逻辑的局限性，增强了程序的可靠性，减少了变量的命名冲突。

5.5.2 全局变量

1. 全局变量的定义与使用

在所有函数之外定义的变量都是全局变量（global variable），也称外部变量、全程变量。全局变量不属于哪一个函数，它属于源程序文件，被本文件中所有函数共用。全局变量的作用域为从定义变量的位置开始到本源程序文件结束。

例 5.10 编写递归函数，求斐波那契数列的第 n 项，并统计递归函数被调用了多少次。

问题分析：定义递归函数原型为 long long fib(int n);，根据斐波那契数列的定义，当 n 为 1、2 时，fib(n) = 1（递归结束条件），当 $n > 2$ 时，fib(n) = fib(n−1) + fib(n−2)（递归公式）。用全局变量 g_count 统计递归函数调用次数，每调用一次 g_count 自增 1。

```
#include <iostream>
int g_count = 0;                                    // 全局变量计数器，初始化为 0
int main( ) {
    long long fib(int n);
    int n;
    std::cin >> n;
    std::cout << "fib(" << n << ") = " << fib(n) << std::endl;
    std::cout << "Numbers of calls is " << g_count << std::endl;
    return 0;
}
long long fib(int n)  {
    long long f;
    g_count++;                                      // 每次调用函数前先计数
    if(n == 1 || n == 2) {
        f = 1;
    } else {
        f = fib(n - 1) + fib(n - 2);
    }
    return f;
}
```

运行结果：

```
5↙
fib(5) = 5
Numbers of calls is 9
```

说明：

（1）本例使用全局变量统计递归函数的调用次数而不用函数参数，省去了函数调用时参数传递的时间和空间的开销，提高了程序的运行效率。

（2）为了与普通变量加以区别，本书规定全局变量以 g_ 开头。

（3）全局变量若没有初始化，则系统自动将其初始化为对应数据类型的默认值。

例 5.11 编写递归函数，求整数 n 的所有因子之和（不包含 n）。

问题分析：求一个整数的因子之和可以使用循环语句来实现，而本例要求用递归函数来完成，设用全局变量 g_sum 表示因子之和，用变量 current 表示当前正在检查的因子，初值为 1，递归的结束条件为 current > n/2，也就是说，当 current <= n/2 时，检查 current 是不是因子，若是则累加到 g_sum，接着递归调用自身检查下一个值。

```
#include <iostream>
int g_sum = 0;                              // 全局变量，用于存储因子之和
// 递归函数，用于求正整数n的所有因子之和（不包含n）
void findFactors(int n, int current) {
    if(current > n / 2) {                   // 当current大于n/2时，递归结束
        return;
    }
    if(n % current == 0) {
        g_sum += current;                   // 如果current是n的因子，则累加
    }
    findFactors(n, current + 1);            // 递归调用，检查下一个可能的因子
}
```

```
int main( ) {
    int n;
    std::cout << "请输入一个正整数: ";
    std::cin >> n;
    findFactors(n, 1);                        // 调用递归函数来求因子之和，初始因子为1
    std::cout << "整数" << n << "的因子之和为: " << g_sum << std::endl;
    return 0;
}
```

运行结果：

```
请输入一个整数: 100↙
整数100的因子之和为: 117
```

说明：本例若不用全局变量，将求和变量作为函数的一个参数（使用引用或指针）也能实现函数的任务，但使用全局变量，省去了参数的传递，提高了程序的运行效率。

2. 全局变量与局部变量重名的处理

若全局变量与局部变量重名，C++语言规定在局部变量的作用域内全局变量被屏蔽，即全局变量不起作用，局部变量可以使用。若一定要在同名局部变量的作用域中使用全局变量，可以在全局变量前加作用域运算符“::”。

例 5.12 全局变量与局部变量重名示例。

```
#include <iostream>
int a = 3, b = 5;                                        // 定义全局变量a、b
int main( ) {
    int add(int a, int b);
    int a = 8;                                           // 定义局部变量a
    std::cout << "sum = " << add(a, b) << std::endl;     // 参数a是局部变量a
    std::cout << "::a = " << ::a << std::endl;           // 此行的a是全局变量a
    return 0;
}
int add(int a, int b)  {
    return a + b;
}
```

运行结果：

```
sum = 13
::a = 3
```

5.5.3 变量的生存期

在C++语言中，变量的生存期（lifetime）指的是变量从被创建到被销毁的时间段。在这个时间段内，变量在内存中占用固定的空间。变量在内存中占用的存储空间不同，其生存期也不同。

在内存中供用户使用的存储空间可以分为4部分，如图5-6所示。

代码区
静态存储区
栈区
堆区

图 5-6 在内存中供用户使用的存储空间

（1）代码区，用于存放程序代码，即程序中各个函数的代码块，由操作系统进行管理。

（2）静态存储区，用于存放全局数据、局部静态数据及常量，为数据分配该区的内存时则内存全部清零。

（3）动态存储区，分为堆区（heap）和栈区。栈区用于存放局部变量，如函数中的变量，空间由编译器自动分配和释放；堆区用于存放与指针相关的动态数据，空间由程序员负责分配和释放。在分配栈区和堆区的内存时，系统只负责分配内存空间，不作其他处理。

程序中使用的数据分别存放在静态存储区、栈区和堆区中。

全局变量和静态局部变量全部存放在静态存储区，在程序编译时系统给它们分配存储单元，程序执行完毕后就释放。在程序执行过程中，它们占用固定的存储单元。在未给出初始值时，系统自动将它们初始化为相应的默认值，如 0。

非静态局部变量存放在栈区中，当非静态局部变量被定义时，系统给它分配存储单元；当离开此变量的作用域时，变量的存储单元被释放。在定义非静态局部变量时若未对其初始化，其值为随机数（一个不确定的值）。

堆区中存放的是程序中通过new运算符或者malloc( )函数动态生成的变量，这些变量的值一直存在，直到在程序中通过delete运算符或free( )函数将其删除，这些变量的存储单元才被释放。

5.6　变量的存储类别

5.6.1　存储类别的概念

变量不仅有数据类型，还有存储类别。存储类别（storage class）是指变量在内存中存储的方法。C++语言中用于声明存储类别的关键字如下。

（1）auto（C++11 标准后另有定义，不再是存储类别说明符）：用于声明自动存储类别，可省略。

（2）register：用于声明寄存器存储类别。

（3）static：用于声明静态存储类别。

（4）extern：用于声明外部存储类别。

（5）mutable：用于修改常对象的成员，相关内容将在第 10 章中介绍。

声明变量的存储类别的一般形式如下：

```
存储类别 数据类型 变量名;
```

例如：

```
int a, b;                    // a、b为自动存储类别（默认存储类别）
static float x, y;           // x、y为静态存储类别
long fib(int n);             // 形参n为自动存储类别
```

5.6.2　存储类别的使用

1. 自动存储类别

函数中凡是未加存储类别声明的局部变量，包括不用关键字static加以声明的局部变量、函数的形参以及在复合语句中定义的变量，均属于自动存储类别的变量，又称自动变量。

编译器动态地对自动变量分配存储空间，即调用函数时自动分配内存，函数调用结束时自动释放内存。

自动变量存放在动态存储区中的栈区，自动变量若没有初始化或赋值，则它的值是随机的。本书前面例子中的变量，除了全局变量外，基本上均是自动变量。

2. register存储类别

一般情况下，变量的值是存放在内存中的，程序需要使用变量时要到内存中存取。但内存的访问速度比中央处理器（central processing unit，CPU）的运行速度慢很多，这样频繁被访问的变量会占用大量的内存访问时间，从而影响程序的执行速度。

CPU完成一个运算指令，它的操作数都是从CPU的寄存器中读取的，若变量在内存中，则需要将变量从内存读取到寄存器，再从寄存器读取，寄存器的访问速度比内存的存取速度快，这种速度差造成CPU经常处于等待状态，影响程序的执行效率。

为了提高程序的执行效率，C++语言允许将局部变量的值存放在CPU的寄存器中，需要时CPU直接将其从寄存器取出并加入运算，不必再到内存中存取，由于寄存器的访问速度远高于内存的存取速度，这样可以提高程序的执行效率。这种存储在寄存器中的变量叫作寄存器变量，用关键字register作声明。

3. static存储类别

1）内部静态类型

在定义局部变量时在前面加关键字static，该变量就成为内部静态局部变量（又称静态局部变量）。

静态局部变量存储在静态存储区，具有与全局变量相似的生存期，在整个程序运行期间所占用的内存都不会被释放。静态局部变量在函数第一次被调用时初始化，而且只初始化一次，若在程序中没有赋初值，则默认值为0（变量为基本数据类型的情况下）。由于静态局部变量在程序执行期间一直存在，所以在函数调用结束后其值不消失而保留原值，其占用的存储单元不释放，在下一次调用该函数时，该变量保留上一次函数调用结束时的值，即该变量在再次调用该函数时不会被重置。

尽管静态局部变量在函数调用结束后其值不消失，但在函数外不能被引用。

例 5.13 静态局部变量的使用。

```
#include <iostream>
void test( ) {
     static int a = 0;                          // 定义静态局部变量a
     int b = 0;                                 // 定义局部变量b
     a++;
     b++;
     std::cout << "a = " << a << ", b = " << b << std::endl;
}
int main( ) {
     for(int i = 1; i <= 3; ++i) {
         test( );
     }
     return 0;
}
```

运行结果：

```
a = 1, b = 1
a = 2, b = 1
a = 3, b = 1
```

说明：a是静态局部变量，只初始化一次，再次调用函数时，a保持上次调用结束时的值，所以三次调用函数a的结果值依次是1、2、3。而b是动态局部变量，每次调用函数时都要初始化，所以三次调用函数b的结果值均为1。

静态局部变量的使用原则如下。

（1）函数调用结束，需要缓存局部变量的值时使用静态局部变量，该局部变量常用于程序优化。

（2）如果初始化后，变量只被引用而不需要改变其值，则可以使用静态局部变量，以免每次调用时重新赋值。

（3）若非必要，则不多用静态局部变量。原因是：静态局部变量占用更多的内存；降低了程序的可读性（当函数调用次数较多时，往往弄不清静态局部变量的当前值是什么）。

2）外部静态类型

在定义全局变量时在前面加关键字static，该变量就成为外部静态类型变量（又称静态外部变量）。静态外部变量的作用域是从变量定义开始到定义该变量的源程序文件的末尾，其他源程序文件不能使用该变量。

静态外部变量本质上是全局变量，只是其作用域被限制在定义该变量的源程序文件内。在多文件程序中，使用静态外部变量可以提高程序的可读性和可维护性。

4. extern存储类别

extern作为存储类别声明关键字用于全局变量时，不是为了改变变量的存储方式，而是用来扩展全局变量的作用域。默认情况下，全局变量的作用域是从定义位置开始到本源程序文件的末尾，若想在定义位置之前或者在其他源程序文件中使用全局变量，则需使用extern关键字来扩展该全局变量的作用域。

1）在单文件中扩展全局变量的作用域

例 5.14 extern存储类别在单文件程序中的应用。

```
#include <iostream>
extern int a;                          // 对全局变量a的提前引用声明
void test( ) {
     --a;
     std::cout << a << std::endl;
}
int a = 2;                             // 全局变量的定义
int main( ) {
     std::cout << a << std::endl;
     test( );
     return 0;
}
```

运行结果：

```
2
1
```

说明：全局变量a的定义在test( )函数之后，在test( )函数中要引用变量a，则需将变量a的作用域扩展到test( )函数中。方法是使用extern关键字提前进行引用声明，否则编译时会提示编译错误，不过实际编程中很少使用这种用法。

2）在多文件中扩展全局变量的作用域

一个C++程序通常由多个源程序文件组成，如果在一个源程序文件中定义了全局变量，就不能在其他源程序文件中再定义同名的全局变量（全局变量不允许重名），若其他源程序文件要引用此全局变量，可以使用extern关键字将该全局变量的作用域扩展到其他文件。

例 5.15 extern存储类别在多文件程序中的应用。

在C++程序中，当需要在多个源程序文件（.cpp）之间共享数据时，可以使用全局变量。

常用的方法是将全局变量的定义与声明分离，而在使用该变量的文件中包含声明文件。

下面是一个简单的例子，展示了如何在多文件程序中使用全局变量。

```
// global.cpp，全局变量定义文件
int g_count = 0;
// global.h，全局变量声明文件
#ifndef GLOBAL_H
#define GLOBAL_H
extern int g_count;                    // 使用extern关键字声明g_count是一个外部变量
#endif
// main.cpp，全局变量使用文件
#include <iostream>
#include "global.h"                    // 包含全局变量声明头文件
int main( ) {
    std::cout << "Initial count: " << g_count << std::endl;
    g_count++;
    std::cout << "Count after increment: " << g_count << std::endl;
    return 0;
}
```

运行结果：

```
Initial count: 0
Count after increment: 1
```

说明：多文件程序需要将各个文件都放入项目中，然后编译运行。本例将全局变量的声明存入声明文件，需要使用全局变量时包含该头文件（扩展全局变量的作用域）即可，这种用法更具通用性。

特别说明：存储类别声明关键字static、extern也可用于声明函数。若定义函数时在函数类型前加static，则该函数称为内部函数，该函数只能被本源程序文件中的其他函数调用，不能被其他源程序文件中的函数调用。若在定义函数时在函数类型前加extern，则该函数称为外部函数，该函数可以被其他源程序文件中的函数调用。默认情况下，所有函数均为外部函数，所以省略extern关键字。

5.7 习 题 5

一、填空题

1. 在定义函数时，函数名后面小括号中的参数称为________。

2. 调用一个函数时，函数名后面小括号中的参数（可以是一个表达式）称为________。

3. 当函数执行完毕后，可以通过________语句返回一个值给调用者。如果函数不返回任何值，则使用________作为返回值类型。

4. 变量根据其作用域的范围可以分为________和________。

5. 在C++语言中，使用关键字________可以声明一个函数为内联函数。

二、判断题

1. 函数名后面的小括号内即使没有参数，也不能省略小括号，否则它会被解释为函数声明而非函数定义。（　　）

2. 在C++程序中，形参是局部变量，函数调用完成后形参就失去意义。（　　）

3. 一个函数可以没有返回值，此时函数的返回值类型应声明为void。（　　）

4. 函数参数的默认值只能设置给最后一个参数。 (   )
5. 递归函数的执行效率通常高于循环结构，因为它不占用额外的栈空间。 (   )
6. 全局变量在整个程序运行期间都存在，而且可以被任何函数访问和修改。 (   )
7. 局部变量在函数执行完毕后，其值仍然保持不变。 (   )
8. 在调用带默认参数的函数时，必须从右至左依次省略参数。 (   )
9. 函数重载是通过函数名相同但参数列表不同来实现的。 (   )

三、选择题

1. 模块化程序设计的主要目的是(   )。
   A. 增加代码复杂度　　B. 提高代码可维护性
   C. 减缓程序运行速度　　D. 减少代码行数
2. (   )不是函数的基本要素。
   A. 函数名　　B. 函数体
   C. 函数注释　　D. 返回值类型
3. 在C++语言中，关于函数的声明与定义，下列说法中正确的是(   )。
   A. 函数声明必须包含函数体　　B. 函数定义可以省略参数类型
   C. 函数声明可以省略参数类型　　D. 函数定义可以省略返回值类型
4. 下列叙述中错误的是(   )。
   A. 一个函数中可以有多条return语句
   B. 调用函数必须在一条独立的语句中完成
   C. 函数通过return语句传递函数值
   D. main()函数也可以带有形参
5. 在参数的传递过程中，对形参和实参的叙述中正确的是(   )。
   A. 函数定义时，形参一直占用存储空间
   B. 实参可以是常量、变量或表达式
   C. 形参可以是常量、变量或表达式
   D. 形参和实参的数据类型和个数都可以不同
6. 关于递归函数，下列说法中错误的是(   )。
   A. 递归函数必须有递归终止条件
   B. 递归函数可以无限次调用自身
   C. 递归调用可以解决一些循环结构难以解决的问题
   D. 递归调用占用栈空间
7. 以下哪个不是C++中的参数传递方式？(   )
   A. 值传递　　B. 寄存器传递(由register关键字指定)
   C. 指针传递　　D. 引用传递
8. 在(   )情况下适宜采用关键字inline定义内联函数。
   A. 函数体含有循环语句　　B. 函数体含有递归语句
   C. 函数代码少、频繁调用　　D. 函数代码多、不常调用
9. 关于带默认参数的函数，下列说法中错误的是(   )。
   A. 默认参数只能在函数声明中提供，不能在定义中提供
   B. 调用带默认参数的函数时，可以从右至左依次省略参数
   C. 一个函数可以有多个带默认参数的形参

D. 默认参数的值可以是常量、全局变量

10. 下列有关定义重载函数的要求中，错误的是(　　)。

A. 要求参数的个数相同　　B. 参数的类型相同时，要求参数个数不同

C. 函数的返回值类型可以不同　　D. 参数的个数相同时，要求参数类型不同

11. 下列关于函数重载的说法中，正确的是(　　)。

A. 函数重载是通过函数名不同但参数列表相同来实现的

B. 函数重载允许两个函数名相同，但返回值类型不同，参数列表也相同

C. 函数重载是通过函数名相同但参数列表不同(参数类型、个数或顺序不同)来实现的

D. 函数重载不允许两个函数名和参数列表都相同，但返回值类型不同

12. 在函数中定义的所有变量以及形参，都是(　　)。

A. 全局变量　　B. 局部变量

C. 静态变量　　D. 寄存器变量

四、简答题

1. 在C++语言中，什么是函数重载?

2. 函数调用有哪些方式?

五、编程题

1. 编写自定义函数myMax( )，求三个整数中的最大值。在main( )函数中从键盘输入三个整数，调用myMax( )函数，输出最大数。

2. 编写一个判断自然数n是不是素数的isPrime( )函数，在main( )函数中输入n，调用isPrime( )函数，如果n是素数则输出“prime”，否则输出“not prime”。

3. 编写函数，求斐波那契数列的第n项。在main( )函数中输入正整数n，并输出结果。

4. 编写函数，将一个正整数转化为二进制形式输出。在main( )函数中输入一个正整数n，调用函数将n转换为二进制形式输出。

5. 编写函数名为area的重载函数，一个函数用于计算正方形的面积，另一个函数用于计算三角形的面积。

6. 一个楼梯有n($n<45$)级，每次可以走1级或2级，请问从楼梯底走到楼梯顶一共有多少种走法?

7. 编写函数，求一个整数n的各位数字之和($n \geq 0$，且在整数的取值范围内)。

8. 编写自定义函数void factors(int n)，输出整数n的所有因子。在main( )函数中从键盘输入一个整数，调用factors( )函数，输出n的所有因子。

9. 编写一个函数，判断一个整数的二进制表示中1的个数是不是偶数。

10. 编写递归函数，将一个十进制数n转换为r进制。

第 6 章 数组

为了增强C++语言的数据描述能力，C++语言除了提供基本数据类型外，还提供了复合数据类型，如数组、结构体、类等类型。复合数据类型是由基本数据类型或其他复合数据类型构造的，用来解决更为复杂的数据处理问题。数组是C++语言中常用的重要数据类型之一，使用数组可以方便地组织和管理同类型的批量数据，提高程序设计效率。本章介绍数组的概念，一维数组及二维数组的定义、存储、初始化及基本操作，并通过大量示例演示如何使用数组进行程序设计，包括排序算法和查找算法。

学习目标

- 了解数组的基本概念；
- 掌握一维数组和二维数组的定义、初始化及基本操作；
- 掌握简单排序算法及查找算法；
- 熟练编写使用数组名作函数参数的函数来处理批量数据。

6.1 数组的基本概念

1. 数组的定义

对于比较简单的问题，由于数据量较小，通常只需用若干变量即可完成对数据的描述，从而求得问题的解。但对于较复杂的问题，数据量通常较大，如何表示数据就成为首先要解决的问题。如果数据间互不关联，就需要定义大量变量来描述数据，这会造成程序可读性差，不易调试和维护。实际上复杂问题中的大量数据往往是有内在联系的，这些数据一般类型相同或者可以通过分类转换为若干相同类型的数据，可以将这些类型相同的数据看作一个整体，称为数组（array）。

概括来说，数组是有序数据的集合。具体来说，数组是具有一个统一名字并用下标（subscript）来区分的一批同类型数据的有序集合。

例如，要表示一个班 30 名同学的成绩，可用数组s来代表 30 名同学的成绩。s就是数组名，用s[1]、s[2]、s[3]等分别代表学生 1、学生 2、学生 3 等的成绩。其中方括号中的 1、2、3 用来表示数据在数组中的序号，称为下标；数组中的数据称为数组元素（或称为数组分量、下标变量）。

2. 使用数组的优点

在学习使用数组之前，要描述 50 名同学的成绩，需要定义 50 个变量，使用大批量变量一是会使程序变得臃肿，可读性差，二是不易记忆和操作，三是不能反映数据之间的内在联系。很明显，用变量来描述批量数据是不合理的。

引入数组，用数组名来代表一批数据，用下标来区分数据，就不需要在程序中定义大量的变量，大大减少了程序中变量的数量，可以使程序精练，而且数组的含义清楚，使用方便，能明确地反映数据之间的联系。熟练地使用数组，可以大大提高编程和解题的效率，增强程序的可读性。

例如，int a[50];与 int a1,a2,a3,…; 相比，前一种方式更简洁。

另外，批量的变量在内存是分散存储的，而数组元素是连续存储的，数据操作更加方便。数组中数据的关联性好，50 个学生的成绩分成 5 个小组，用二维数组表示，能分清组别关系，而用变量则不易表示。

3. 数组的特点

（1）相同性：数组元素应具有相同的数据类型。

（2）有序性：数组元素是按顺序依次排列的（逻辑上相连）。

（3）整体性（关联性）：一般来说，数组中的数据属于一个整体，相互之间存在某种关联性。

（4）存储连续性：一个数组在内存中占用一片连续的存储单元（用数组元素的物理相邻来表示其逻辑相连关系）。

如果有一个整数型数组 int a[5];，假设数组的起始地址为 0x61fe00，则该数组在内存中的存储情况如图 6-1 所示。

C++语言用中括号来标注下标，且下标从 0 开始。

0x61fe00	a [0]
0x61fe04	a [1]
0x61fe08	a [2]
0x61fe0c	a [3]
0x61fe10	a [4]

图 6-1 一个整数型数组在内存中的存储情况

6.2 一维数组的定义与引用

数组不是基本数据类型，根据问题的要求，数组必须先定义后使用。一维数组是指只有一组下标的数组，数组元素的使用与单个变量的使用类似。下面将从一维数组的定义、存储、初始化（赋值）、操作几个方面来介绍数组。

6.2.1 一维数组的定义

定义一维数组的一般形式如下：

```
类型名  数组名[整数型常量表达式];
```

例如：

```
int a[10];                    // 定义整数型数组，数组名为a，有10个元素
double score[50];             // 定义双精度浮点型数组score，有50个元素
```

说明：

（1）类型名：可以是除了 void类型外的任何数据类型。

注意：void 类型的数组无法分配内存。

（2）数组名：其命名规则和变量名相同，遵循标识符命名规则。

（3）整数型常量表达式：可以是由常量、常变量或符号常量构成的表达式（非负的整数型常量表达式），但不能包含变量。C++标准不允许对数组的长度作动态定义，即数组的长度不依赖于程序运行过程中变量的值。例如，如下定义数组是不提倡的，但某些编译器支持这样定义，并不报错。

```
int n;
cin >> n;            // 输入数组的长度
int a[n];            // 企图根据n的值决定数组的长度
```

（4）数组长度：用整数型常量表达式的值表示数组元素的个数，即数组长度。

例如：

```
int a[10];
```

10 表示数组 a 有 10 个元素，下标从 0 开始，这 10 个元素分别是：a[0], a[1], a[2], a[3], a[4], a[5], a[6], a[7], a[8], a[9]。

注意：数组的最后一个元素是 a[9]，而不是 a[10]。

程序中常用下列表达式来计算数组长度：

```
sizeof(数组名) / sizeof(数组元素)
```

（5）[ ]：是下标运算符，优先级为 2，结合性为自左向右。

（6）一维数组在内存中的存储：定义一个变量，系统要在内存中为其分配相应的存储单元；定义数组，系统也一样要为其分配相应的存储空间。一维数组在内存中占用一片连续的存储单元。例如，图 6-1 所示的数组存储情况，数组名代表了这段连续内存空间的首地址，是一个地址常量。

例如：

```
int a[5];
```

系统在内存中给数组 a 分配一段连续的存储空间，每个数组元素占 4 字节，一共有 5 个元素，共分配 20 字节的内存空间。

注意：系统给数组分配的内存空间是有限的，一般在栈空间中最多为 1 MB 或 2 MB，而为全局数组（静态存储）分配的空间最多为 1 GB 或 2 GB，具体大小需用户自行测试，不同的编译器可能不同。

6.2.2 一维数组的初始化

定义好数组之后，通常数组元素的值是随机的。数组的初始化是指在定义数组时分别对数组元素赋初值，采用列表法赋初值。

（1）对全部数组元素进行初始化。例如：

```
int a[5] = {1, 2, 3, 4, 5};
```

（2）只对一部分数组元素进行初始化，未初始化的元素值为 0。例如：

```
int a[5] = {1, 2, 3};
```

（3）若对全部数组元素赋初值，则可以不指定数组长度。例如：

```
int a[ ] = {1, 2, 3, 4, 5};
```

也可以使用memset( )函数初始化数组，它通常为新申请的内存进行初始化工作。函数原型如下：

```
void *memset(void *s, int c, unsigned long n);
```

功能：将指针变量s所指向的前n字节的存储单元的内容用一个整数c替换。其中，c是int型，通常是0；s是void*型的指针变量，所以它可以对任何类型的数据进行初始化。

例如：

```
int a[10];
memset(a, 0, sizeof(a));
```

说明：c的值常用的还有-1、inf(0x3f，与无穷大是一个量级)。另外，使用此函数时需要包含头文件cstring，这是C语言中常用的数组初始化方法。

C++11 标准引入了统一的对象初始化形式，去掉了“=”，例如：

```
int a[3]{1, 2, 3};
```

注意：数组的初始化列表中提供的数据个数不能大于数组的长度，否则编译报错。

6.2.3 一维数组的引用

数组名代表数组首元素的地址，是一个地址常量，并不代表具体的数据，因此不能整体引用数组中全部元素的值，只能逐个引用数组元素。

数组元素的引用形式如下：

```
数组名[下标]
```

其中，下标可以是整数型常量或整数型表达式(下标不能越界)。

例如：

```
int a[5] = {1, 2, 3, 4, 5};                  // 定义整数型数组a并初始化
int index = 3, k = 2;
std::cin >> a[index];                        // 输入一个数，存入数组a[index]中
std::swap(a[index], a[k]);                   // 交换下标为index和k的两个元素的值
std::cout << a[index];                       // 输出下标为index的元素
std::cout << a[5];                           // 非法，下标越界，不存在下标为5的元素
```

6.2.4 一维数组的基本操作

一维数组的基本操作包括输入、输出、遍历、查找元素、插入元素、删除元素、排序、倒置、统计、集合运算等。

由于对一维数组的操作是逐个元素进行的，而数组元素的个数一般是固定的，所以通常用for循环来处理一维数组。

例 6.1 一维数组元素的输入和输出。

```
#include <iostream>
int main( ) {
    int i, a[5];
    for(i = 0; i <= 4; i++)
        std::cin >> a[i];
    for(i = 4; i >= 0; i--)
        std::cout << a[i] << " ";
    std::cout << std::endl;
```

```
    return 0;
}
```

运行结果：

```
1 3 5 7 9↙
9 7 5 3 1
```

例 6.2　数组元素的查找。

问题描述：已知一个一维整数型数组含有 10 个元素 {1，3，5，7，9，2，6，8，12，15}，要求查找该数组中是否存在整数 x，x 由键盘输入，若查找成功，则输出该元素的下标（下标从 0 开始），如果查找失败，则输出 "Not exist."。

问题分析：定义常量 N 表示数组长度，数组定义为 int a[N];，下标用变量 i 表示。从下标 0 开始，依次循环访问数组元素 a[i]（i = 0, 1, 2, ⋯, 9），若 a[i] == x，则查找过程结束，终止循环（不考虑存在重复元素 x 的情况），若循环结束也没有发现与 x 相等的元素，则 i 的值为 N，根据 i 的值输出结果。

```
#include <iostream>
const int N = 10;                                    // 定义常量N
int main( ) {
    int i, a[N] = {1, 3, 5, 7, 9, 2, 6, 8, 12, 15};
    int x;
    std::cin >> x;
    for(i = 0; i < N; ++i) {
        if (a[i] == x) {                             // 查找成功，终止循环
            break;
        }
    }
    if (i < N) {                                     // i < N，表示查找成功
        std::cout << i << std::endl;
    } else {
        std::cout << "Not exist.\n";
    }
    return 0;
}
```

运行结果：

```
9↙                    // 第 1 次运行时输入
4
17↙                   // 第 2 次运行时输入
Not exist.
```

例 6.3　在有序序列中插入新元素。

问题描述：已知含有 8 个整数的有序序列 {1，4，7，9，12，18，21，25}，序列中的数据按升序排列，要求在此序列中插入一个整数 x（x 从键盘输入），使新序列仍然保持升序，然后输出新序列中的全部数据。

问题分析：定义常量 N 表示数组长度，定义数组 int a[N+2]; 来存储序列数据。由于要插入元素，数组长度定义为 N+2（预留空间）。若插入的整数 x 大于或等于 a[N−1]（数组的最后一个元素），则将 x 直接存入 a[N] 中，否则需要查找插入位置并移出存储空间。一般方法是从后向前遍历数组，将比 x 大的数组元素后移一个位置。算法描述如下：

```
for(int i = N-1; i 大于或等于 0; --i){
   如果 a[i] 大于 x，将 a[i] 向后移动，存入 a[i+1] 中
```

```
    否则，找到插入位置，终止循环
}
```

循环结束，i+1 的位置为插入位置，将 x 存入 a[i+1] 中。

```
#include <iostream>
const int N = 8;
int main( ) {
    int i, a[N + 2] = {1, 4, 7, 9, 12, 18, 21, 25};
    int x;
    std::cin >> x;
    if(x >= a[N - 1]) {
         a[N] = x;
    } else {
         for(i = N - 1; i >= 0; --i) {
             if(a[i] > x){
                 a[i + 1] = a[i];
             } else {
                 break;
             }
         }
         a[i + 1] = x;
    }
    for(i = 0; i <= N; ++i) {
         std::cout << a[i] << " ";
    }
    std::cout << std::endl;
    return 0;
}
```

运行结果：

```
30↙                                  // 第 1 次运行时输入
1 4 7 9 12 18 21 25 30
10↙                                  // 第 2 次运行时输入
1 4 7 9 10 12 18 21 25
```

说明：循环体内的 if语句可以省略，将条件 a[i] ＞x 并入循环条件中，程序要简洁一些，如下所示。

```
for(i = N - 1; i >= 0 && a[i] > x; --i){
    a[i+1] = a[i];
}
```

例 6.4 *N*个整数的排序。

在进行数据处理时，经常需要对数据按某种规则进行排序。例如，学生成绩管理程序中对学生按成绩排序、按学号排序；购物网站需要对商品按商品价格排序、按销量排序等。排序方法有很多种，有简单排序方法，也有快速排序方法。快速排序方法一般比较复杂，这里介绍简单排序方法中的冒泡排序（bubble sort）。

问题描述：从键盘输入 n（$1 < n \leq 10$）个整数，按从小到大的顺序排序后输出。

问题分析：冒泡排序法属于交换排序方法，基本思想是相邻元素的两两比较和交换。算法用自然语言描述如下。

①从第 1 个元素开始，比较相邻的元素，如果前一个数比后一个数大，就交换它们，这样经过一轮比较和交换，将最大数交换到末尾。

②除了末尾的最大数外，对余下的元素重复以上操作，第 2 轮比较结束，找到次大数。

③以此类推，若有 n 个数，则要进行 n-1 轮比较和交换（每次在余下的数中找最大值）；在

第 1 轮中要进行 $n-1$ 次两两比较和交换，在第 i 轮中要进行 $n-i$ 次两两比较和交换。

④第 $n-1$ 轮比较和交换后，由于只剩一个元素，数组有序，则该数组排序完成。

在排序过程中，值越小的元素会经由交换慢慢“浮”到数列的顶端，故该排序方法称为冒泡法。

算法示例（以升序排列为例）如下。

假设待排序的数组为 int arr[6] = {64, 32, 25, 12, 15, 8}。

第 1 轮比较和交换过程如下：

- 比较 64 和 32，交换位置，得到 [32, 64, 25, 12, 15, 8]；
- 比较 64 和 25，交换位置，得到 [32, 25, 64, 12, 15, 8]；
- 比较 64 和 12，交换位置，得到 [32, 25, 12, 64, 15, 8]；
- 比较 64 和 15，交换位置，得到 [32, 25, 12, 15, 64, 8]；
- 比较 64 和 8，交换位置，得到 [32, 25, 12, 15, 8, 64]。

经过第 1 轮比较和交换后，最大数 64 会被交换到数组的末尾（6 个数，经过 5 次两两比较和交换后，将最大值交换到末尾）。

第 2 轮比较和交换，过程如下：对余下的数 [32, 25, 12, 15, 8] 重复相邻元素的两两比较和交换，得到 [25, 12, 15, 8, 32]，将次大值交换到余下的数的最后。

以此类推，直到第 $n-1$ 轮后，剩余一个元素，排序完成。

```
#include <iostream>
int main( ) {
    int n, a[10];
    int i, j;                                  // 循环变量
    std::cin >> n;
    for(i = 0; i < n; ++i) {                   // 输入n个整数
        std::cin >> a[i];
    }
    for(i = 0; i < n - 1;++i) {                // 外循环控制轮次，共n-1轮
        for (j = 0; j < n - 1 -i; ++j) {       // 对 0 到n-1-i范围内的相邻元素两两比较和交换
            if(a[j] > a[j + 1]) {              // 相邻元素比较
                int temp = a[j];
                a[j] = a[j + 1];
                a[j + 1] = temp;
            }
        }
    }
    for(i = 0; i < n; ++i) {
        std::cout << a[i] << " ";
    }
    std::cout << std::endl;
    return 0;
}
```

运行结果：

```
6↙
64 32 25 12 15 8↙
8 12 15 25 32 64
```

说明：外层循环控制排序的轮数，内层循环负责比较相邻元素并进行交换。此程序可以优化，如果在某一轮排序中没有发生任何交换，则说明数组已经有序，可以提前结束排序，从而减少不必要的比较操作，这一优化留作思考题。

6.2.5 基于范围的for循环语句

C++11 标准中新增了基于范围的for循环语句，语法格式如下：

```
for(declaration : expression)  {
    //循环体
}
```

说明如下。

（1）declaration：此处要定义一个变量，该变量的数据类型与要遍历序列中元素的数据类型一致。C++11 标准中，declaration参数处定义的变量的数据类型可以用auto关键字表示，该关键字可以使编译器自行推导该变量的数据类型。

（2）expression：表示要遍历的序列，常见的有事先定义好的普通数组或者容器（container），还可以是用大括号括起来的初始化序列。

（3）与C++98/03 标准中for循环的语法格式比较，此语法格式并没有明确限定for循环的遍历范围，即早期版本的C++标准的for循环语句可以指定循环范围，而C++11 标准增加的for循环语句，只会逐个遍历expression参数处指定序列中的每个元素，无须判断范围，也不存在越界问题。

例 6.5 一维数组元素的输入与输出（使用基于范围的for循环语句）。

```
#include <iostream>
int main( ) {
    int a[5];
    for(int &i : a)         // &是引用声明符，将在第 8 章介绍，此处的i相当于数组元素
        std::cin >> i;
    for(auto i : a)         // auto关键字，自动识别变量i的类型，i遍历数组a的每一个元素
        std::cout << i << " ";
    std::cout << std::endl;
    return 0;
}
```

运行结果：

```
7 5 3 2 1↙
7 5 3 2 1
```

6.3 二维数组的定义与引用

二维数组是具有两组下标的数组。二维数组用来描述平面结构（如二维表格、矩阵等）的数据，即由若干行和若干列数据组成的数据结构，其中的数据要依赖于两个因素才能唯一地确定。

6.3.1 二维数组的定义

定义二维数组的一般形式如下：

```
类型名  数组名[常量表达式]  [常量表达式];
```

例如：

```
int a[3][4];                // 定义a为3×4（3行4列）的整数型数组
```

```
double matrix[2][5];          // 定义matrix为2×5 (2行5列)的双精度浮点型数组
```

注意：可以把二维数组看作一种特殊的一维数组，即一维数组的元素又是一个一维数组。

例如，可以把a看作一个一维数组，它有 3 个元素a[0]、a[1]、a[2]，每个元素又是一个包含 4 个元素的一维数组。

C++语言对二维数组的这种处理方法，在数组初始化、用指针处理二维数组及处理C风格字符串数组时显得很方便，读者在以后会体会到。

6.3.2　二维数组的存储

C++语言规定，二维数组的元素在内存中是按行存放的，即先顺序存放第一行的元素，再存放第二行的元素……

例如，数组a[3][4]在内存中的存储顺序如下：

```
a[0][0]  →  a[0][1]  →  a[0][2]  →  a[0][3]  →
a[1][0]  →  a[1][1]  →  a[1][2]  →  a[1][3]  →
a[2][0]  →  a[2][1]  →  a[2][2]  →  a[2][3]
```

说明：对于$m \times n$的数组a，元素a[i][j]在数组中排列的序号可用表达式$i \times n + j$计算，例如元素a[2][1]在数组中排列的序号为$2 \times 4 + 1 = 9$（序号从 0 开始）。

C++语言还支持二维以上的多维数组的定义，由于这种数组使用得较少，这里不再讨论。

6.3.3　二维数组的初始化

在定义二维数组时，可以对数组元素进行初始化，方法是逐行列表初始化。

二维数组初始化的一般形式如下：

```
类型符　数组名[常量表达式][常量表达式]={初始化数据};
```

二维数组初始化的示例如下。

（1）逐行给二维数组元素赋初值。例如：

```
int a[3][3]={{1, 4, 7}, {2, 5, 8}, {3, 6, 9}};
```

（2）可以将全部数据写在一个大括号内，按数组的排列顺序对各元素进行初始化。例如：

```
int a[3][3]={1, 4, 7, 2, 5, 8, 3, 6, 9};
```

（3）可以对部分元素赋初值。例如：

```
int a[3][4]={{1}, {0, 6}, {0, 0, 0, 11}};
```

（4）也可以对各行中的某一元素赋初值。例如：

```
int a[3][3]={{1}, {2}, {3}};
```

（5）若对全部元素赋初值，则定义数组时可以不指定第一维的长度，但第二维的长度必须指定。例如：

```
int a[ ][3]={1, 4, 7, 2, 5, 8, 3, 6, 9};
```

（6）在定义数组时，也可以只对部分元素赋初值而省略第一维的长度，此时应逐行赋初值。例如：

```
int a[ ][3]={{0, 0, 3}, {0}, {3, 6}};
```

6.3.4 二维数组的引用

与一维数组名类似，二维数组名也是一个指针常量(具体含义见第8章)，因此不能整体引用二维数组中全部元素的值，只能单独引用每个数组元素。

引用二维数组元素的形式如下：

```
数组名[下标][下标]
```

例如：

```
int a[2][3]={{1, 2, 3}, {4, 5, 6}};
std::cin >> a[0][0];          // 给元素a[0][0]输入值
a[1][2] = 8;                  // 将a[1][2]的值6改为8
```

注意：在使用数组元素时，注意下标值应在已定义的数组大小的范围内。例如，上例中数组元素a[2][3]并不存在。下标越界是常见的错误。

6.3.5 二维数组的操作

二维数组的基本操作包括输入、输出、遍历、查找元素、行列计算、矩阵运算、转换为一维数组等。

由于二维数组是由若干行若干列组成的平面结构，所以通常采用二重for循环来处理，外循环控制对行的操作，内循环控制对列的操作。

例 6.6 二维数组元素的输入和输出。

```
#include <iostream>
#include <iomanip>
const int M = 3;                                               // 行数
const int N = 4;                                               // 列数
int main( ) {
    int i, j, a[M][N];
    for(i = 0; i < M; ++i) {                                   // 输入数组元素
        for(j = 0; j < N; ++j) {
            std::cin >> a[i][j];
        }
    }
    for(i = 0; i < M; ++i) {
        for (j = 0; j < N; ++j) {
            std::cout << std::setw(5) << a[i][j] * a[i][j];  // 输出时每个元素的宽度为5
        }
        std::cout << std::endl;                                // 换行
    }
    return 0;
}
```

运行结果：

```
1 2 3 4↙
5 6 7 8↙
9 10 11 12↙
    1    4    9   16
   25   36   49   64
   81  100  121  144
```

6.4 数组名作函数参数

由前已知，函数参数有实参和形参两类，实参可以是常量、变量或表达式(应该有确定的值)，形参必须是变量；调用函数时，要求实参与形参一一对应。

一般情况下，变量作函数参数时，是把实参的值传递给形参，形参值的改变不影响对应实参的值，实参与形参是两个相互独立的变量。数组名作函数参数时有所不同，由于数组名代表数组首元素的地址，是一个地址常量，不能作左值，但是数组形式声明的变量可以作函数的形参(本质上是指针变量，将在第 8 章介绍)，用来接收实参数组传递过来的地址。当形参接收实参传递过来的地址后，形参数组与实参数组就共享同一段内存空间，在函数中对形参数组的任何改变，实质上就是对实参数组的改变，所以数组名作函数参数时，当形参数组元素发生改变时，实参数组元素会同步更新。数组名作函数参数是数组应用中的常见形式。

例 6.7 编写函数，对一维数组中的元素前后倒置存放。

要求输入 n ($n<10$) 个整数，编写三个函数，功能分别为输入 n 个数，对数组进行倒置处理，输出处理后的结果。

问题分析：由于数组名作函数形参时，只接收实参数组的地址，并不知道数组的长度，所以在设计函数时，需要增加一个参数来表示数组的长度。函数对数组的处理是通过数组名作函数参数实现的，因此函数的返回值类型为 void。三个函数的原型设计如下：

```
void input(int a[ ], int n);
void output(int a[ ], int n);
void reverse(int a[ ], int n);
```

倒置存放一维数组元素的方法是下标为 0 的元素与下标为 $n-1$ 的元素互换，下标为 1 的元素与下标为 $n-1-1$ 的元素互换，……，下标为 i 的元素与下标为 $n-1-i$ 的元素互换，只需循环遍历一半数组元素即可。

```
#include <iostream>
int main( ) {
    void input(int a[], int n);                          // 函数声明
    void output(int a[], int n);
    void reverse(int a[], int n);
    int n, a[10];
    std::cin >> n;
    input(a, n);                                         // 函数调用
    reverse(a, n);
    output(a, n);
    return 0;
}
void input(int a[], int n) {                             // 输入数组元素
    for(int i = 0; i < n; ++i) {
        std::cin >> a[i];
    }
}
void output(int a[], int n) {                            // 输出数组元素
    for(int i = 0; i < n; ++i) {
        std::cout << a[i] << " ";
    }
```

```
    std::cout << std::endl;
}
void reverse(int a[], int n) {                              // 逆序存放数组元素
    int i, temp;
    for(i = 0; i < n / 2; ++i) {                            // 只循环遍历一半元素
        temp = a[i];
        a[i] = a[n - 1 - i];
        a[n - 1 - i] = temp;
    }
}
```

运行结果：

```
6↙
2 8 1 35 12 5↙
5 12 35 1 8 2
```

说明：由于作为形参的数组名的任务是接收实参数组的首地址，本质上是指针变量，所以形参数组中的数组大小（若是多维数组则指最高维）没有意义，“[ ]”只是在形式上表示数组，不需指定长度。

6.5 习 题 6

一、填空题

1. 数组中的每一个元素必须具有相同的________。

2. 在C++语言中，定义数组时需要指定数组的________和数组元素的________。

3. 已知int a[ ]={1, 2, 3, 4, 5};，则数组a的默认长度为________。

4. 当调用函数时，实参是一个数组名，则向函数传递的是________。

5. 已知int a[3][4]={{1},{5},{9}};，它的作用是将数组各行第一列的元素赋初值，其余元素值为________。

二、判断题

1. 在C++语言中，数组的下标从0开始。（ ）

2. 在C++语言中，数组名代表数组的首地址，因此它是一个指针常量，不能被赋值。（ ）

3. C++语句const int N=10; int a[N];是合法的。（ ）

4. 定义数组（局部变量）时没有初始化，此时数组元素的值是不确定的。（ ）

5. 若只对整数型数组的部分元素进行了初始化，则未初始化的元素值是不确定的。（ ）

6. 二维数组可以理解为特殊的一维数组。（ ）

三、选择题

1. 一维数组int numbers[5];中，numbers表示（ ）。

A. 数组的第一个元素　　B. 数组的全部元素

C. 数组第一个元素的地址　　D. 数组的长度

2. 以下数组的定义语句中，错误的是（ ）。

A. int a[5]={1, 2};　　B. int a[2]={1, 2};

C．int n=2, a[n]={1, 2};　　D．int a[ ]={1, 2};

3．以下对一维数组a的初始化中正确的是(　　)。

A．int a[5]=1, 2, 3, 4, 5;　　B．int a[5]={0};

C．int a[5]=(0, 0, 0, 0, 0);　　D．int a[5]={1, 2, 3, 4, 5, 6};

4．有数组定义int value[30];，则下面数组元素引用中错误的是(　　)。

A．value[30]　　B．value[0]

C．value[10]　　D．value[20]

5．如有定义语句int a[ ] = {1, 2, 3, 4, 5, 6};，则数组a的长度是(　　)。

A．6　　B．不确定

C．5　　D．有语法错误

6．假定short型变量占用 2 字节，若有定义short a[10]={0, 2, 4};，则数组a在内存中所占字节数是(　　)。

A．3　　B．6

C．10　　D．20

7．若有定义int a[ ][3]={1, 2, 3, 4, 5, 6, 7};，则数组a第一维的长度是(　　)。

A．2　　B．3

C．4　　D．无确定值

8．以下正确的二维数组定义是(　　)。

A．int a[ ][ ]={1, 2, 3, 4, 5, 6};　　B．int a[2][ ]={1, 2, 3, 4, 5, 6};

C．int a[ ][3]={1, 2, 3, 4, 5, 6};　　D．int a[2,3]={1, 2, 3, 4, 5, 6};

9．在C++语言中，将一个数组作为参数传递给函数时，实际上传递的是(　　)。

A．数组的首元素地址　　B．数组的副本

C．数组的最后一个元素的地址　　D．数组的长度

10．在C++语言中，数组的下标范围是(　　)。

A．1 到数组长度　　B．0 到数组长度 −1

C．0 到数组长度　　D．1 到数组长度 +1

四、简答题

1．为什么数组的长度在声明时必须为常量表达式?

2．什么是数组的越界访问？为什么它是一个危险的操作?

五、编程题

1．从键盘输入 10 个整数并存入数组中，求出数组中的最大数和最小数。

2．输入一个正整数n($n<50$)，再输入n个学生的成绩，计算平均分，并统计不及格同学的人数(平均分保留 1 位小数)。

3．已知一维整数型数组中的 10 个元素各不相同，并且已知值key，查找数组中是否存在值为key的数组元素。如果有，则输出相应的下标，否则输出“not found”。

4．已知有n个整数型数据存储在一维数组中，再输入一个数值key，删除数组中第一个元素值等于key的元素，并将剩余的$n-1$个数据输出。如果key不是数组中的元素，则输出“not found”。

5．用筛选法求 100 之内的素数。

6．从键盘输入n个整数，按从小到大的顺序输出。

7．假设集合A有m($0<m<100$)个元素，集合B有n ($0<n<100$)个元素，将两个整数集

合合并为集合C，并将集合C中的元素按升序排列（集合C中不允许有相同元素）。

8. 从键盘读入*n*个整数（$n \leqslant 100$），这*n*个数都是1～10的数，请查找出现次数最多的数。例如，读入5个数，分别为1、2、3、3、5，出现次数最多的数就是3（假定出现次数最多的数只有一个，不存在多个数出现的次数都最多的情况）。

9. 从键盘输入一个3×4的整数型二维数组，求每行的最大元素并输出。

10. 定义一个整数型二维数组，表示一个学生成绩表，包含*m*个学生的*n*门课程成绩，编写函数计算每个学生的平均成绩。

11. 已知一维数组有*n*（$n<100$）个元素，判断数组中是否有相同元素，若有则删除相同元素（只保留一个），然后按升序输出剩余元素，若无则输出“NO”。

12. 实现二分搜索（binary search）：在一个有序的整数序列中查找给定值key，若找到则返回key的位置（下标），否则返回-1（表示查找失败）。

第7章 字符串

在C++语言中，字符串是一种至关重要的数据类型，它用于存储和操纵一系列字符，这些字符包括字母、数字、标点符号等。C++语言提供了两种表示字符串的方法：一种是使用C风格字符串（以'\0'结尾的字符数组），另一种是用C++标准库中的std::string类表示字符串。本章将介绍这两种字符串的基本使用方法，以及如何利用它们进行程序设计。

学习目标

- 了解字符串的基本概念；
- 掌握C风格字符串的定义、初始化及基本操作方法；
- 掌握使用std::string类表示和处理字符串的基本方法；
- 熟练运用这两种字符串来解决实际问题。

7.1 字符串的基本概念

在实际编程过程中，有大量的数据是以文本数据的形式存在的。如姓名、住址、书名或一篇文章等，这些数据是以字符或字符串的形式存在的。单个字符的输入、输出及处理在前面章节已讨论过，本章重点讨论字符串的相关概念。

字符串是指由0个或多个字符组成的序列。字符串常量是用双引号括起来的字符序列（含转义字符），如"cmd"和"exit"。编译器会在字符串常量的末尾自动加一个'\0'作为字符串结束标志。

字符串的长度是指字符串中包含的字符个数（大于或等于0，不含'\0'）。

空字符串（null string）是指包含0个字符的字符串，它的长度为0，如" "。

子字符串（子串）是指字符串中任意个连续的字符组成的子序列。

两个字符串相等是指两个字符串对应位置的字符相等且字符串长度相等。

两个字符串的比较：从第一个字符开始，每个字符按照ASCII码值比较。

1. C风格字符串

在C语言中，字符串是一个以'\0'（空字符）结尾的字符数组，称为C风格字符串。C风格字符串本质是字符数组，可以采用和其他数据类型的数组一样的方法进行操作。

注意：不包含'\0'的字符数组并不是C风格字符串，只能逐个字符进行操作，不能整体操作。

对字符串的操作如查找、替换、复制、粘贴等大多是以子串为操作对象的，C++语言提供了一组函数来实现相关操作。尽管C风格字符串在内存管理、缓冲区防溢出管理等方面存在缺陷，但在C++编程实践中仍被广泛应用。

2. std::string 类

C++标准库中的std::string类提供了一种更安全、更方便的字符串处理方式。std::string类封装了字符数组及其相关操作，使得程序员无须关心字符串处理底层的内存管理。

std::string类提供了丰富的成员函数和运算符重载，可以方便地对字符串进行拼接、比较、查找、替换等操作。例如，可以使用“+”运算符进行字符串拼接，使用“==”运算符进行字符串比较，使用find( )函数查找子串等。

此外，std::string类还支持动态内存管理，可以自动调整字符串的大小以适应存储需要。这使得std::string类在处理长度不确定的字符串时非常方便。

总的来说，C++语言中的std::string类提供了一种强大、灵活且易于使用的字符串处理方式，是C++编程中处理字符串的首选方式。

7.2 C风格字符串

7.2.1 C风格字符串的定义与初始化

由于C风格字符串的本质就是字符数组，其定义实际上是定义字符数组。

定义C风格字符串的形式如下：

```
char 数组名[常量表达式];
```

例如：

```
char str[10];   //定义一个长度为10的字符数组
```

C风格字符串的初始化，与其他数据类型数组的初始化一样，区别在于，为了保证字符数组表示的是C风格字符串，初始化字符序列中一定要包含'\0'。例如：

```
char str[4] = {'C', 'M', 'D', '\0'};
```

由于字符串是一个整体，用其他数据类型数组的初始化方法来初始化不尽合理。C风格字符串可以进行整体初始化，例如：

```
char str[6] = "CMD";
```

整体初始化时，字符串常量结尾自动包含'\0'，若字符串的长度小于数组长度，则对于剩余的数组元素，系统自动填充'\0'字符。若字符串的长度大于或等于数组长度，则非法。

也可以定义二维的字符数组，例如：

```
char graph[3][5] = { {'*'}, {'*', '*'}, {'*', '*', '*'} };
```

7.2.2 C风格字符串的输入与输出

1. 逐个字符的输入与输出

C风格字符串本质上是含结束符'\0'的字符数组，所以用来输入与输出其他类型数组的方法同样适用于字符数组。

逐个字符输入与输出字符串，在处理方法上与其他数据类型数组略有不同，例如对长度为 n 的字符数组 str，原来的循环条件为 $i < n$，而现在为 str[i]!= '\0' 或简化为 str[i]。

例 7.1 逐个字符输入与输出 C 风格字符串。

```
#include <iostream>
constexpr int N = 11;                              // 定义编译时常量N
int main( ) {
    char s[N + 1] = {'\0'};                        // 初始化元素为'\0', 数组长度比实际字符个数多1
    for(int i = 0; i < N; ++i) {                   // 循环输入N个字符
        std::cin >> s[i];
    }
    for(int i = 0; s[i] != '\0'; i++) {            // 循环条件: s[i] != '\0'
        std::cout << s[i];
    }
    return 0;
}
```

运行结果：

```
cmd-mspaint↙
cmd-mspaint
```

说明：用这种方式输入与输出字符串不是很方便，因为没有考虑字符串的整体特性。

2. 字符串的整体输入与输出

由于对字符串的操作多数是整体操作，处理单个字符的输入与输出的情况比较少，C/C++ 语言提供了 C 风格字符串的整体输入与输出方法，即直接使用运算符方法“>>”“<<”分别实现输入与输出。

例 7.1 中的输入与输出循环可如下表示：

```
std::cin >> s;                  // 用字符数组名输入字符串, 不能含空格
std::cout << s;                 // 用字符数组名输出字符串
```

说明：

（1）用 cin>> 输入一个字符串（不能包含空格）时，输入的字符串的字符个数应小于已定义的字符数组的长度，否则会出现问题。

（2）用 cout<< 输出字符串时，输出时遇到 '\0' 结束，且输出的字符不包括结束符 '\0'。

例 7.2 输入与输出含空格符、回车符等特殊字符的 C 风格字符串，以 '#' 结束。

问题分析：输入含空格符、回车符等特殊字符的字符串时不能使用 cin>>，此时可使用输入单个字符的 C 语言函数 getchar( ) 或者使用输入流对象 cin 的成员函数 get( ) 来实现逐个字符的输入。

```
#include <iostream>
int main( ) {
    char s[128]={'\0'}, c;
    int i = 0;
    while((c = getchar( )) != '#'){                // 或者 c = std::cin.get( )) != '#'
        s[i++] = c;
    }
    std::cout << s << std::endl;                   // 输出字符串
    std::cout << i << std::endl;                   // 输出字符串长度
    return 0;
}
```

运行结果：

```
stack-heap↙
array-vector#↙
stack-heap
array-vector
23
```

例 7.3 使用getline( )函数实现例 7.2 的功能。

使用输入流对象cin的成员函数getline( )，也可以实现整体输入含空格符等特殊字符的字符串，其函数原型如下：

```
istream & getline(char *buffer, streamsize num);
istream & getline(char *buffer, streamsize num, char delim);
```

函数功能：读取字符到变量buffer（用指针表示的字符数组）中，直到发生下列情况之一。

（1）num-1 个字符已经读入（将多余字符丢弃）。

（2）遇到一个换行标志（默认结束符，对应上述函数原型的第一种形式）。

（3）遇到一个文件结束标志（end of file，EOF）。

（4）读到结束字符（上述函数原型中的delim字符，对应函数原型的第二种形式）。delim字符不会被放入变量buffer中。

```
#include <iostream>
int main( ) {
    char s[128] = {'\0'};
    std::cin.getline(s, 128, '#');
    std::cout << s << std::endl;
    return 0;
}
```

运行结果：

```
stack-heap#↙
stack-heap
```

说明：使用getline( )函数输入C风格字符串时会自动在字符数组的末尾添加'\0'，因此从输入流中读取的最大字符个数会比指定的长度num少 1。指定的字符个数不能大于字符数组的长度，否则数组会溢出。推荐使用getline( )函数输入C风格字符串。

7.2.3 C风格字符串的操作

C风格字符串的使用广泛，对C风格字符串的操作主要是通过C和C++语言均提供的一些字符串处理函数（见附录D）来实现的，使用这些库函数需添加头文件string.h或cstring。

下面介绍一些处理C风格字符串的常用函数。

1. strlen( )函数

函数原型：

```
size_t strlen(const char *str);
```

函数功能：求C风格字符串的长度，不包括结尾的空字符'\0'。

例如：

```
char str[32] = "Wi-Fi(Wireless Fidelity)";
size_t len = strlen(str);
std::cout << "Length of '" << str << "' is " << len << std::endl;
```

说明：

（1）原型中的char *str是字符指针，将在第 8 章学习，这里可理解为C风格字符串，即字符数组str。

（2）需要确保传给strlen( )函数的指针str指向一个有效的、以'\0'结尾的字符串。

（3）strlen( )函数的返回值类型为size_t，是无符号整数型。

2. strcpy( )函数

C风格字符串不支持赋值运算符“=”，不允许直接将一个C风格字符串赋值给另一个C风格字符串，要实现赋值功能，可以使用字符串复制函数strcpy( )。

函数原型：

```
char *strcpy(char *dest, const char *src);
```

函数功能：将src字符串复制到变量dest指向的数组中，包括空字符'\0'。

例如：

```
char src[ ] = "NFC(Near Field Communication)";
char dest[32];
strcpy(dest, src);
std::cout << "Copied string: " << dest << std::endl;
```

说明：

（1）strcpy( )函数不会检查目标数组的大小，容易造成缓冲区溢出，所以要确保数组dest有足够的空间来存储src字符串。

（2）参数src也可以是字符串常量。

3. strcat( )函数

函数原型：

```
char *strcat(char *dest, const char *src);
```

函数功能：将src字符串追加到dest字符串的末尾，并返回dest的指针。

例如：

```
char dest[32] = "CMD";
char src[16] = ",systeminfo.";
strcat(dest, src);
std::cout << "Concatenated string: " << dest << std::endl;
```

说明：

（1）strcat( )函数是字符串连接（string concatenation）的英文缩写。

（2）strcat( )函数同样不会检查目标数组的大小，容易造成缓冲区溢出，所以要确保数组dest有足够的空间来存储两个字符串合并后的结果。

（3）第二个字符串参数（字符数组）被指定为const，是为了保证该数组中的内容不会在函数调用期间被修改。

4. strcmp( )函数

C风格字符串不支持关系运算符，不能对两个C风格字符串直接用关系运算符进行比较，但是可以使用字符串比较函数strcmp( )实现对两个C风格字符串的比较。

函数原型：

```
int strcmp(const char *str1, const char *str2);
```

函数功能：strcmp( )函数按字典顺序比较两个字符串str1 和str2。比较是基于字符串中字符的ASCII码值进行的，逐个字符进行比较，直到出现不同的字符或遇到字符串的结束符'\0'为止。

str1是指向第一个要比较的字符串的指针，str2是指向第二个要比较的字符串的指针。

返回值如下：

（1）如果字符串str1和str2相等，则返回0。

（2）如果str1在字典顺序上小于str2，则返回一个负数（具体值取决于编译器，但通常是第一个不同字符的ASCII码值之差）。

（3）如果str1在字典顺序上大于str2，则返回一个正数（同样，具体值取决于编译器）。

说明：

（1）strcmp( )函数区分大小写，即大写字母和小写字母被认为是不同的字符。

（2）使用strcmp( )函数时，应确保传入的字符串以空字符'\0'结尾，否则可能导致内存访问越界。

（3）strcmp( )函数只能用于比较C风格字符串（以'\0'结尾的字符数组），而不能直接比较C++语言中的std::string类型的字符串。

（4）由于strcmp( )函数的具体返回值是依赖编译器的，因此在编写程序时，应该只检查返回值是等于0、小于0还是大于0，而不是检查具体的数值。

例 7.4 C风格字符串的比较。

```
#include <iostream>
#include <cstring>                          // 为了引入strcmp( )函数
int main( ) {
    char str1[16], str2[16];
    std::cin >> str1 >> str2;
    int result = strcmp(str1, str2);
    if(result == 0) {
        std::cout << str1 << " == " << str2 << std::endl;
    } else if(result < 0) {
        std::cout << str1 << " is less than " << str2 << std::endl;
    } else {
        std::cout << str1 << " is greater than " << str2 << std::endl;
    }
    return 0;
}
```

运行结果：

```
apple banana↙                          // 第1次输入时，"apple"在字典顺序上小于"banana"
apple is less than banana
pear apple↙                            // 第2次输入时，"pear"在字典顺序上大于"apple"
pear is greater than apple
```

5. strstr( )函数（查找子串函数）

函数原型：

```
char *strstr(const char *str, const char *substr);
```

函数功能：在字符串str中查找第一次出现字符串substr的位置，并返回该位置的指针。如果找不到，则返回NULL。

例如：

```
#include <iostream>
#include <cstring>    // 包含strstr( )函数的头文件
```

```
int main( ) {
    char haystack[64] = "Looking for a needle in a haystack";
    char needle[16] = "needle";
    char *ptr = strstr(haystack, needle);

    if (ptr) {
        std::cout << "Found '" << needle << "' at position: "
                  << ptr - haystack + 1 << std::endl;
    } else {
        std::cout << "'" << needle << "' not found" << std::endl;
    }

    return 0;
}
```

执行此代码段，结果如下：

```
Found 'needle' at position: 15
```

有关C风格字符串处理的函数还有很多，请参考附录D。在这些函数中，C风格字符串通常以字符指针的形式出现，并不是字符数组。这并不冲突，因为字符数组名本质上就是字符指针，相关内容将在第8章学习。

例 7.5 C风格字符串的排序。

问题描述：从键盘输入若干颜色的英文单词（输入单词end时结束），按字典顺序排列输出。假设单词个数和单词长度均不超过20。

问题分析：若干个英文单词可用二维字符数组表示，如char colors[20][20];，输入若干单词可以使用循环语句，当输入单词end时结束循环。每输入一个单词就存入数组colors中。最后使用选择排序法排序后输出。

```
#include <iostream>
#include <cstring>
const int MAX_COLORS = 20;
const int MAX_LENGTH = 20;
void select_sort(char colors[ ][MAX_LENGTH],int n) {         // 使用选择排序法
     char temp[MAX_LENGTH] = {'\0'};                         // 用来交换单词
     for(int i = 0; i < n - 1; ++i) {
          int k = i;                                         // 记录最小单词索引
          for(int j = i + 1; j < n; ++j) {
               if(strcmp(colors[j], colors[k]) < 0) {
                    k = j;
               }
          }
          if(k!=i) {                                         // 使用strcpy交换两个单词
               strcpy(temp, colors[i]);
               strcpy(colors[i], colors[k]);
               strcpy(colors[k], temp);
          }
     }
}
int main( ) {
     char colors[MAX_COLORS][MAX_LENGTH];
     int num_color = 0;
     char input[MAX_LENGTH] = {'\0'};
     std::cout << "Enter colors (type 'end' to finish): " << std::endl;
     while(true){                              // 读取输入的颜色单词，直到输入"end"为止
          std::cin >> input;
          if(strcmp(input,"end") == 0) {
               break;
```

```
        }
        strcpy(colors[num_color], input);        // 将输入的颜色单词复制到colors数组中
        num_color++;
        if(num_color >= MAX_COLORS) {            // 检查是否超出了最大颜色数
            std::cout << "Maximum number of colors reached." << std::endl;
            break;
        }
    }
    select_sort(colors, num_color);
    std::cout << "Sorted colors:" << std::endl;
    for(int i = 0; i < num_color; i++) {         // 输出排序后的颜色单词
        std::cout << colors[i] << std::endl;
    }
    return 0;
}
```

运行结果:

```
Enter colors (type 'end' to finish):
red↙
green↙
blue↙
yellow↙
purple↙
end↙
Sorted colors:
blue
green
purple
red
yellow
```

7.3 string 类

C++语言中的string类是标准模板库中的一部分，它提供了对字符数组的封装，使得字符串操作更加便捷和安全。string类定义在头文件string中，是C++标准库中非常重要和常用的一个类。

string类提供了大量的成员函数来实现对字符串的操作；重载了许多运算符，使对字符串的操作更加直观和方便；string类还支持迭代器，可以使用迭代器来遍历字符串中的每个字符；string类会自动管理其内部字符数组的内存，根据字符串的实际长度动态分配和释放内存。相比于C语言中的字符数组，string类更加灵活易用，不需要担心内存分配和释放的问题，也不需要手动添加字符串结束符'\0'。

总之，string类是C++语言中处理字符串的强大工具，它提供了丰富的功能和灵活的接口，使得字符串操作变得更加简单和高效。无论是编写简单的程序还是在复杂的项目中，string类都是不可或缺的。

7.3.1 string类常用的成员函数

string类的成员函数非常多，其中string类常用的成员函数如表7-1所示。

表 7-1　string 类常用的成员函数

函数名	函数原型	功能	说明
string	string( )	默认构造函数	创建一个空字符串
	string(const char* s)	用C风格字符串初始化	使用C风格字符串s初始化字符串对象
	string(int n, char c)	用n个字符c初始化	创建一个由n个字符c组成的字符串
operator[ ]	char& operator[ ](size_t pos); const char& operator[ ](size_t pos) const;	使用下标访问字符	返回字符串中pos位置的字符引用，支持非常量引用和常量引用
at	char& at(size_t pos); const char& at(size_t pos) const;	安全访问字符	与operator[ ]类似，但提供范围检查，越界时抛出out_of_range异常
size	size_t size( ) const noexcept;	返回字符串大小	返回字符串中字符的数量
length	size_t length( ) const noexcept;	返回字符串长度	与size( )函数的功能相同，返回字符串中字符的数量
empty	bool empty( ) const noexcept;	检查字符串是不是空	如果字符串为空（size为0），则返回true
clear	void clear( ) noexcept;	清空字符串	删除字符串中的所有字符，使其变为空字符串

append	string& append(const string& str);
	string& append(const char* s);
	…
		追加字符串	将指定的字符串或C风格字符串追加到当前字符串的末尾

+=	string& operator+=(const string& str);
	string& operator+=(const char* s);
	…
		字符串连接	与append( )函数的功能相同，用于将指定的字符串或C风格字符串连接到当前字符串的末尾

assign	string& assign(const string& str);
	string& assign(const char* s);
	…
		赋值	将当前字符串重新赋值为指定的字符串或C风格字符串

compare	int compare(const string& str) const; …	比较字符串	比较当前字符串与另一个字符串的大小，如果当前字符串小于、等于或大于指定字符串，则分别返回负值、0或正值
substr	string substr(size_t pos =0, size_t len = npos) const;	获取子串	返回从位置pos开始的长度为len的子串

find	size_t find(char c, size_t pos = 0) const;
	size_t find(const char* s, size_t pos = 0) const;
	…
		查找字符或子串	从位置pos开始查找字符c或子串s，返回找到的第一个匹配项的索引，如果未找到则返回string::npos

c_str	const char* c_str( ) const noexcept;	获取C风格字符串	返回一个指向以空字符终止的C风格字符串的指针，该字符串是当前string对象的副本

续表

函数名	函数原型	功能	说明
copy	size_type copy (char* s, size_type len, size_type pos = 0) const;	复制子串到C风格字符串	复制string类对象的子串到s指向的数组中。此子串包含从位置pos开始的len字符。该函数不会在复制的内容末尾附加空字符
data	const char* data( ) const noexcept; char* data( ) noexcept;	获取字符数组	返回一个指向字符串内部字符数组的指针，对于非const对象，返回char型，允许修改；对于const对象，返回const char型，不允许修改
resize	void resize(size_t n, char c = '\0');	调整字符串大小	将字符串的大小调整为n个字符，如果n小于当前大小，则截断字符串；如果n大于当前大小，则用字符c填充不足的部分
erase	string& erase(size_type index = 0, size_type num = npos);	删除字符或子串	删除index开始的num个字符，返回修改后的字符串
swap	void swap(string& str);	交换字符串	交换当前字符串对象与另一个字符串对象的内容

请注意，上述表格中的函数原型可能因编译器和标准库的实现而有所不同，但功能描述是通用的。此外，string类还提供了许多其他成员函数及重载形式，如insert( )、copy( )等，这里没有一一列出。在实际编程中，可以根据需要查阅相关文档或参考书以获取更全面的信息。

7.3.2 string类的基本操作

下面从使用的角度来介绍string类对象（字符串变量）。

1. 定义string类对象

和其他数据类型的变量一样，字符串对象必须先定义后使用，它通过构造函数来创建。

```
string str1;                    // 使用默认的构造函数定义string类对象str1，内容为空字符串
string str2 = "China";          // 定义string类对象str2，同时使用字符串常量对其初始化
string str3("msconfig");        // 使用有参构造函数初始化，str3 = "msconfig"
string str4(3, 'w');            // 使用三个'w'初始化，str4 = "www"
```

2. 给string类对象赋值

（1）使用赋值运算符：可以用char型、char*型的常量或变量对string类对象赋值。

```
string str1, str2;
char c = 'k';
str1 = 'k';                     // 与str1 = c;等价
str1 = "cmd";
str2 = str1;
str1 = " ";                     // 清空字符串
```

（2）用成员函数assign( )给string类对象赋值：成员函数assign( )返回对象自身的引用。

```
str1.assign("exit");            // str1 = "exit"
str2.assign("abcdef ", 2, 3);   // str2 = "cde"，即取索引位置 2 开始的 3 个字符
str1.assign(3, 'w');            // str1 = "www"
```

3. string类对象的输入与输出

（1）用cin>>输入，按回车键结束。

```
string str;
cin >> str;
```

若字符串中含有空格符、回车符等字符，则使用getline( )函数输入。

函数原型：

```
istream& getline( istream& is, string& s, char delimiter = '\n' );
```

默认结束符delimiter为'\n'，也可以指定其他结束符。例如：

```
getline(cin, str, '#' );    // 遇到'#'字符结束
```

（2）用cout<<输出，也可以通过下标运算符逐个字符输出。

```
cout << str;
```

4．获取string类对象的特性

可以使用下列函数来获得string类对象的一些特性。

```
// 返回当前容量(string中不必增加内存即可存放的元素个数，即返回重新分配之前的字符串容量)
int capacity( ) const;
int max_size( ) const;      // 返回string类对象中可存放的最大字符串的长度
int size( ) const;          // 返回当前字符串的大小
int length( ) const;        // 返回当前字符串的长度
bool empty( ) const;        // 判断当前字符串是不是空，为空则返回true
// 将字符串的大小更改为len。如果指定了c，那么任何新创建的元素都将被初始化为c的值
void resize(int len, char c);
```

例 7.6　string类对象的输入与输出。

```
#include <iostream>
#include <cstring>
#include <string>
using namespace std;
int main( ){
    char cstr[128] = {'\0'};
    string str;
    cin >> cstr;
    cin.get( );                                       // 读取上次输入结束后留在缓冲区的回车符
    getline(cin, str);
    cout << cstr << " " << strlen(cstr) << endl;
    cout << str << " " << str.size( ) << endl;     // 注意成员函数的用法
    return 0;
}
```

运行结果：

```
C-string↙
string input and output↙
C-string 8
string input and output 23
```

5．string类对象的连接运算

（1）用“+”连接两个字符串。

```
string str1 = "C++ ";              // 定义str1并赋初值
string str2 = "Language";          // 定义str2并赋初值
str1 = str1 + str2;                // 连接str1和str2，连接后str1为"C++ Language"
```

（2）用成员函数append( )在字符串对象尾部添加内容。

```
string str1("cmd"), str2(" exit");
```

```
str1.append(str2);                  // str1 = "cmd exit"
str1.append("msconfig", 0, 2);      // str1 = "cmd exitms"
```

例 7.7 字符串的连接。

```
#include <iostream>
#include <string>
using namespace std;
int main( ){
    string s;
    s += 'C';                       // 尾部添加字符
    cout << s << endl;              // 输出：C
    s += " calc";                   // 尾部添加字符串
    cout << s << endl;              // 输出：C calc
    s.append(" control");           // 使用append( )方法添加字符串
    cout << s << endl;              // 输出：C calc control
    return 0;
}
```

6. string类对象的比较

（1）用关系运算符直接比较。

```
string str1 = "C++", str2 = "Language";
cout << (str1 > str2);              // 结果为false(0)
```

（2）用成员函数compare( )进行比较。

比较字符串大小时，若返回值小于0，表示当前字符串较小；若返回值等于0，表示两个字符串相等；若返回值大于0，表示当前字符串较大。

```
string str1("cmd"), str2("command");
cout << str1.compare(str2);                 // 结果小于0 (-1)
cout << str2.compare(0, 3, "com");          // 比较前3个字符相等，结果等于0
```

进行比较时，使用关系运算符较简单，而使用成员函数有时较灵活。

7. 求string类对象的子串

使用成员函数substr( )求子串。

函数原型：

```
string substr(size_type index = 0, size_type num = npos);
```

功能：返回当前字符串的一个子串，从索引开始，长度为num个字符。如果省略num，那么它将被默认为string::npos（string类定义的静态常量，无符号最大整数，具体值与编译器有关），substr( )函数将返回从索引开始的字符串的剩余部分。

```
string str1("NFC is a high frequency radio communication standard.");
string str2 = str1.substr(9, 4);    // str2 = "high"
string str3 = str1.substr(14);      // str3 = "frequency radio communication standard."
```

8. 查找子串和字符

string类提供了查找子串和字符的成员函数，若找到则返回子串或字符在string类对象中的位置（下标），若找不到，则返回string::npos。

```
string str("Source code");
int loc = str.find('u');                    // loc = 2
loc = str.find("our", 3);                   // 从索引位置3开始查找，没找到，所以loc = -1
loc = str.find("code", 3);                  // loc = 7
```

例 7.8 调换单词位置。

问题描述：输入以逗号分隔的两个英文单词，将两个英语单词交换位置后输出。

问题分析：使用find( )函数找到逗号的位置，再使用substr( )函数将两个单词截取出来，最后交换两个单词的位置后输出。

```
#include <iostream>
#include <string>
int main( ) {
    std::string str, first, second;
    std::cin >> str;
    int pos = str.find(',');                    // 查找逗号位置
    first = str.substr(0, pos);                 // 截取第 1 个单词
    second = str.substr(pos + 1);               // 截取第 2 个单词
    std::cout << second << "," << first << std::endl;
    return 0;
}
```

运行结果：

```
heap,stack↙
stack,heap
```

9. 删除子串

成员函数erase( )可以删除string类对象中的子串，返回对象自身的引用。

函数原型：

```
string& erase( size_type index = 0, size_type num = npos );
```

功能：删除从index开始的num个字符，返回修改后的字符串。

```
string str("cmd msinfo32");
str.erase(0, 4);                // 删除前 4 个字符，str = "msinfo32"
str.erase(6);                   // 从第 6 个字符开始删除后面所有字符，str = "msinfo"
```

例 7.9 删除字符串中的指定字符。

问题描述：从键盘输入一个字符串str和一个字符c，删除str中的所有字符c并输出删除后的字符串str。

问题分析：循环使用成员函数find( )查找指定字符，用erase( )函数删除指定字符，直到查找失败为止。

```
#include <iostream>
#include <string>
int main( ) {
    std::string str;
    char c;
    getline(std::cin, str);
    std::cin >> c;
    int pos = str.find(c);
    while(pos != -1) {
        str.erase(pos, 1);
        pos = str.find(c);
    }
    std::cout << str << std::endl;
    return 0;
}
```

运行结果：

```
This, is, an, example.↙
,↙        // 输入要删除的逗号
This is an example.
```

10. 插入子串

成员函数insert( )用来实现在一个字符串中插入子串，其重载形式较多。下面通过一个程序演示其用法，包括在指定位置插入另一个字符串、在指定位置插入另一个字符串的一部分，以及在指定位置插入指定数量的某个字符。

例 7.10 插入子串示例。

```
#include <iostream>
#include <string>
int main ( ) {
    std::string str = "to be question...";  // 初始化字符串str
    std::string str2 = "the ";               // 初始化字符串str2
    std::string str3 = "or not to be";       // 初始化字符串str3
    // 在str的第6个字符之前插入str2("the ")
    str.insert(6, str2);                     // str = "to be the question..."
    // 在str的第6个字符之前插入str3中从位置3开始的4个字符("not ")
    str.insert(6, str3, 3, 4);               // str = "to be not the question..."
    // 在str的第10个字符之前插入"that is cool"字符串的前8个字符("that is ")
    str.insert(10, "that is cool", 8);       // str = "to be not that is the question..."
    // 在str的第10个字符之前插入"to be "
    str.insert(10, "to be ");        // str = "to be not to be that is the question..."
    // 在str的第15个字符之前插入字符':'
    str.insert(15, 1, ':');          // str = "to be not to be: that is the question..."
    // 在str的第6个字符之前插入"or "
    str.insert(6, "or ");            // str = "to be or not to be: that is the question..."
    // 在str的第5个字符之前插入字符','
    str.insert(5, 1, ',');           // str = "to be, or not to be: that is the question..."
    std::cout << str << '\n';        // 输出修改后的字符串
    return 0;
}
```

运行结果：

```
to be, or not to be: that is the question...
```

11. 替换子串

成员函数replace( )有多种重载形式，用来实现字符串替换。下面的例子演示其用法，包括替换指定位置的字符、替换指定位置的子串以及替换指定位置的子串的一部分。最后，程序输出修改后的字符串。

例 7.11 字符串替换示例。

```
#include <iostream>
#include <string>
int main ( ) {
    std::string str = "This is a test string.";     // 初始化字符串str
    std::string str2 = "n example";                  // 初始化字符串str2
    std::string str3 = "sample phrase";              // 初始化字符串str3
    // 从str的第9个字符开始，替换5个字符为str2
    str.replace(9, 5, str2);                 // str = "This is an example string."
    // 从str的第19个字符开始，用str3从第7个字符开始的6个字符替换
    str.replace(19, 6, str3, 7, 6);          // str = "This is an example phrase."
    // 从str的第8个字符开始，替换10个字符为"just a"
    str.replace(8, 10, "just a");            // "This is just a phrase."
```

```
    //从str的第8个字符开始，替换6个字符为"a shorty"的前7个字符
    str.replace(8, 6, "a shorty", 7);              // str = "This is a short phrase."
    // 从str的第22个字符开始，替换1个字符为3个'!'字符
    str.replace(22, 1, 3, '!');                    // str = "This is a short phrase!!!"
    std::cout << str << std::endl;                 // 输出修改后的字符串
    return 0;
}
```

运行结果：

```
This is a short phrase!!!
```

12. 遍历字符串

可以通过下标运算符或成员函数at( )来遍历字符串（也可用来修改某个字符），通过at( )函数遍历字符串时系统会提供范围检查，访问越界时at( )函数抛出out_of_range异常。

例如：

```
std::string str("Test string");
for(int i = 0; i < str.length( ); ++i) {
    std::cout << str[i];                   // 使用下标运算符
    std::cout << str.at(i);                // 使用成员函数at( )
}
str[0] = 'B';                              // 修改第0个字符为B，也可使用str.at(0) = 'B';
```

string类的基本操作还有很多，需要进一步学习的读者可以查阅相关文档或网站。string类对象也可以通过迭代器（iterator）进行操作，相关内容将在第16章介绍。

7.3.3　字符串类对象与C风格字符串的转换

C风格字符串可以直接赋值给string类对象，也可作为函数实参传递给string类形参。但反过来是非法的，因为C风格字符串要求必须包含字符串结束标志'\0'，而string类对象可以不包含'\0'。许多函数要求参数对应的实参是C风格字符串，这时需要将string类对象转换为C风格字符串。

string类提供成员函数copy( )和c_str( )，用于实现string类对象向C风格字符串的转换。

例 7.12　转换string类对象为C风格字符串。

```
#include <iostream>
#include <string>
int main( ){
    char buffer[64]; // 声明一个字符数组，用作缓冲区
    std::string str("Trying is the first step towards failure.");
    // 将字符串的前24个字符复制到buffer中，从位置0开始，返回复制的字符数
    std::size_t length = str.copy(buffer, 24, 0);
    buffer[length] = '\0'; // 在复制的字符后面加上字符串结束符'\0'
    std::cout << "buffer contains: " << buffer << '\n'; // 输出缓冲区内容
    // 使用printf( )函数输出字符串，str.c_str( )函数返回字符串的C风格字符串表示
    printf(str.c_str( )); // printf( )函数要求参数类型为const char*，直接使用str非法
    return 0;
}
```

运行结果：

```
buffer contains: Trying is the first step
Trying is the first step towards failure.
```

7.3.4　字符串数组

C风格字符串数组是用二维字符数组实现的，操作不是很方便，而且存在空间浪费。而定

义string类数组来存放多个字符串，存储和操作是比较方便的。

例 7.13 使用string类数组输出从星期一到星期日的英文名称。

```
#include <iostream>
#include <string>
int main( ){
    const int size = 7;
    std::string weekdays[size] = {"Monday", "Tuesday", "Wednesday", "Thursday",
                                  "Friday", "Saturday", "Sunday"};
    std::cout << "The weekdays are:\n";
    for(int i = 0; i < size; ++i) {
        std::cout << weekdays[i] << std::endl;
    }
    return 0;
}
```

运行结果：

```
The weekdays are:
Monday
Tuesday
Wednesday
Thursday
Friday
Saturday
Sunday
```

本例中定义了一个包含7个星期名称的string类数组weekdays，并使用for循环遍历这个数组来输出从星期一到星期日的英文名称。

7.4 习 题 7

一、填空题

1. 在C++语言中，C风格字符串是以________结尾的字符数组。
2. 使用________函数可以获取C风格字符串的长度。
3. 字符串处理函数strcmp("cmd", "cmd")的值是________。
4. 在string类中，________函数用于返回字符串的长度。
5. 将数值转换为字符串可以使用标准库中的________函数。

二、判断题

1. C风格字符串可以直接使用比较运算符（如“==”）进行内容比较。 ( )
2. string类的成员函数substr( )可以用于获取子串。 ( )
3. C++语言中的字符串常量如"Hello"实际上是C风格字符串。 ( )
4. 使用string类的成员函数c_str( )可以得到C风格字符串。 ( )
5. atoi( )函数可以将字符串转换为整数，但它不进行错误检查。 ( )
6. C风格字符串与C++语言中用字符串类表示的字符串的使用方法是一样的。 ( )

三、选择题

1. 字符串的长度是(　　)。

   A. 字符串中不同字符的个数

B. 字符串中不同字母的个数
C. 字符串中所含字符的个数且字符个数大于0
D. 字符串中所含字符的个数

2. (　　)操作不能用于C风格字符串。
A. 使用cin进行输入　　B. 使用cout进行输出
C. 使用"="运算符进行赋值　　D. 使用strcmp()函数进行比较

3. (　　)头文件中包含了处理C风格字符串的函数。
A. iostream　　B. string
C. cstring　　D. stdlib.h

4. 设有数组定义: char array[ ]="China";, 则数组array所占的内存空间为(　　)。
A. 4字节　　B. 5字节
C. 6字节　　D. 7字节

5. C风格字符串的结束标志是(　　)。
A. '\n'　　B. '\0'
C. EOF　　D. NULL

6. (　　)函数不是string类的成员函数。
A. find()　　B. substr()
C. strlen()　　D. append()

7. (　　)用于连接两个string对象str1和str2。
A. str1 + str2　　B. str1.append(str2)
C. strcat(str1, str2)　　D. A和B都可以

8. (　　)运算符不能直接用于std::string对象之间的比较。
A. ==　　B. !=
C. <　　D. <<

9. 关于std::string的find()函数，以下说法中错误的是(　　)。
A. 它用于在字符串中查找子串
B. 如果未找到子串，则返回std::string::npos
C. 它返回子串在父串中的起始位置
D. 它的返回值类型是void

10. 为了将一个C风格字符串(如const char*)转换为std::string，可以(　　)。
A. 直接赋值　　B. 使用copy()函数
C. 使用append()函数　　D. 使用c_str()函数

四、简答题

1. 简述C风格字符串与string类的区别。
2. 简述如何将一个string对象转换为C风格字符串，并解释为什么这么做。

五、编程题

1. 输入一个C风格字符串，然后输出其长度。
2. 编写一个带默认参数的函数，该函数输出一个字符串，默认情况下输出"Hello, World!"。
3. 将字符串中的数字字符提取出来，并形成一个新的字符串。
4. 判断回文字符串。给定一个由字母和数字组成的字符串(长度不超过1000个字符)，

判断它是不是一个回文字符串。(回文字符串在正序读和倒序读都是一样的。例如，"12321"是回文字符串，而"12345"不是回文字符串。)

5. 编写函数void strCopy(char str1[ ], char str2[ ])，功能是将字符串str2中的大写字母存入str1中。在main( )函数中，定义两个数组，输入一个字符串并存入数组2，调用strCopy( )函数，把数组2中的大写字母复制到数组1中，然后输出数组1的内容。

6. 编写一个函数，统计所输入的字符串中单词的数量。假设单词之间用空格分隔。

7. 输入一个长度小于128的字符串，判断其是不是C++语言合法的标识符。若输入的字符串是合法的标识符，则输出"YES"，否则输出"NO"(仅按标识符的命名规则来判断，无须判断其是不是保留字)。

8. 编写一个函数，找出输入的字符串中出现次数最多的字符并统计其出现次数。

9. 输入一个电子邮件(E-mail)地址，输出E-mail地址中的用户名(E-mail地址中'@'字符前的内容为用户名)。

10. 输入一个电子邮件地址，检查其是否有效(说明：电子邮件地址必须包含'@'和'.'，且'@'不能出现在开头或结尾，'.'必须出现在'@'之后)。

第 8 章 指针与引用

指针与引用是C++语言的两个核心概念，通过它们程序员可以间接地访问和操纵数据。指针是C++语言提供的重要数据类型，它提供了能够对计算机内存直接操作的强有力的工具。利用指针可以方便、有效地组织和表示复杂的数据结构，实现对内存的动态分配与管理等功能。同时，指针通常也被视为C++语言中最令人困惑的部分之一，若理解不到位，使用不当，很容易造成程序错误。引用是对象的别名，与指针类似，用来实现间接访问其他数据。在多数场合下，使用引用代替指针可以使程序更安全和容易理解。本章从地址与指针的概念出发，讨论如何通过指针实现对变量、字符串、数组、函数的操作，进而介绍C++语言如何实现动态分配存储，以及引用的两个基本应用：作函数的参数及作函数的返回值。

学习目标

- 内存地址与指针的相关概念；
- 指针变量的定义与使用；
- 如何使用指针来操作数组与字符串；
- 函数指针与返回指针的函数；
- const指针与void指针；
- 动态分配存储；
- 引用及其应用。

8.1 内存地址与指针

8.1.1 内存地址

内存是由一系列的存储单元组成的，每个存储单元由 8 个二进制位（1 字节）组成。内存中的每个字节（存储单元）有一个编号，这个编号称为该存储单元的地址。地址编号从 0 开始，编号是一个无符号整数，大小一般与主机的字长相同（32 位或 64 位，通常用十六进制形式表示）。内存的存储示意如图 8-1 所示。

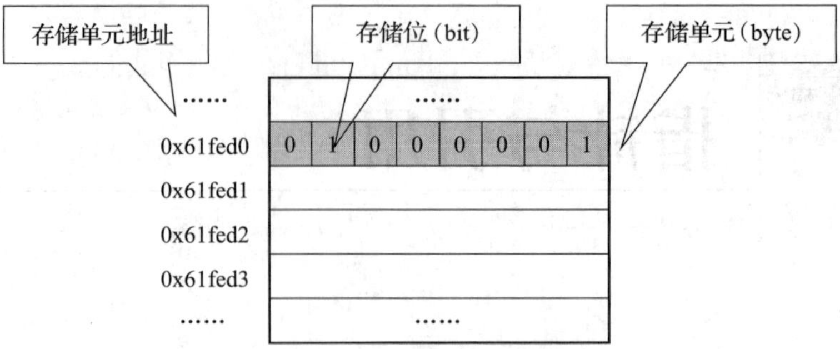

图 8-1 内存的存储示意

当在程序中定义了一个变量时，编译器根据变量的数据类型，为其分配一定字节数的存储单元，变量的值就存储在系统所分配的存储单元中。例如：

```
int x{3};              // 系统为变量x分配4字节
```

变量所占内存空间的第一个字节的地址（首地址）为该变量的地址。变量不同，系统所分配的地址也不同，即每个变量都有唯一的存储地址。变量的数据类型不同，系统所分配的内存空间大小也不一样。

程序中可通过变量名直接对变量的存储单元进行存取访问（直接引用），变量名实质上是指该变量所占内存空间的名称（对名称的抽象）。

使用变量名的好处是不需要关心系统分配了什么特定的内存地址给变量，只需通过给定的标识符引用变量的值。

如何获取变量的地址？通过地址运算符（&）可以获取系统分配给变量的内存地址。例如：

```
std::cout << &x;              // 输出变量x的地址
```

8.1.2 指针

变量的地址本质上是一个整数值，可定义另一个变量ptr（指针变量）来存储变量x的地址，此时就可以通过ptr的值找到变量x的存储地址，从而实现对变量所占内存空间内数据的引用。

通过变量的地址可以访问它所指示的存储单元中的数据，因此将变量的地址形象化地称为变量的指针。将要访问的存储单元称为指针所指向的对象。

例如，变量x是指针变量ptr所指向的对象，即变量ptr指向变量x。指针变量ptr指向变量x的示意如图 8-2 所示。

图 8-2 指针变量ptr指向变量x的示意

在C++语言中，指针是一个对象（变量、数组、字符串、函数等）在内存中的地址，专门用来存放指针的变量称为指针变量，变量所属的数据类型称为指针类型。

8.2　指针变量的定义与使用

在讨论基本数据类型时，要求先定义该数据类型的变量，再通过变量实现对基本类型数据的操作。

指针是一种数据类型，指针具体指向什么数据类型的对象，需要用户定义。同操作基本类型的数据一样，需要通过定义指针变量来实现对地址的操作。指针变量也要求先定义后使用。

8.2.1　指针变量的定义

定义指针变量的形式如下：

```
数据类型* 指针变量名;
```

说明：

（1）数据类型：表示该指针变量所指对象的数据类型，可以是任意数据类型。

（2）*：是指针说明符，用来说明所定义的变量是一个指针变量。从语法上讲，C++语言接受数据类型旁边、变量名称旁边甚至二者中间出现星号（*）。

（3）指针变量名要符合标识符的命名规则。

例如：

```
int *ip;            // ip是int*型指针变量，即ip的值只能是一个int型变量的地址
double *fp;         // fp是指向double型变量的指针变量
char *cp;           // cp是指向char型变量的指针变量
```

注意：

（1）指针变量的类型是指针所指向的变量的数据类型，而不是指针变量自身的类型。指针变量自身的数据类型为无符号整数型，可以使用sizeof( )函数测量指针变量的大小，得到的总是4或8。例如，在64位系统下测试sizeof(ip)，结果为8。指针变量的大小与具体的机器和编译器有关。

（2）指针变量的值是指针所指向的变量的地址。

（3）定义多个指针变量时，必须在每个变量名前都加上“*”，例如，int *ptr1, *ptr2;。

8.2.2　指针变量的初始化与赋值

指针变量（作为局部变量时）在未赋值前，其值为随机值（垃圾值），此时不能使用该指针变量，否则会导致程序运行出错。像普通变量一样，指针变量必须初始化或赋值后才能引用，即先赋值，再使用。初始化及赋值指针变量的形式如下。

（1）初始化：在定义指针变量时给指针变量赋值。

```
数据类型 *指针变量名 = 地址
```

（2）赋值：

```
指针变量名 = 地址
```

其中，地址可以是变量的地址、数组名、对象的地址，且地址指向的对象的数据类型需与指针变量的类型相同。例如：

```
int x{5};
int *ip = &x, *iq;
iq = ip;
```

说明：

(1)可以用数据类型+“*”来表示指针类型，用数据类型说明指针所指数据的类型，用“*”说明其为指针，比如，int *，读作指向int型指针，简称int指针。

(2)不能用一个整数给一个指针变量赋值，但0除外。0是可以赋给指针变量的唯一整数值，此时表示该指针变量为空指针(NULL，不指向任何地址)。ip = NULL与未对ip赋值的含义不同。例如：

```
int *ip; ip = 0;            // 合法，i为空指针，不指向任何有效地址
int *iq = 100;              // 非法
```

(3)一个指针变量只能指向同一数据类型的变量。例如：

```
int a;
char *p = &a;               // 非法，提示cannot convert 'int*' to 'char*' in assignment
```

(4)不能将常量或表达式的地址赋给指针变量。例如：

```
p = &15; p = &(a+5);        // 非法，提示lvalue required as unary '&' operand
```

(5)空指针(null pointer)是指不指向任何有效内存地址的指针。在C++11标准之前，C++语言继承了C语言的NULL宏定义来表示空指针，它的值通常被定义为0或((void*)0)。从C++11标准开始，C++语言引入关键字nullptr(常量)来表示空指针，解决NULL在某些情况下的二义性问题。

当一个指针变量被赋值为nullptr时，它不指向任何有效的内存地址，对空指针进行解引用操作(尝试访问它所指向的内存数据)通常会导致程序崩溃，所以要养成使用指针前先判断其是不是空指针的习惯。

空指针通常用于初始化指针，或者作为函数的返回值，表示没有有效的数据可以返回，或者在程序中作为判断指针状态的比较值。

8.2.3 引用指针变量

定义指针变量的目的之一是通过指针变量来引用它所指对象的数据，获取变量的地址本身并不是很有意义。C++语言通过间接寻址运算符“*”(也称解引用运算符)来使用指针变量。

```
*指针变量              // 左值
```

作用：引用指针变量所指对象的数据。

例 8.1 使用指针变量改变变量的值。

```
#include <iostream>
int main( ) {
    int x{5};                              // 定义整数型变量x，初始化为5
    int *ptr{&x};                          // 定义指针变量ptr，指向变量x
    std::cout << "x = " << x << std::endl;            // 输出x的值
    std::cout << "&x = " << ptr << std::endl;         // 输出x的地址
    *ptr = 100;                            // 通过ptr改变x的值
    std::cout << "x =" << x << ", *ptr=" << *ptr << std::endl;        // 输出x和*ptr的值
    std::cout << "&ptr = " << &ptr << std::endl;                      // 输出ptr的地址
    return 0;
}
```

运行结果：

```
x = 5
&x = 0x71febc
x = 100, *ptr=100
&ptr = 0x71feb8
```

8.2.4 指针变量作为函数参数

函数的参数类型不仅可以是整数型、浮点型、字符型等数据类型，还可以是指针类型。

指针变量作函数参数的作用：将一个变量（也可以是其他对象）的地址传送给被调用函数的形参，在函数中通过形参指针变量可以修改对应实参变量的值，这也是指针的主要应用场景之一，即实现了调用一个函数得到多个结果值的功能。

例 8.2 编写函数swap1( )（用指针作形参），交换两个整数型变量的值。

```
#include <iostream>
int main( ) {
    void swap1(int *p1, int *p2);              // 函数声明
    int a, b;
    std::cin >> a >> b;
    std::cout << "1: a = " << a << ", b = " << b << std::endl;
    swap1(&a, &b);                              // 调用swap1( )函数，实现a值与b值的互换
    std::cout << "2: a = " << a << ", b = " << b << std::endl;
    return 0;
}
void swap1(int *p1, int *p2) {                  // 作用是将*p1 的值与*p2 的值交换
     int temp;
     temp = *p1;
     *p1 = *p2;
     *p2 = temp;
}
```

运行结果：

```
3  5↙
1: a = 3, b = 5
2: a = 5, b = 3
```

函数调用过程如图 8-3 所示。

（1）函数未调用时［见图 8-3（a）］：a = 3，b = 5。

（2）函数调用时［见图 8-3（b）］：将实参a、b的地址分别传给形参指针变量p1、p2，即p1 指向a，p2 指向b。

（3）函数中交换 *p1 和 *p2 的值，即交换a、b的值［见图 8-3（c）］。

（4）返回main( )函数时，a、b的值已交换［见图 8-3（d）］。

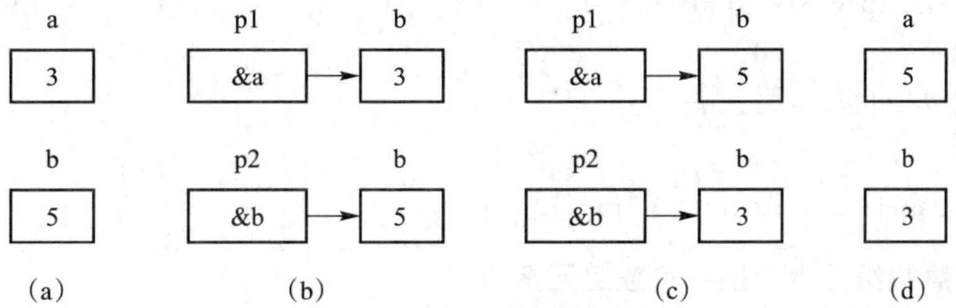

图 8-3　函数调用过程

8.3 数组与指针

数组是一组同类型数据的集合，一旦定义数组，系统就为其在内存分配一段连续的内存空间，该空间在数组生存期(存储期)内保持不变。数组名代表了该存储空间的起始地址，即数组首元素的地址(数组的指针)，因此数组名是指针常量，其值不允许改变，但可以通过数组元素(下标变量)来引用该存储空间的数据，也就是说，数组的内容是可以改变的。

如果用指针变量来存放数组的指针，则可以利用指针变量可变的特点，更加灵活、高效地操作数组。

8.3.1 一维数组与指针

定义指向一维数组的指针的形式如下：

```
指针类型名* 指针变量;
```

说明：指针类型名应与指针所指向数组的元素类型相同，指向数组的指针本质上是指向数组元素的指针。

例如：

```
int a[6], *p;
p = a; 或 p = &a[0];          // p、a、&a[0]的值相同
```

此时指针变量p是一个指向一维数组a的指针，用p来指代数组a。由于p是指针变量，而数组名a是常量，因此使用p来处理数组比使用a更灵活。指向数组a的指针示意如图 8-4 所示。

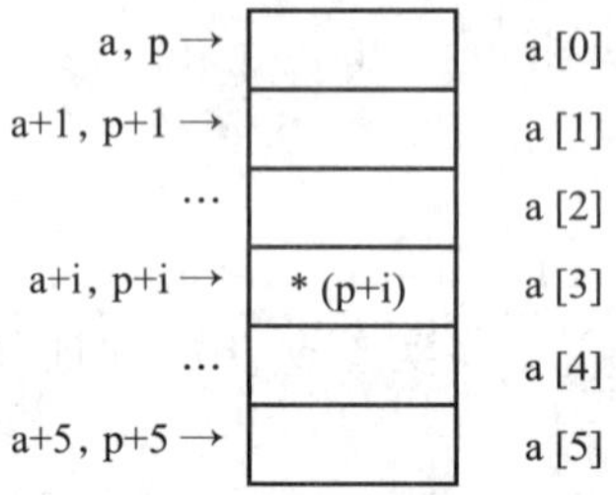

图 8-4 指向数组 a 的指针示意

对数组a和指针p的关系分析如下。

a[0]的地址：&a[0]，a+0，p。

a[1]的地址：&a[1]，a+1，p+1。

……

a[i]的地址：&a[i]，a+i，p+i → *(a+i)，*(p+i)。

例 8.3 观察数组元素的指针和数组元素值。

```
#include <iostream>
using std::cout;
```

```
using std::endl;
int main( ){
    int a[3] = { 1, 2, 3 };
    int *p = a;
    for(int i = 0; i < 3; i++) {
        cout << "&a[" << i << "] = "  << &a[i] << endl;
        cout << "a + " << i << " = " << a + i << endl;
        cout << "p + " << i << " = " << p + i << endl;
        cout << "a[" << i << "] = " << a[i] << endl;
    }
    return 0;
}
```

运行结果：

```
&a[0] = 0x71fea4
a + 0 = 0x71fea4
p + 0 = 0x71fea4
a[0] = 1
&a[1] = 0x71fea8
a + 1 = 0x71fea8
p + 1 = 0x71fea8
a[1] = 2
&a[2] = 0x71feac
a + 2 = 0x71feac
p + 2 = 0x71feac
a[2] = 3
```

从例 8.3 的运行结果看，p+i 和 a+i 是 a[i] 的地址，或者说，它们指向数组 a 中下标为 i 的元素，则 *(p+i)、*(a+i) 分别是 p+i、a+i 所指向的数组元素，即 a[i]。

下标运算符“[ ]”实际上是变址运算符。对 a[i] 的求解过程：先按 a+i*d（d 为每个数组元素所分配的字节数）计算数组元素的地址，然后找出此地址所指向存储单元中的数据。

指向数组元素的指针变量也可以带下标，如 p[i] 与 *(p+i) 等价。

结论：引用一个数组元素，可用以下两种方法。

（1）下标法，例如，a[i]，p[i]。

（2）指针法，例如，*(a+i) 或 *(p+i)（假设指针变量 p 指向数组 a）。

例 8.4 利用指针变量操作数组。

```
#include <iostream>
using std::cout;
using std::endl;
using std::cin;
int main( ) {
    int a[5];
    int i, *p = a;                          // 指针变量p指向数组a的首元素a[0]
    for (i = 0; i < 5; i++)
        cin >> *(p + i);                    // 输入a[0] ~ a[4]共5个元素
    for (p = a; p < (a + 5); p++)
        cout << *p << " ";                  // p先后指向a[0] ~ a[5]
    cout << endl;
    return 0;
}
```

说明：使用指针变量来引用数组元素与使用下标法来引用数组元素相比，省去了求元素地址的过程，效率相对更高，但下标法比较直观，能显示当前操作的是第几个元素。

8.3.2 指针的算术运算与关系运算

进行指针的算术运算与关系运算的前提条件：假设指针变量指向的是同一个一维数组。若指针变量不指向同一个数组，则指针之间的运算无实际意义。

1. 指针 ± 整数值*n*

指针加上整数值*n*表示指针向前（数组尾）移动*n*个元素，指针减去一个整数值*n*表示指针向后（数组首）移动*n*个元素，但应注意不要移动到数组的有效地址范围外。

例如：

```
int a[10], *p1, *p2;
p1 = &a[1];
p2 = p1+5;              // p2 指向a[6]
p2++;                   // p2 指向a[7]
--p1;                   // p1 指向a[0]
```

2. 指针相减

两个指针相减，得到两个指针之间相隔的元素个数。

例如：

```
int *p1, *p2, n, a[ ] = { 1, 2, 3, 4, 5, 6 };
p1 = &a[1];
p2 = &a[4];
n = p2 - p1;            // n为3
n = p1 - p2;            // n为-3
```

注意：若有指针p3，让其指向数组p1、p2 中间的一个元素，则有p3 = p1 + (p2 - p1) / 2。指针变量间的加法运算是没有意义的。

3. 指针比较

指向同一个数组的两个指针可以进行关系运算。

例 8.5 利用指针将一维数组的元素逆置存放。

```
#include <iostream>
int main( ) {
    int a[ ] = {1, 2, 3, 4, 5, 6, 7, 8};
    int *p1, *p2, t, length;
    length = sizeof(a) / sizeof(a[0]);
    for(p1 = a, p2 = a + length - 1;  p1 < p2;  p1++, p2--) {
       t = *p1;
       *p1 = *p2;
       *p2 = t;
    }
    for(int i = 0; i < length; i++)
       std::cout << a[i] << " ";
    return 0;
}
```

运行结果：

```
8 7 6 5 4 3 2 1
```

8.3.3 指针变量作为函数参数来处理数组

一般情况下，变量作函数形参时，调用函数传递的是实参变量数据的副本，当指针变量作函数形参时，由于指针变量只能接收地址，调用函数传递的是实参对象地址，这样在函数中就可以对实参对象地址中的数据进行各种处理，从而实现了将处理结果传递给主调函数的任务。

数组名代表数组首元素的地址，数组名作函数实参时，向形参指针变量传递的是数组首元素的地址，而指向数组的指针并不包含数组的长度信息，所以定义函数时需要再添加一个长度参数。例 8.6 中的函数实现了利用选择排序法对长度为 n 的一维数组按从小到大排序。

例 8.6 编写函数，用选择排序法对给定数组的元素按由小到大排序。

```
#include <iostream>
using std::swap;
constexpr int N = 5;
int main( ) {
    void selectSort(int *p, int n);          // 第二个参数表示数组的长度
    int a[N], i;
    for(i = 0; i < N; i++)
        std::cin >> a[i];
    selectSort(a, N);
    for(i = 0; i < N; i++)
        std::cout << a[i] << " ";
    return 0;
}
void selectSort(int *p, int n) {
   int i, j, k;                              // k用来记录每轮循环求得的最小值的位置
   for(i = 0; i < n - 1; i++) {
       k = i;
       for(j = i + 1; j < n; j++)
          if(*(p + j) < *(p + k)){
             k = j;
          }
       if(k != i) {
          swap(*(p + k), *(p + i));
       }
    }
}
```

运行结果：

```
7 3 90 12 8↙
3 7 8 12 90
```

8. 3. 4　二维数组与指针

1. 二维数组的结构分析

由前可知，二维数组可以看作一个特殊的一维数组，这个特殊的一维数组的每个元素又是一个一维数组。

例如，int a[3][3];，数组 a 包含三个元素 a[0]、a[1]、a[2]，其中 a[0] 本身也是一个数组名，它包含 a[0][0]、a[0][1]、a[0][2] 三个元素，a[1] 包含 a[1][0]、a[1][1]、a[1][2] 三个元素，a[2] 包含 a[2][0]、a[2][1]、a[2][2] 三个元素，其数组结构如图 8-5 所示。

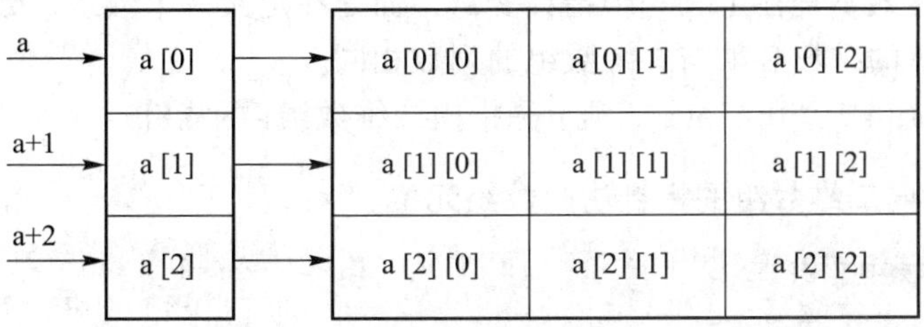

图 8-5　a[3][3] 数组的结构

根据 8.3.1 节的介绍，数组名 a 是指向首元素 a[0] 的指针，a+1 是指向 a[1] 的指针，a+2 是指向 a[2] 的指针，由此推知，a+i 是指向 a[i] 的指针，a+1 则表示指针跳过一行。

a[0] 本身也是一个指针，它指向 a[0][0]，a[0]+1 代表 a[0][1] 的地址，a[0]+2 代表 a[0][2] 的地址，由此推知，a[i]+j 是 a[i][j] 的地址，a[i]+1 则表示指针跳过一列。

结论：

（1）第 i 行的地址可表示为 a+i，a[i]，*(a+i) 。

（2）第 i 行第 j 列元素的地址可表示为 &a[i][j]，a[i]+j，*(a+i)+j。

（3）第 i 行第 j 列元素可表示为 a[i][j]，*(a[i]+j)，*(*(a+i)+j)，(*(a+i))[j]。

例 8.7 观察二维数组的行地址和列地址。

```
#include <iostream>
using std::cout;
using std::endl;
int main( ) {
    int a[2][4] {{1, 3, 5, 7}, {9, 11, 13, 15}};
    for(int i = 0; i < 2; i++)      {
        cout << "a+" << i << " = " << (a + i) << endl;
        for(int j = 0; j < 4; j++)          {
            cout << "a[" << i << "] + " << j << " = " << (a[i] + j) << " → ";
            cout << "a[" << i << "][" << j << "] = " << a[i][j] << endl;
        }
    }
    return 0;
}
```

运行结果：

```
a + 0 = 0x71fe88
a[0] + 0 = 0x71fe88 → a[0][0] = 1
a[0] + 1 = 0x71fe8c → a[0][1] = 3
a[0] + 2 = 0x71fe90 → a[0][2] = 5
a[0] + 3 = 0x71fe94 → a[0][3] = 7
a + 1 = 0x71fe98
a[1] + 0 = 0x71fe98 → a[1][0] = 9
a[1] + 1 = 0x71fe9c → a[1][1] = 11
a[1] + 2 = 0x71fea0 → a[1][2] = 13
a[1] + 3 = 0x71fea4 → a[1][3] = 15
```

从运行结果看，a + 1 后地址从 a + 0 的地址 0x71fe88 跳转到 0x71fe98，相差 16 字节，即一行，而 a[0] + 1 后地址从 a[0] + 0 的地址 0x71fe88 跳转到 0x71fe8c，相差 4 字节，即一列。

2. 指向二维数组的指针变量

定义指向二维数组的指针变量的形式如下：

```
指针类型名 (*指针变量名)[列数];
```

说明：上述定义语句中的小括号不能少，因为“[ ]”的优先级高于“*”，如果省略“( )”，则编译器会认为表达式不是在定义一个指针变量，而是在定义一个数组，数组的每个元素为一个指针。行指针变量的维数必须与二维数组的列数相同。

例如，若 int a[3][4], (*p)[4] = a;，则 p 是指向二维数组 a 的指针。

例 8.8 使用指向二维数组的指针访问数组元素。

```
#include <iostream>
int main( ) {
    int a[2][3] {{1, 3, 5}, {2, 4, 6}};
```

```
    int(*p)[3] {a};
    for(int i = 0; i < 2; i++) {
        for(int j = 0; j < 3; j++ )
            std::cout << *(*(p + i) + j) << " ";          // 使用指针来访问元素
        std::cout << std::endl;
    }
    return 0;
}
```

说明：指针向二维数组的指针使用得较少，应重点掌握指向一维数组的指针。

8.4 字符串与指针

C++语言提供了三种方法来处理字符串。

方法一：使用字符数组来存取字符串（C风格字符串），可以循环地逐个字符处理，也可以使用系统提供的字符串处理函数来处理（需要包含头文件cstring），字符数组强调其结尾必须是'\0'，使用时注意下标越界问题。

方法二：使用string类，这是编写C++程序时推荐的方法，通过string类提供的大量成员函数来实现对字符串的处理，安全方便（需要包含头文件string）。尽管字符串对象可以通过下标引用其中的字符，但它不能被当作字符数组使用。

方法三：使用指向字符串的指针变量（主要用作函数的形参）来处理C风格字符串。利用指针变量可变的特点，实现对字符串的灵活操作。

例 8.9 编写函数，将字符串的内容逆序存放。

```
#include <iostream>
#include <cstring>
using namespace std;
void reverseString(char *str) {          // 使用指针交换字符串中的字符，以达到逆序效果
    char *start = str;
    char *end = start + strlen(str) - 1;
    while(start < end) {
        swap(*start, *end);
        start++;
        end--;
    }
}
int main( ) {
    char str[ ] = "cmd,ipconfig/all";
    cout << "Original string:" << str << endl;
    reverseString(str);
    cout << "Reversed string: " << str << endl;
    return 0;
}
```

运行结果：

```
Original string: cmd,ipconfig/all
Reversed string: lla/gifnocpi,dmc
```

例 8.10 使用指针实现字符串复制。

```
#include <iostream>
```

```
using namespace std;
// 通过指针参数进行字符串复制
void stringCopy(char* dest, const char* src) {
     while(*src != '\0') {
          *dest = *src;
           dest++;
           src++;
     }
     *dest = '\0';                            // 为确保字符串结束，添加终止符'\0'
}
int main( ) {
    char source[ ] = "cmd, ping 127.0.0.1";
    char destination[50];            // 数组空间足够大
    stringCopy(destination, source);
    cout << "Copied string: " << destination << endl;
    return 0;
}
```

运行结果：

```
Copied string: cmd, ping 127.0.0.1
```

注意：在C++11标准发布之后，不再允许定义普通字符型指针变量指向字符串常量。例如：

```
char *str{"cmd,calc"};
```

编译警告：ISO C++ forbids converting a string constant to 'char*' [-Wwrite-strings]。因此应在指针定义前面加const，用常量指针指向字符串常量。

字符串常量"cmd"在编译器看来实质上是指向字符串首字符'c'的常量指针，可以使用取地址运算符获取字符串常量的地址，例如：

```
cout << &"cmd";
```

例 8.11 编写函数，将十进制数n转换为r进制数。

要求定义函数void decToR(int n, char str[ ], int r);，将十进制数n转换为r（$1<r<17$）进制数，结果存入变量str中。

分析：十进制数n转r进制数，可以采用除r取余法。当n不为0时，用n除以r取余数，余数存入str，$n = n/r$，循环执行。当余数大于或等于10时，需要将其转换为对应的字母，解决办法是利用字符串常量的指针属性，若余数为k，则对应的字符是"0123456789ABCDEF"[k]。

```
#include <iostream>
#include <algorithm>
using namespace std;
void decToR (int n, char str[], int r) {
     int i = 0, k;
     while(n != 0) {
          k = n % r;
          str[i] = "0123456789ABCDEF"[k];       // 下标法
          i++;
          n = n / r;
     }
     reverse(str, str + i);                     // 将指定内存空间的字符串逆序存放
}
int main( ){
    int n, r;
    char s[65] {'\0'};
```

```
    cin >> n >> r;
    decToR (n, s, r);
    cout << s << endl;
    return 0;
}
```

运行结果：

```
269 16↙
10D
66 2↙
1000010
```

8.5　函数与指针

8.5.1　函数指针的含义

C++ 函数是指令（代码）的集合，程序运行时，不仅数据要占据内存空间，执行的程序指令也占用一定的内存空间。函数名代表系统给函数指令集合分配的一段连续内存空间的起始地址，即函数的入口地址（函数指针）。函数被调用时，程序跳转到函数入口地址，就可以依次执行函数指令集合中的指令。

函数在编译时被分配一个入口地址。这个函数的入口地址被称为函数指针。函数指针在 C++ 语言中是一个特殊的指针类型。通过函数指针，可以像操作普通变量那样调用和传递函数。这对于实现回调函数、传递函数对象等功能非常有用。

8.5.2　函数指针变量的定义与使用

可以定义一个指针变量指向函数，然后通过该指针变量调用此函数。

定义指向函数的指针变量的一般形式如下：

```
函数类型 (*指针变量名)(函数形参表);
```

说明：

（1）函数类型：指针变量指向的函数的返回值类型。

（2）(*指针变量名)：定义指针变量名，小括号不能少。

（3）函数形参表：与指针变量指向的函数的形参表一致。

（4）指向函数的指针变量只能指向与其定义形式一致的函数。

（5）函数指针可初始化为 nullptr。例如，定义一个接收两个整数型参数并返回整数的函数指针：

```
int (*p)(int x, int y) {nullptr};
```

例 8.12　定义和使用一个简单的加法函数指针。

```
#include <iostream>
int add(int a, int b) {      //定义一个加法函数
    return a + b;
}
```

```
int main( ) {
    // 定义一个指向接收两个整数并返回整数的函数的指针
    int(*funcPtr)(int, int) = add;
    // 使用函数指针调用add( )函数
    int result = (*funcPtr)(5, 7);
    std::cout << "The sum is: " << result << std::endl; // 输出"The sum is: 12"
    // 或者可以简写
    result = funcPtr(3, 9);
    std::cout << "Another sum is: " << result << std::endl; // 输出"Another sum is: 12"
    return 0;
}
```

本例的程序定义了指向函数的指针 funcPtr 并将其指向函数 add( )，然后通过函数指针调用 add( ) 函数。

例 8.13 使用函数指针作为 std::sort( ) 排序函数的比较函数的参数。

在 C++ 语言中，std::sort( ) 排序函数允许用户自定义一个比较函数（通过函数指针传递）来决定要比较的元素之间的排序方式。下面是一个将整型数组按照绝对值从小到大进行排序的程序。

```
#include <iostream>
#include <algorithm>
// 定义用于比较整数绝对值的函数
bool cmpAbs(const int& a, const int& b) {
     return std::abs(a) < std::abs(b);
}
int main( ) {
    // 初始化一个包含负数、零和正数的数组
    int arr[ ] { -5, 3, -2, 0, 1, -4 };
    // 定义指向比较函数的指针
    bool (*compare)(const int&, const int&) = cmpAbs;
    // 使用函数指针作为比较函数的参数调用std::sort
    std::sort(arr, arr + sizeof(arr) / sizeof(arr[0]), compare);
    // 输出排序后的数组
    for(int i : arr) {
    std::cout << i << "  ";
    }
    return 0;
}
```

运行结果：

```
0 1 -2 3 -4 -5
```

本例可修改 cmpAbs( ) 函数，以改变排序方式为按绝对值从大到小排序，或改为其他排序方式，而 main( ) 函数不需改动。

函数指针的常见用途是设计通用函数，当给定的实参函数不同时，使用通用函数可以实现不同的功能。下面的示例程序演示了其用法。

例 8.14 函数指针作函数参数的用法示例。

```
#include <iostream>
using namespace std;
// 定义一个函数，接收一个函数指针作为参数
void apply(int(*func)(int), int value) {
     cout << func(value) << endl;
}
// 定义两个简单的函数
int square(int x) {
```

```
    return x * x;
}
int doubleValue(int x) {
    return x + x;
}
int main( ) {
    apply(square, 5);              // 输出25
    apply(doubleValue, 5);         // 输出10
    return 0;
}
```

在这个例子中，apply( )函数接收一个函数指针和一个整数作为参数。这个函数指针指向的函数必须接收一个整数参数并返回一个整数。在main( )函数中，程序将square( )函数和doubleValue( )函数作为参数传递给apply( )函数，也就是说，通过函数指针使apply( )函数实现了不同的功能。

8.5.3　返回指针值的函数

一个函数的返回值类型可以是整数型、字符型、浮点型、布尔型等，也可以返回指针类型。这意味着函数可以返回一个内存地址，使用这个地址可以访问或修改对应的存储空间的内容。

返回指针值的函数常用于返回动态分配的内存地址。

定义返回指针值的函数的一般形式如下：

```
类型名 *函数名(参数表列){ … };
```

例如，用于处理C风格字符串的连接函数strcat( )的函数原型如下：

```
char *strcat(char *dest, const char *src);
```

此函数返回指向结果字符串的起始地址，类似的函数在C/C++语言中很常见。

例 8.15　编写函数myStrcat( )，实现与strcat( )函数相同的功能。

```
#include <iostream>
char *myStrcat(char dest[ ], const char src[ ]) {
    char *ptr = dest;
    // 移动到dest字符串的末尾
    while(*ptr) {
        ptr++;
    }
    // 连接src字符串到dest字符串的末尾
    while(*src) {
        *ptr++ = *src++;
    }
    // 添加字符串结束标记
    *ptr = '\0';
    return dest;
}
int main( ) {
    char dest[100] = "cmd,";          // 空间要足够大
    const char src[ ] = "ping 127.0.0.1";
    myStrcat(dest, src);
    std::cout << dest << std::endl;
    return 0;
}
```

运行结果：

```
cmd, ping 127.0.0.1
```

例 8.16 返回静态局部变量的指针示例。

```
#include <iostream>
// 返回一个指向静态局部变量的指针
int* getStaticVariable( ) {
    static int value = 100;                          // 定义静态局部变量
    return &value;                                   // 返回变量的地址
}
int main( ) {
    int* p = getStaticVariable( );                   // 获取指针
    std::cout << "value = " << *p << std::endl;      // 输出value = 100
    return 0;
}
```

本例实现了利用指针在作用域外访问静态局部变量的操作。

注意：不要返回局部变量的指针（错误用法），例如下面的函数。

```
int* getPointer( ) {
    int x = 10;
    return &x;
}
```

getPointer( )函数创建了一个局部变量x，并返回了它的地址，一旦函数执行完毕，局部变量x就会被销毁，返回的指针就变成了悬挂指针（dangling pointer），试图访问该指针可能导致程序错误或未定义行为。

8.6 指针数组与二级指针

8.6.1 指针数组的定义与使用

在C++语言中，指针数组是一个数组，其中每个元素都是一个指针变量，每个指针变量可以指向不同的数据。

指针数组的定义方式类似于普通数组，只是数组的每个元素的数据类型都是指针类型。

定义指针数组的一般形式如下：

```
类型名 *数组名[数组长度];
```

例如：

```
int *arr[5]{nullptr};
```

定义了一个包含 5 个指向整数型数据的指针数组，每个元素初始化为空指针。若不提供初值，则指针数组中每个元素的指向是随机的，指针不可使用。

例 8.17 指针数组的定义、赋值与使用示例。

```
#include <iostream>
int main( ) {
    int values[ ] = {10, 20, 30, 40, 50};
    int* ptrs[5];
    // 将数组元素的地址存储到指针数组中
    for(int i = 0; i < 5; i++) {
```

```
        ptrs[i] = &values[i];
    }
    // 通过指针访问和修改数组元素
    std::cout << "原始数组: ";
    for(int i = 0; i < 5; i++) {
        std::cout << values[i] << " ";
    }
    std::cout << std::endl;
    std::cout << "通过指针修改后的数组: ";
    for(int i = 0; i < 5; i++) {
        *ptrs[i] = *ptrs[i] * 2;
    }
    for(int i = 0; i < 5; i++) {
        std::cout << values[i] << " ";
    }
    std::cout << std::endl;
    return 0;
}
```

运行结果：

```
原始数组: 10 20 30 40 50
通过指针修改后的数组: 20 40 60 80 100
```

指针数组的一个常见用途是处理多个字符串组成的数据。

例 8.18　利用指针数组，将若干字符串按字典顺序由小到大输出。

```
#include <iostream>
#include <cstring>                              // 包含字符串操作函数strcmp( )和strlen( )
using namespace std;
void strSort(const char* name[ ], int n);   // 声明排序函数
void printStr(const char* name[ ], int n);  // 声明打印函数
int main( ) {
    const char *name[ ] = { "Python", "Java", "SQL", "C++" };  // 初始化字符串数组
    int n = 4;                                  // 定义数组的大小
    strSort(name, n);                           // 调用排序函数对数组进行排序
    printStr(name, n);                          // 调用打印函数输出排序后的数组
    return 0;
}
// 实现字符串数组的排序函数
void strSort(const char *name[ ], int n) {
     int i, j, k;
     // 使用选择排序算法
     for(i = 0; i < n - 1; i++) {
         k = i;                                 // 假设当前位置的元素是最小的
         for(j = i + 1; j < n; j++) {
             // 使用strcmp( )函数比较字符串，如果name[k]大于name[j]，则将k更新为j
             if(strcmp(name[k], name[j]) > 0) {
                 k = j;
             }
         }
         // 如果k不等于i，则说明找到了更小的元素，进行交换
         if(k != i) {
             swap(name[k], name[i]);            // 使用库函数swap( )交换两个元素
         }
     }
}
// 实现字符串数组的打印函数
void printStr(const char *name[ ], int n) {
     for(int i = 0; i < n; i++) {
```

```
        cout << name[i] << endl;            // 输出数组中的每个字符串，并换行
    }
}
```

说明：

（1）strSort( )函数使用选择排序算法对字符串数组进行排序。排序依据是字符串的字典顺序，其中通过strcmp( )函数比较字符串。

（2）printStr( )函数用于遍历字符串数组，并逐个输出数组中的字符串。

8.6.2 二级指针

在C++语言中，二级指针（或称指针的指针）是一个指向指针的指针。换句话说，二级指针是一个指针变量，其值（或称内容）是另一个指针的地址。这种结构主要用于操作指针变量本身，如修改指针的值、传递指针给函数等。

二级指针定义的一般形式如下：

```
数据类型 **指针变量名;
```

其中，数据类型为指针类型，指针变量名为二级指针变量的名称。例如，int** ptr;表示ptr是一个指向整数型指针的指针变量。

例 8.19 通过二级指针访问变量的值。

```
#include <iostream>
int main( ) {
    int val = 10;
    int *ptr1 = &val;
    // 定义一个指向指针的指针(二级指针)
    int **ptr2 = &ptr1;
    // 使用二级指针间接访问原始值
    std::cout << "Value accessed through double pointer: " << **ptr2 << std::endl;
    return 0;
}
```

运行结果：

```
Value accessed through double pointer: 10
```

本例仅说明二级指针的定义与基本使用，二级指针的结构示意如图 8-6 所示。

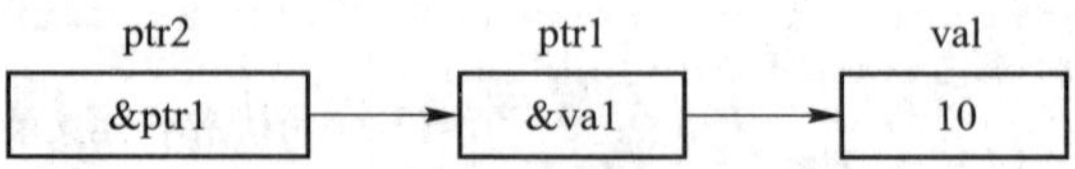

图 8-6 二级指针的结构示意

8.7 const 指针

const关键字在C++语言中用于定义常量，即一旦定义后其值就不能改变。当const与指针结合使用时，它可以有两种含义：一是指针本身不可变，即指针常量（constant pointer），二是指针所指向的数据不可通过指针来改变，即常量指针（pointer to constant）。

8.7.1　常量指针

常量指针表示指针所指向的数据是const，这意味着不能改变指针所指向的数据，但是可以改变指针的指向，让它指向另一个地址。

定义常量指针的一般形式如下：

```
const 类型名* 指针变量名;
```

作用：不允许通过指针变量改变它指向的对象的值。

例如：

```
int a = 3, b = 5;
const int *p = &a;
*p = 18;    // 不能通过p来改变a的值，因为p所指向的对象*p是常量
p = &b;     // p本身是变量，可以改变其指向
a = 20;     // a是变量，可以赋值
```

注意：不能将常量指针赋值给非常量指针，反过来可以。

```
const int *p1;
int a, *p2 = &a;
p1 = p2;    // 合法，p1也指向a
p2 = p1;    // 非法，p1所指向的单元内容是不希望修改的，而这样赋值可能会通过p2使p1所指向的单元内容被修改
*p2 = 20;
```

常量指针常用作函数形参，以防止通过形参指针变量修改它所指对象的值，即实参对象的值（起到数据保护的作用）。

例 8.20　在函数中改变形参指针所指对象的值。

```
#include <iostream>
using namespace std;
void fun(int *p) {
    *p=5*(*p);
}
int main( ) {
    int a = 10;
    fun(&a);
    cout << "a = " << a << endl;
    return 0;
}
```

如果不想在调用函数时改变指针变量所指向的对象的值，可以将形参改为常量指针，fun( )函数可作如下修改：

```
void fun(const int *p) {
      *p=5* (*p);     //非法，*p是常量
}
```

8.7.2　指针常量

在指针常量中，指针本身是const类型，这意味着不能改变指针的指向，即不能让指针指向另一个地址，但是可以改变指针所指向地址的数据。

定义指针常量的一般形式如下：

```
类型名 * const 指针变量名;
```

例如：

```
int x = 10, y = 20;
int* const ptr = &x;         // 定义一个指针常量
// 下面的操作是非法的，因为ptr是一个常量，不能重新赋值
ptr = &y; // 编译错误，试图更改指针的指向，提示assignment of read-only variable 'ptr'
// 下面的操作是合法的，可以通过ptr修改其所指向变量的内容
*ptr = 20; // 正确，x的值被修改为20
```

说明：

（1）指针常量必须在定义时初始化。

（2）指针常量的值不允许改变，但其指向的变量允许改变。

（3）注意const关键字的位置。

常量指针与指针常量易混淆，记忆技巧为const修饰谁，谁为常量。

8.7.3 指向常量的指针常量

指向常量的指针常量是指这种类型的指针既不可以改变它的指向，也不可以通过它来修改所指向对象的内容。

其定义形式如下：

```
const 类型名* const 指针变量名;
```

作用：指针变量的值不允许修改（指向不变），也不允许通过指针变量改变其指向对象的值。

例如：

```
int a = 10, b = 20;
const int* const ptr = &a;          // 定义一个指向常量的指针常量
// 下面两个操作都是非法的
ptr = &b;                           // 编译错误，试图更改指针的指向
*ptr = 30;                          // 编译错误，试图通过指针修改常量值
```

8.8 void指针类型

void型指针，也称空类型指针或无类型指针或泛型指针，它不指向任何特定的数据，仅仅表示一个地址，无法直接解引用。在C++语言中，void型指针主要用于泛型编程、动态内存分配、回调函数等场景。

定义void型指针变量的一般形式如下：

```
void *指针变量名;
```

例如：

```
void a;             //非法，编译器不知道如何分配内存
void *p;            //合法，因为指针变量所占内存大小是固定的，与数据类型无关
```

注意：可以把非void型指针变量赋值给void型指针变量，反过来则不允许。

例如：

```
int a{3};
```

```
void *p1 = &a;                        // p1获得了变量a的地址，但不能说p1指向a
cout << *p1;                          // 非法，void指针不能解引用
int *p2 = p1;                         // 非法，不能直接把void*指针赋值给int*指针变量
int *p3 = static_cast<int*>(p1);      // 把p1转换为int*类型后，赋值合法
cout << *p3;                          // 输出3
```

例如，C语言中的动态分配内存函数malloc( )的函数原型为void *malloc(size_t size);，它只是申请了大小为size的内存空间，并不知道要存储什么类型的数据，函数的返回值不能直接使用，使用时需要进行转换。例如：

```
int *p = static_cast<int*>(malloc(sizeof(int)));
```

使用原则：虽然void*指针提供了灵活性，但由于其类型的安全性较差，因此在现代C++编程实践中，应尽量避免使用void*指针。

8.9　动态分配存储

8.9.1　动态分配存储的含义

程序中的数据主要存储在内存中的两个区域，全局变量、静态局部变量及字符串常量存储在静态内存区（1 GB/2 GB），普通局部变量及函数参数、函数调用栈等存储在是栈区（stack）（1 MB/2 MB）。不论是静态存储区还是栈区的数据，在编译时都是预先被分配固定大小的内存。不论是基本数据类型的变量、数组、指针变量均需要先定义后使用，实际上是编译器需要依据定义完成存储空间的分配。不同数据类型的数据被分配多大的存储空间是系统预先定义好的，不需要用户手动设置。

实际编程中，有时无法预知需要多少内存来存储某个特定对象中的信息，所需内存的大小需要在运行时才能确定。

例如，输入n个数按从小到大排序，数组长度定义多大才合适呢？

```
int n;
cin >> n;
int a[n];    // C++标准不允许
```

再如，输入字符串name，但不知道name有多长。

若编译器按最大的空间需求来分配内存，会造成内存空间的浪费，因此编译器需要按需分配内存，这时要用到动态分配存储。

在C++语言中，动态分配存储是指程序在运行时而不是编译时动态地申请一定数量的内存空间来存储数据。这种内存管理方式允许程序员在程序执行过程中根据需要创建和销毁对象，提供了更大的灵活性和对内存的精细控制手段。

C++语言提供了多种方式来实现动态分配存储，其中最常见的是使用new运算符和delete运算符。new运算符用于在堆区（2 GB以上）分配内存，并返回指向该内存的指针，delete运算符则用于释放由new运算符分配的内存。

8.9.2 new运算符和delete运算符

new运算符用于为给定数据类型的变量（对象）在运行时分配堆区的内存，并返回所分配存储空间的地址，使用时要将此地址赋值给指针变量。

当不再需要动态分配的内存时，使用delete运算符释放之前由new运算符分配的内存。

1. new运算符

语法形式如下：

```
type *p = new type;
type *p = new type(initializer);
type *p = new type[size];
```

作用：为type型数据动态分配内存。

说明：type可以是任意内置的数据类型，也可以是包括类或结构体在内的用户自定义的数据类型，动态分配的内存空间是无名空间，指针变量p的类型为type*。

例如：

```
int *ip = new int;
// 动态分配一个sizeof(int)大小的内存空间，返回该存储空间的起始地址给指针变量ip
float *fp = new float(1.5);
// 开辟一个存放单精度浮点数的空间，并存入初值1.5，并将返回的地址赋值给指针变量fp
char *cp = new char[5];
// 动态分配一个大小为5*sizeof(char)的内存空间，返回该空间的起始地址并赋值给指针变量cp
int(*p)[4] = new int[5][4];
// 开辟一个存放二维整数型数组(大小为5*4)的空间，返回首行的地址给行指针p
```

注意：如果堆区已被用完，new语句可能无法成功分配内存，此时new语句返回nullptr指针。

```
double *pointer = new double[n];
if(pointer == nullptr) {
    cout << "Error: out of memory." << endl;
    exit(1);
}
```

2. delete运算符

语法一：

```
delete p;
```

作用：释放指针变量p所指向的由new运算符动态分配的内存。

语法二：

```
delete [ ] pArray;
```

作用：释放指针变量pArray所指向的由new运算符动态分配的数组内存空间。

注意：当指针所指向的动态分配内存已经被释放，指针变量本身并没有被释放时，该指针被称为悬挂指针。使用悬挂指针，可能导致程序错误或未定义行为，建议将其赋值为nullptr。若由new运算符动态分配的内存没有使用delete运算符释放，则会造成内存泄漏（memory leak）。

请注意，删除不指向动态分配内存的指针可能导致错误发生。

3. 内存泄漏

动态分配的内存将一直保持占用状态，直到它被显式释放或程序结束。

内存泄漏是指在程序运行过程中，动态分配的内存没有被正确释放，导致程序持续占用内存而不释放，从而使得系统的可用内存减少。如果内存泄漏严重，可能导致程序性能下降甚至崩溃。内存泄漏通常发生在动态分配内存后忘记释放、指针丢失或指针赋值出现问题等情况下。

如果指向动态分配内存的指针变量离开其作用域或重定向之前未显式释放其分配的内存，就会导致内存泄漏。

示例 1：

```
void f( ){
     int* ptr{ new int{} };
}    // 函数运行结束所分配的内存已无指针指向它，无法使用，造成内存泄漏
```

示例 2：

```
int value = 5;
int* ptr{new int{ }};
ptr = &value;        // 指向动态分配的内存的指针重定向
```

内存泄漏会在程序运行时消耗掉可用内存，不仅会减少此程序的可用内存，还会减少其他程序的可用内存。存在严重内存泄漏问题的程序可能会占用所有可用内存，导致整个机器运行缓慢甚至崩溃。只有在程序终止后，操作系统才能清理和回收所有泄漏的内存。

8.9.3 new运算符和delete运算符的应用

下面通过示例说明new运算符和delete运算符的应用。

例 8.21 为变量动态分配和释放内存空间。

```
#include <iostream>
using namespace std;
int main( ) {
    double* p = nullptr;              // 初始化为nullptr的指针
    p = new double;                   // 为变量申请内存
    *p = 3.14159;                     // 在分配的地址中存储值
    cout << "Value of *p : " << *p << endl;
    delete p;                         // 释放内存
    return 0;
}
```

运行结果：

```
Value of *p : 3.14159
```

例 8.22 一维数组的动态分配和释放。

```
#include <iostream>
using namespace std;
int main( ) {
    // 动态创建一个包含n个整数的数组
    int n;
    cin >> n;
    int* arr = new int[n];
    //初始化数组元素
    for(int i = 0; i < n; ++i) {
        arr[i] = i * 10;
    }
    //输出数组内容
```

```
    for(int i = 0; i < n; ++i) {
        cout << "Element at index " << i << ": " << arr[i] << endl;
    }
    delete[ ] arr;          // 使用完毕后释放数组内存
    arr = nullptr;          // 防止悬挂指针
    return 0;
}
```

运行结果:

```
5↙
Element at index 0: 0
Element at index 1: 10
Element at index 2: 20
Element at index 3: 30
Element at index 4: 40
```

说明:C++语言保留了C语言的malloc( )函数和free( )函数,用来实现动态分配内存,但建议用户不要使用malloc( )函数和free( )函数,而使用new运算符和delete运算符。因为new和delete是运算符,不是函数,使用方便,而且new运算符不仅能分配内存,还能创建对象,并且自动调用对象的构造函数,用delete释放该对象时会自动调用对象的析构函数。

8.10 引　用

引用(reference)是C++语言支持的基本变量之一。引用是一个C++变量,它充当另一个对象或值的别名(alias)。

8.10.1 引用的含义

由前已知,变量名本质是一段连续存储空间的标识(名称或抽象),程序通过变量来申请并命名内存空间,通过变量的名字来使用存储空间。

引用是给一个变量(对象)起的一个别名,对一个变量建立引用后,对引用的操作与对变量的直接操作完全一样,即一段内存空间可以有多个名字。

声明引用的形式如下:

```
类型标识符 &引用名 = 目标变量名;
```

例如:

```
int a;
int &b = a; //声明b是a的引用,则a或b代表的是同一个变量,b是a的同义词
```

说明:

(1)类型标识符:与目标变量的类型相同(必须一致)。

(2)&:不是取地址运算符,是引用声明符。就像int *p;中的*一样,不是解引用运算符,而是指针说明符。

(3)引用名:命名规则与标识符的命名规则一致。

请对比以下两者:

```
int a = 5, *p = &a;
*p = 10;    // 对*p的操作其实就是对a的操作,*p也可看作a的别名,只不过复杂一些
```

注意：

（1）引用不是一种独立的数据类型，引用只有声明，没有定义。

（2）声明引用时，必须同时对其进行初始化（引用不能为空）。例如：

```
int a=2, &ra;  // error: 'ra' declared as reference but not initialized
```

引用的特性类似于常变量，定义时必须初始化。例如：

```
const int n = 10;
```

（3）声明一个引用后，该引用不能再被声明为另一变量的引用。

例如，声明r是变量x的引用后，在它们所在的函数执行期间，该引用变量r始终与其代表的变量x相关联，r不能再作为其他变量的引用（别名），否则会出现二义性。

```
int x, y;
int &r = x;
int &r = y;  // error: redeclaration of 'int &r'
```

引用的本质是指针常量。例如：

```
int a {3};
int * const p = &a;          // p只能指向a，不能重定向，*p相当于a的引用
```

（4）可建立引用的引用（同一段内存可以有多于两个名字）。例如：

```
int a;
int &b = a;          // 也可以声明多个引用，如int &r = a;
int &c = b;          // 建立引用的引用
```

（5）不能建立引用数组，因为数组是一个由若干个元素组成的集合，建立一个由引用组成的集合会带来不必要的复杂性。但是可以建立对数组的引用。例如：

```
int & ref [3] = {1, 3, 5};  // error: declaration of 'ref' as array of references
int a[3] = {1, 3, 5};
int(&b)[3] = a;  // 此时b与a相同，b也包含数组的长度信息
```

（6）可以对引用求地址，也可定义指向引用的指针。由前已知，引用名是目标变量名的一个别名。别名一词似乎代表引用不占据任何内存空间，但是，实质上编译器一般将其实现为const指针，即指向位置不可变的指针。

```
int a = 2, &b = a;
int *p = &b;                                // 可以定义指针变量指向引用
cout << &a << '\t' << &b << endl;           // b的地址就是a的地址
```

（7）区别引用声明符“&”与取地址运算符“&”。

```
int &b = a;                                 // 引用声明
cout << &b << endl;                         // 输出b的地址
```

为了与取地址运算符“&”区别，建议声明引用时，“&”靠近类型名，例如：

```
int& r = a;
```

C++语言之所以增加引用机制，是为了方便用户，将引用作为变量的别名来理解和使用，可以把地址的细节隐藏起来，用户不必去处理地址。相对于指针来说，引用具有更好的可读性

和实用性。引用作为其他变量的别名而存在，因此在一些场合可以代替指针。

例 8.23 引用和变量的关系示例。

```
#include <iostream>
#include <iomanip>
using namespace std;
int main( ) {
    int a = 10;
    int &r = a;                  // 声明r是a的引用
    a = 5 * a;                   // a的值改变了，r的值也应一起改变
    cout << a << setw(6) << r << endl;
    r = r / 2;                   // r的值改变了，a的值也应一起改变
    cout << r << setw(6) << a << endl;
    cout << &a << "  " << &r << endl;
    return 0;
}
```

运行结果：

```
50    50
25    25
0x71feb8 0x71feb8
```

可以看出，变量a与引用r的地址相同，a、r是同一个对象。

8.10.2 引用作函数参数

引用通常用来作函数参数和函数返回值，这是C++程序员必须清楚的两个与引用相关的应用场景。

用引用作函数参数，比用指针作函数参数更安全、易用。

例 8.24 通过引用作函数参数，实现交换两个变量的值。

```
#include <iostream>
using namespace std;
void mySwap(int& x, int& y);                    // 函数声明
int main( ) {
    int a{10}, b{20};
    cout << "交换前，a，b的值：" << a << " " << b << endl;
    mySwap(a, b);                               // 调用函数来交换a、b的值
    cout << "交换后，a，b的值：" << a << " " << b << endl;
    return 0;
}
void mySwap(int& x, int& y) {                   //函数定义
     int temp;
     temp = x;                                  // 保存引用x的值
     x = y;                                     // 把y赋值给x
     y = temp;                                  // 把x赋值给y
}
```

对照例 8.2，使用引用来替代指针会使C++程序更容易阅读和维护。另外，引用充当实参的别名，不需要复制参数的副本，可使程序具有更好的性能。

例 8.25 数组的引用演示。

```
#include <iostream>
void printElements(int( & ra)[4]) {
     int length{static_cast<int>(std::size(ra))}; // 使用数组的引用，数组不会衰减为指针
     for(int i = 0; i < length; ++i)  {
```

```
        std::cout << ra[i] << ' ';
    }
}
int main( ) {
    int a[4] {99, 20, 14, 80};
    printElements(a);
    return 0;
}
```

运行结果：

```
99 20 14 80
```

C风格数组需要注意的问题之一是在大多数情况下，在对数组求值时它们会衰减为指针。但是，如果通过引用传递C风格数组，就不会发生这种衰减。

8.10.3　引用作函数的返回值

在C++语言中，引用的另一个用法是作函数的返回值。当函数返回一个引用时，返回的是一个指向返回对象的隐式指针。这样，函数就可以放在赋值语句的左边，实现函数调用作左值。使用引用作为函数的返回值可以避免不必要的数据复制，提升程序性能。

例 8.26 引用作函数的返回值（返回数组中的元素）。

```
#include <iostream>
// 定义一个函数，返回数组中指定元素的引用
int& getElem(int arr[ ], int index) {
     return arr[index];
}
int main( ) {
    int a[ ] {10, 20, 30, 40, 50};
    // 获取并修改数组中的元素，函数调用作左值
    getElem(a, 2) = 60;
    // 输出修改后的数组
    for(const auto& num : a) {
        std::cout << num << " ";              //输出：10 20 60 40 50
    }
    return 0;
}
```

本例中，getElem( )函数返回的是数组元素的引用，这意味着对返回的引用的修改会影响到原数组中的值。后面章节还会看到引用作函数的返回值的具体应用。

8.10.4　常引用

C++语言允许声明常引用（const引用），一般形式如下：

```
const type &name = var;
```

作用：使name拥有只读属性，即不能通过name修改var的值。常引用一般作函数参数，用来防止函数修改实参变量的值。

例如：

```
int a{5};
const int &ref = a;          // 类似于常量指针，const int *const p = &a;
ref = 10;                    // 非法
a = 20;                      // 合法
```

例 8.27 常引用的思考示例。

```
#include <iostream>
using namespace std;
void changeN(int& ref) {    // ref是实参的引用，不是副本
    ref = 6;
}
int main( ){
    int n{5};
    cout << n << endl;
    changeN(n);             //调用函数，修改n的值
    cout << n << endl;
    return 0;
}
```

运行结果：

```
5
6
```

尝试将changeN( )函数的形参改为const int& ref，重新编译程序，会出现什么提示？

常引用还有一个应用场景（很少使用）是提供对嵌套数据的更容易访问，类似于宏。例如：

```
const int &ref = 5;                  // 字面常量的引用，系统将在内存给ref分配存储空间，并将5存入
const double &r = b * b - 4 * a * c;  // 这样可以用r来代替b * b - 4 * a * c，从而简化书写
```

注意： C++11 标准新增了右值引用，使用“&&”声明，用来为常量或表达式定义引用，主要用于面向对象编程。例如：

```
int &&rref = 5;              //为常量5定义右值引用rref
```

这里不作讨论，想深入学习的读者可以参考相关文献。

8.11 习 题 8

一、填空题

1. 用来存放变量地址的变量称为________。

2. 内存中的每个字节都有一个编号，此编号就是该字节的________。

3. 已知编译器为浮点型数据在内存分配 4 字节，有如下定义 float a = 5, *p = &a;，假设 a 的地址是 0x2000，p + 2 的值为________。

4. 在 C++语言中，指针变量的值增 1，表示指针变量指向下一个存储单元。指针变量中增加的字节数由系统自动根据指针变量的________决定。

5. 若实参为地址，则对应的形参应该是________类型。

二、判断题

1. NULL 和 nullptr 都可以表示空指针，所以二者的含义相同。 (　　)

2. 指针和地址是一回事儿。 (　　)

3. 已知 int v{5};，则语句 const int *p{&v}; 合法。 (　　)

4. 从函数原型看，函数 void f(int a[],int n); 与函数 void f(int* p,int n); 没有区别。 (　　)

5. 因为void指针可以指向任何数据类型的对象，所以解引用void指针是合法的。（ ）

6. void指针是一种特殊类型的指针，可以指向任何数据类型的对象。（ ）

7. 已知const int a =3;，则语句 int* const p = &a; 合法。（ ）

8. 引用可以被重新声明，以指向不同的对象。（ ）

三、选择题

1. 下列不属于指针的用途的是（ ）。

A. 动态分配内存　　B. 实现数据结构（如链表）

C. 使代码更加简洁易懂　　D. 作为函数参数传递大数据

2. 下列有关指针的叙述中错误的是（ ）。

A. 一个变量的地址称为该变量的指针

B. 一个指针变量只能指向与其数据类型相同的变量

C. 指针变量中只能存放地址

D. 可以用整数给指针变量赋值，但不能用浮点数赋值

3. 下列给指针变量p赋初值的方法中不合法的是（ ）。

A. int i, *p = &i;　　B. int a[10], *p = a;

C. int i, *p = 2000;　　D. char *p = "I love China";

4. 若变量x已正确定义并且指针p已经指向变量x，则*&x相当于（ ）。

A. x　　B. p　　C. &x　　D. &*p

5. 已知int a[10] = {0}, *p = a;，对数组元素的正确引用是（ ）。

A. p+2　　B. a[p]　　C. p[a]　　D. *(p+2)

6. 下列不属于const指针的用途是（ ）。

A. 保护数据不被修改　　B. 作为函数参数传递常量数据

C. 提高代码的可读性　　D. 动态分配内存

7. 下列关于nullptr的正确说法的是（ ）。

A. nullptr是一个整数常量　　B. nullptr是在C++11 标准中引入的

C. nullptr不能用于初始化指针变量　　D. nullptr与NULL完全等价

8. 关于动态分配存储，下列说法中正确的是（ ）。

A. new和delete是C++语言中专门用于动态内存分配和释放的函数

B. 动态分配的内存空间也可以被初始化

C. 当系统内存不足时，系统会自动回收不再使用的内存单元

D. 当动态分配内存失败时，系统会立刻崩溃，因此一定要慎用new运算符

9. 关于引用作函数参数，下列说法中不正确的是（ ）。

A. 可以提高传递对象的效率　　B. 可以修改传递的实参

C. 无法传递大型数据结构　　D. 可以避免实参的复制

四、简答题

1. 地址与指针有何不同？

2. 引用与指针有何不同？

3. 已知 int a[10]{ }, *p = a;，则a和p有何不同？

五、编程题

1. 编写函数mySwap( )，用来交换两个变量的值，在main( )函数中输入两个整数，调用mySwap( )函数交换这两个数并输出交换后的两个数。

2. 编写函数mValue( )，求n($n<20$)个整数中的最大值和最小值。在main( )函数中输入n个数并输出结果。

3. 有n人围成一圈，顺序排号，从第1个人开始，从1到3报数，凡报到3的人退出圈子，问最后留下的人是原来的第几号?

4. 编写函数，将字符串str中的所有字符c删除。在main( )函数中输入字符串s和待删除的字符c并输出结果。

5. 编写函数，将一段英文中每个单词的首字母转换为大写(假设该段英文的长度小于256，单词间用空格分隔)。

6. 编写IP地址转换函数。一个IP地址是用4字节的二进制码组成的，输入32位二进制字符串，输出十进制格式的IP地址，输出的IP地址由4个十进制数组成，中间用圆点分隔。函数原型:

```
void convert(char *sbin, int *dec);
```

7. 编写函数，将一个十进制整数n转化为r($1<r<17$)进制，存入字符串s中。在main( )函数中输入n、r，并输出结果。函数原型:

```
void decToR(int n, int r, char *s);
```

8. 输入若干(小于15)个有关颜色的英文单词(单词长度小于20)，请按单词长度从小到大排序。输入以“#”作为结束标志。

9. 输入一个字符串(长度小于100)，包含数字字符和非数字字符，将其中连续的数字作为一个整数，依次存放到数组a中。例如，输入a123b456c1766?302tab876，则123存入a[0]，456存入a[1]，……统计共有多少个整数，并输出这些数。

10. 编写函数，输出一个浮点型数在内存中的二进制形式(提示:使用reinterpret_cast运算符或使用字符指针)。

第9章 用户自定义类型

用户自定义类型(user-defined types，UDT)是C++语言为了弥补基本数据类型在数据描述方面的不足而设立的，主要用来描述更为复杂的数据结构，提升C++语言的数据描述能力，它意味着用户可以针对具体问题的需求定义自己的数据类型。本章内容主要包括结构体类型和枚举类型的定义与使用，以及使用typedef为数据类型声明别名。

学习目标

• 了解为什么需要用户自定义类型；

• 理解枚举类型的定义与使用场景；

• 掌握结构体类型的声明方法，了解结构体变量的定义、初始化与引用，结构体数组与结构体指针；

• 正确使用typedef为数据类型声明别名。

9.1 用户自定义类型概述

本书第2章介绍了C++语言的基本数据类型，作为C++语言的核心内容，前面学习的程序中大量使用了这些基本数据类型。基本数据类型在程序中可以直接使用，非常方便。但是随着要处理的问题越来越复杂，仅使用基本数据类型并不能满足全部需求。例如要表示一个分数，若用一个整数则无法表示，用两个整数表示则割裂了这两个数是一个整体的属性，此时可通过自定义结构体类型来表示。

一门程序设计语言不可能将现实问题中的所有数据类型均定义好，这也没有必要。C++语言允许程序员根据问题的特定需求，基于基本数据类型来构造自己需要的数据类型，这些数据类型称为用户自定义类型(属于复合数据类型)。

用户可通过关键字class、struct、union、enum等来自定义新的数据类型。

本章将学习简单的用户自定义类型，包括结构体类型和枚举类型，其中结构体类型是从面向过程编程向面向对象编程过渡的最佳桥梁。

与基本数据类型变量的使用原则类似，用户自定义类型的变量也遵循先定义后使用的原则，先声明类型，再定义变量、初始化、赋值。除了学习以上内容外，读者还需理解用户自定义类型的存储方式，掌握其基本操作及了解其主要应用场景。

9.2 结构体类型

9.2.1 结构体类型的定义

结构体是由逻辑相关的具有相同数据类型或不同数据类型的数据构成的数据结构。例如，在程序中表示一个学生的基本信息，如学号（id）、姓名（name）、性别（gender）、成绩（score）等信息，这些信息的数据类型是不同的，而且均是学生这个对象的一部分。若分别用独立的变量来表示它们，就难以反映出它们之间的内在联系，增加了管理的难度。C++语言允许用户将多个变量绑定到一个数据类型中，这个数据类型就是结构体类型。用户可以根据特定问题的需要定义各种结构体类型。

声明结构体类型的一般形式如下：

```
struct  结构体类型名 {
    成员表列
};
```

例如，上述的学生信息可用如下结构体表示：

```
struct Student {                // 声明一个结构体类型Student
    long long id;               // id表示学号
    char name[32];              // name数组表示姓名
    char gender;                // gender表示性别，其值包括M（male，男)和F（female，女)
    float score;                // score表示成绩
};                              // 最后有一个分号
```

Student结构体的结构示意如图 9-1 所示。

id	name	gender	score
2356010102	Wang hong	F	88.5

图 9-1　Student结构体的结构示意

说明：

（1）struct是声明结构体类型必须使用的关键字，struct语句只是声明结构体，不分配存储空间。

（2）结构体类型名是自定义的结构体类型的标识，习惯上用大写字母开头，以便与普通变量名区分。

（3）成员表列由若干成员声明组成。声明一个结构体类型时必须对各成员都进行数据类型声明，形式如下：

```
类型名 成员名;
```

成员名的命名规则与变量名的命名规则相同。

（4）结构体的成员既可以包括数据（成员变量），又可以包括函数（函数成员），以适应面向对象的设计需求。由于C++语言提供了类类型，一般情况下不使用带函数的结构体。

（5）声明结构体类型的位置一般在源程序文件的开头（或头文件中），在所有函数［包括main( )函数］之前，以便本源程序文件中所有的函数都能利用它来定义变量（类型声明一般是全局的)。

(6)结构体的成员可以是结构体类型。

(7)最后的分号不能少,它是结构体类型声明的结束标志,若缺失则会产生编译错误。

9.2.2 结构体变量的定义与初始化

与基本数据类型类似,结构体类型名是抽象的,使用结构体时需要实例化,也就是定义变量。声明后的结构体类型是一个抽象模型,其中并无具体数据,系统也不为它分配实际的存储单元。这种使用方法与数组、指针(定义时就分配存储单元)不同。为了能在程序中使用结构体类型的数据,应当定义结构体类型的变量,并在变量中存放具体的数据。就如系统并不为int型分配存储空间,而是为int型变量分配存储空间一样。

1. 结构体变量的定义

方法一:先声明结构体类型再定义变量。

利用已有的结构体类型来定义变量,例如:

```
Student  student1, student2;          // 定义两个Student变量
```

方法二:在声明结构体类型的同时定义变量。

一般形式如下:

```
struct 结构体名 {
    成员表列;
} 变量名表列;
```

例如:

```
struct Date {
    int month;
    int day;
    int year;
} date1, date2;                       // 定义两个日期变量
```

方法三:在声明无名结构体类型的同时定义变量。

一般形式如下:

```
struct {                              // 无名结构体类型
    成员表列;
} 变量名表列;
```

例如:

```
struct {
    int x;
    int y;
} point1, point2;                     // 定义两个坐标变量
```

此方法虽然合法,但很少使用,提倡使用方法一中先声明结构体类型后定义变量的方法。

2. 结构体变量的初始化

结构体变量可以在定义时指定其初始值,初始化形式类似于数组的初始化形式(列表法)。例如:

```
Date birthday = {2, 20, 2020};
Student stu1 = {2356010102, "Zhang xing", 'M', 90.5};
```

C++11 标准引入了统一的初始化形式，可以去掉“=”。另外，在声明结构体类型时，也可以为成员变量指定初始值。例如：

```
struct Fraction {
    int numerator{ };        // 分子，使用整数型数据的默认值初始化
    int denominator{1};      // 分母，初值为1
};
```

3. 结构体变量的存储

定义一个结构体变量后，系统会为其分配一段连续的存储单元，空间大小理论上是各成员所占用存储单元的大小之和，但实际分配多少存储单元由系统决定，可用sizeof( )函数测试。例如：

```
cout << sizeof(Student) << endl;
```

理论上计算Student变量应占内存的大小为 45 字节，实测结果为 48 字节，原因是发生了内存对齐(memory alignment)(一种处理器访问数据的优化技术)，实际分配内存的大小不小于各成员所占用内存之和。而且由于内存对齐，结构体声明时成员的定义次序也会影响到结构体变量被分配内存的大小。

9.2.3 引用结构体变量

1. 赋值

同一类型(结构相同)的两个结构体变量可以相互赋值。如上面的student1 和student2 都是Student类型的变量，可以这样赋值：

```
student1 = student2;  //假定student2已有值
```

2. 引用结构体变量的成员

引用结构体变量的成员的一般形式如下：

```
结构体变量名.成员名
```

例如，student1.id表示结构体变量student1 的成员id的值，为结构体变量student1 的成员id赋值可用stu1.id = 2356010102;，其中“.”是成员运算符(member selection operator)，在运算符表中的优先级为 2 级(与括号同级)，因此可将结构体变量名.成员名看成一个整体。

若结构体成员本身也是一个结构体类型，则要用若干成员运算符，一级一级地找到最低一级的成员。例如，在Student结构体中增加一个日期成员birthday，示例如下：

```
struct Student  {                  // 声明一个结构体类型Student
    long long id;                  // id表示学号
    char name[32];                 // name数组表示姓名
    char gender;                   // gender表示性别，其值包括M (male, 男)和F (female, 女)
    Date birthday;                 // birthday表示出生日期，是Date类型
    float score;                   // score表示成绩
} student3;
```

要引用结构体变量student3 中birthday成员的month成员，示例如下：

```
student3.birthday.month            // 若使用stu1.month，则非法
```

3. 结构体变量的输入与输出

结构体变量不允许作为一个整体进行输入和输出。例如：

```
cin >> student1;                   // 非法
```

只能对结构体变量中的各个成员分别进行输入和输出。

例 9.1 结构体变量的输入与输出。

```
#include <iostream>
using namespace std;
struct Fraction {
    int numerator{ };              // 分子
    int denominator{1};            // 分母
};

int main( ){
    Fraction fac1;                 // 使用初始值初始化
    cout << fac1.numerator << "/" << fac1.denominator << endl;
    // 输入新的分子、分母
    cin >> fac1.numerator >> fac1.denominator;
    if(fac1.denominator == 0){
        cout << "Denominator is zero.\n";
    }else{
        cout << fac1.numerator << "/" << fac1.denominator << endl;
    }
    return 0;
}
```

运行结果：

```
0 / 1
3 7↙
3 / 7
```

思考：若输入的分数不是最简分数，应如何化简？

4. 结构体变量及其成员的指针

定义结构体变量时，系统为该变量分配一段连续的内存空间，所以结构体变量及变量的成员均有指针，可以定义指向结构体变量的指针来使用结构体变量的成员。

定义结构体指针变量的形式如下：

```
结构体类型 *指针变量名;
```

例如：

```
Student student, *p = &student;
cout << p;                 // 输出变量student的地址
cout << (*p).name;         // 输出变量student的成员name的值，注意"( )"不能少
```

为了方便使用结构体指针，C++语言提供了指向结构体成员的指针运算符“->”，要使用指针引用结构体变量student1 的成员 id，形式为p -> id。

例 9.2 利用指针操作结构体变量的成员。

```
#include <iostream>
using namespace std;
struct Student {                   // 声明一个结构体类型Student
    long long id;                  // id表示学号
    char name[32];                 // name数组表示姓名
    float score;                   // score表示成绩
};
int main( ) {
    Student s{2356020104, "Zhongshan", 88.5};
    Student *p = &s;
    // 使用成员运算符
```

```
    cout << s.id << " " << s.name << " " << s.score << endl;
    // 使用解引用运算符
    cout << (*p).id << " " << (*p).name << " " << (*p).score << endl;
    // 使用指向成员的指针运算符
    cout << p->id << " " << p->name << " " << p->score << endl;
    return 0;
}
```

运行结果：

```
2356020104 Zhongshan 88.5
2356020104 Zhongshan 88.5
2356020104 Zhongshan 88.5
```

例 9.2 说明了引用结构体变量成员的三种等价形式。

（1）结构体变量.成员名，如s.id。

（2）(*p).成员名，如(*p).id。

（3）p->成员名，如p->id。

9.2.4 结构体数组

结构体数组是指数组元素的数据类型为结构体类型的数组。

定义结构体数组的形式如下：

```
结构体类型 数组名[数组长度];
```

例如：

```
Student stu[3];
```

初始化结构体数组的形式如下：

```
数组定义 = {初值表列};          // 分行初始化
```

例如：

```
Student stu[3] = { { 2356010101, "Li", 87.5 }, { 2356010103, "Zhang", 99 },
                   { 2356010102, "Wang", 78.5 } };
```

要使用结构体数组，可以用循环语句来处理数组元素，用成员运算符来处理数组元素的每个成员。

例 9.3 输入*n*个学生的成绩，按学习成绩从低到高的顺序输出（假定学生的成绩信息包括学号id、姓名name和成绩score）。

分析：

（1）定义结构体数组来存储学生的成绩信息，由于*n*的大小未知，需要使用动态数组。

（2）定义函数input( )输入学生的成绩信息，定义函数print( )输出学生的成绩信息。

（3）使用sort( )函数完成排序，同时定义比较函数cmp( )指定比较规则。

```
#include <iostream>
#include <algorithm>                       // 为了引入sort( )函数
using namespace std;
struct Student {
    long long id;                          // 学号
    char name[32];                         // 姓名
    float score;                           // 成绩
};
void input(Student s[ ], int n) {
```

```
    for(int i = 0; i < n; i++) {
        cin >> s[i].id >> s[i].name >> s[i].score;
    }
}
void print(Student s[ ], int n) {
    for(int i = 0; i < n; i++) {
        cout << s[i].id  << " " << s[i].name << " " << s[i].score << endl;
    }
}
bool cmp(const Student& a, const Student& b) {
    return a.score < b.score;                  // 按成绩从低到高排列
}
int main( ) {
    int n;
    cin >> n;
    Student *p = new Student[n];               // 动态申请n个学生成绩的存储空间
    input(p, n);
    sort(p, p + n, cmp);                       // 使用sort( )函数排序，有关算法的内容见第16章
    print(p, n);
    delete [ ] p;
    return 0;
}
```

运行结果：

```
3↙
230102 Li 78.5↙
230101 Wang 65↙
230105 Zhao 90↙
230101 Wang 65
230102 Li 78.5
230105 Zhao 90
```

9.3 枚举类型

在C++语言中，枚举类型（enumerated type）是一种用户自定义类型，它是用户定义的若干整数型常量的集合，这些常量称为枚举常量。枚举类型的作用是将一组逻辑相关的符号常量（整数）声明为类型，方便组织和管理。使用枚举类型可以增加代码的可读性和可维护性，枚举类型经常用来描述状态量。

如果一个变量只有几种可能的整数型值，可以将其定义为枚举类型。所谓枚举，是指将变量的值一一列举出来，枚举变量的值只能在列举出来的值的范围内。

9.3.1 枚举类型的声明与变量的定义

1. 声明枚举类型

声明枚举类型的一般形式如下：

```
enum 枚举类型名 { 枚举常量表 };
```

例如：

```
enum Weekday { Sun, Mon, Tue, Wed, Thu, Fri, Sat };                   // 星期类型
enum Color { red, orange, yellow, green, blue, indigo, violet };     // 颜色类型
enum TrafficLight { RED = 1, YELLOW = 2, GREEN = 3 };                // 交通信号灯类型
```

说明：

（1）enum是用来声明枚举类型的关键字。

（2）枚举常量表由枚举常量构成，是以标识符形式表示的整数型量，表示此枚举类型数据的可能取值。枚举常量表列出枚举类型所有的可能取值，各枚举常量之间以逗号分隔，且必须各不相同。

（3）枚举常量的值为整数，编译器为每个枚举常量指定一个整数值，默认状态下，序号从0开始，如Sun的值为0，Mon的值为1，……，Sat的值为6。

（4）声明枚举类型时可以指定枚举元素的数值，形式如下：

```
常量标识符[ = 整数型常数]
```

例如，TrafficLight中指定RED值为1。

（5）枚举常量是标识符，但不要因为它们是标识符而把它们看作变量，实际上不能对它们赋值。例如，Sun = 0;是非法的。

（6）一般来说，枚举类型声明中的常量元素是全局的，所以一个枚举常量不能同时出现在两个枚举类型的声明中。例如Color枚举类型中已使用了标识符blue，若再定义如下的枚举类型则非法。

```
enum Feeling {
    happy,
    tired,
    blue   // error, blue was already used in enum Color in the global namespace
};
```

2. 定义枚举类型变量

语法形式如下：

```
枚举类型名 变量名表列;
```

例如：

```
Weekday workday, week_end;
Color color1, color2 = violet;
TrafficLight light { RED };
```

枚举变量的值只能取枚举常量表中所列的值。枚举变量也可以在声明枚举类型时直接定义，示例如下：

```
enum MaritalStatus { single, married, divorce } marry_flag;
```

9.3.2 有关枚举变量的操作

1. 赋值

可以将枚举常量赋给枚举变量，同类型的枚举变量可以相互赋值。例如：

```
color2 = red;              // 将枚举常量值赋值给枚举变量
color1 = color2;           // 相同类型的枚举变量赋值，color1的值为red
int i = color1;            // 将枚举变量赋值给整数型变量，i的值为0
int j = yellow;            // 将枚举常量赋值给整数型变量，j的值为2
color2 = 2;                // 非法，需要用强制类型转换，color2 = static_cast<Color>(2);
```

2. 关系运算（<、>、<=、>=、==、!=）

枚举常量按声明枚举类型时各枚举常量的默认顺序号比较大小，或按对应的枚举常量被指定的值比较大小。例如：

```
if(workday == Mon) …
Mon > Sun;                    // 结果为真
Sat > Fri;                    // 结果为真
```

3. 输入与输出

枚举变量可直接输出，输出的是整数值，但不能直接输入。例如：

```
cout << red;                  // 结果为0
cin >> color1;                // 非法
```

但是可以先输入整数序号，再将其转换为枚举值。例如：

```
int i;
cin >> i;
color1 = static_cast<Color>(i);          // 此时color1中是i对应的枚举值
```

例 9.4 输入颜色的序号，输出对应的颜色信息。

```
#include <iostream>
using namespace std;
int main( ) {
    int i;
    enum Colors{red = 1, orange, yellow, green} color;
    cout << "Please enter the color number: ";
    cin >> i;
    color = static_cast<Colors>( i );
    switch(color) {
        case red:    cout << "Roses are red.\n"; break;
        case orange: cout << "Poppies are orange.\n"; break;
        case yellow: cout << "Sunflowers are yellow.\n"; break;
        case green:  cout << "Grass is green.\n"; break;
        default:     cout << "I don't know the color.\n";
    }
    return 0;
}
```

运行结果：

```
Please enter the color number: 2↙
Poppies are orange.
```

9.4　使用typedef声明类型别名

在C++语言中，typedef是一个关键字，用于为现有的数据类型创建一个新的名称，即类型别名。它的主要作用是提高代码的可读性和可维护性，特别是在处理复杂数据类型或需要频繁使用某个特定类型时。使用自定义的类型名称可以使代码更易于理解。

使用typedef声明类型别名的基本语法如下：

```
typedef 原类型名 新类型名;
```

例如，可以为long long型定义一个新的名称LL，表达式如下：

```
typedef long long LL;
```

声明完成后就可以使用LL作为long long型的别名，例如：

```
LL a, b;    // 相当于long long a, b;
```

除了为基本数据类型声明别名外，以下是typedef关键字的其他几种主要用法和示例。

1. 为结构体和联合体声明别名

```
typedef struct {
    int x;
    int y;
} Point;
Point p;    // 相当于struct{int x; int y ;} p;
```

说明：Point是一个预定义结构体类型的别名，可以直接使用Point来声明结构体变量。使用Point可以使该结构体类型在结构体外部不可见，从而隐藏实现细节。

2. 为指针类型声明别名

例如，可以为指向int型的指针定义一个新的名称IntPtr，表达式如下：

```
typedef int* IntPtr;
```

声明后就可以使用IntPtr作为指向int型的指针的别名。例如：

```
intPtr p = new int(10);
cout << *p << endl;
```

3. 为数组声明别名

例如：

```
typedef char Line[81];
Line firstLine, secondLine; // 相当于char firstLine[81], secondLine[81];
```

4. 为函数指针声明别名

例如，为返回int型并接收两个int型参数的函数指针定义一个新的名称funcPtr，表达式如下：

```
typedef int(*funcPtr)(int, int);
```

声明后就可以使用funcPtr作为这种函数指针的别名。例如：

```
int add(int a, int b) {
    return a + b;
}
ftncPtr func = add;
int result = func(10, 20);  // result = 30
```

通过以上示例可以看出，typedef关键字在C++语言中主要用于简化和规范类型名称，尤其针对难以理解和记忆的复杂类型声明。

在现代C++语言中，using关键字也可以用来实现类似的功能，而且语义上更为清晰，并且支持为模板类型声明别名。

```
using ll = long long;       // 使用ll来表示long long型
ll a = 100;                 // 使用ll定义变量
```

尽管在C++新标准下using关键字更常用，但在旧版代码中或在某些特定场景下，typedef关键字仍然具有其价值。

9.5 习 题 9

一、填空题

1．在C++语言中，结构体类型的定义使用关键字________。

2．引用结构体变量中成员的一般形式为________。

3．在定义结构体时，可以使用________来初始化结构体变量。

4．枚举类型中的每个枚举常量在定义时都会被赋予一个整数型值，默认情况下，第一个枚举常量的值为________。

5．使用________关键字可以为已有的数据类型声明一个新的类型名。

二、判断题

1．结构体变量可以直接进行比较运算。 (　　)

2．在结构体中，可以将另一个结构体作为其成员。 (　　)

3．结构体数组可以像普通数组一样进行遍历操作。 (　　)

4．枚举变量的值可以直接输入和输出。 (　　)

5．typedef关键字只是为数据类型创建了一个别名，并没有创建新的数据类型。 (　　)

三、选择题

1．下列关于结构体的说法中错误的是(　　)。

A．结构体可以包含不同数据类型的成员变量

B．结构体变量可以通过“.”运算符访问其成员

C．结构体数组的每个元素都是结构体类型的变量

D．结构体不能直接进行赋值操作，但可以通过逐个成员赋值的方式实现

2．结构体变量的成员的访问方式是使用(　　)。

A．“->”运算符　　B．“.”运算符

C．“::”运算符　　D．“[ ]”运算符

3．下列有关结构体的叙述中错误的是(　　)。

A．结构体变量可以直接输入输出

B．结构体的成员可以是结构体类型

C．结构体变量所占用的存储空间不小于各个成员所需存储空间之和

D．结构体指针可以作函数参数

4．结构体类型的变量可以作为函数的(　　)。

A．参数　　B．返回值

C．局部变量　　D．以上都可以

5．设有结构体说明struct ST { int x; float y; char z;} example;，以下叙述中错误的是(　　)。

A．struct是结构体类型的关键字　　B．example是结构体类型名

C．x、y、z都是结构体成员名　　D．ST是结构体类型名

6．设有如下定义：

```
struct SS { char name[10]; int age; char sex;} std[3], *p = std;
```

下列各输入语句中错误的是(　　)。

A．cin >> (*p).age;　　B．cin >> std.name;

C．cin >> std[0].sex;　　D．cin >> p->sex;

7．枚举类型的默认基本类型是(　　)。

A．int　　B．char

C．float　　D．double

8．下列关于枚举变量的操作中不正确的是(　　)。

A．枚举元素是常量，不能对它赋值

B．枚举元素的值是一个整数，所以可以用整数给枚举变量赋值

C．枚举元素是常量，它的值是一个整数，默认从0开始

D．枚举变量可以进行比较运算(如==和!=)

9．在C++语言中，对于枚举类型，下列说法中错误的是(　　)。

A．枚举类型是一种用户自定义类型

B．枚举常量在定义时自动被赋予整数值

C．枚举类型的变量可以参与逻辑运算

D．枚举类型的变量不能直接与整数型变量进行算术运算

10．若有定义enum Color {red, yellow = 2, blue, white, black} r = white;，执行cout << r;后的输出结果是(　　)。

A．1　　B．2

C．3　　D．4

11．下列关于typedef的说法中错误的是(　　)。

A．typedef可以为复杂的数据类型声明简化的别名

B．typedef可以提高代码的可读性

C．typedef可以创建新的数据类型

D．typedef只是数据类型别名的声明，不占用内存空间

四、简答题

1．结构体与数组有何不同？

2．什么是枚举类型？如何使用枚举类型？

五、编程题

1．定义一个结构体类型Student，包含成员name(字符型数组)、age(整数型)和score(浮点型)。然后定义一个Student类型的变量，对其进行初始化并输出。

2．定义一个结构体类型Person，包含成员name(字符型数组)和age(整数型)。然后定义一个函数，该函数接收一个Person类型的参数并输出其姓名和年龄。在main( )函数中调用这个函数。

3．定义一个结构体类型Student，包含成员id(整数型)、三门课程成绩score(浮点型数组)。编程输入*n*位同学的学号和三门课程成绩，按平均分从高到低排序输出，若平均分相同则按学号的升序来排序输出。

4．定义一个结构体变量(包括年、月、日)。计算当前日期在本年中是第几天，注意闰年问题。

5．现在需要购买*m*张明信片，网上有*n*家店铺有这种明信片，各个店铺里这种明信片的价格和库存量都已经知道了。若打算用最少的钱买到这*m*张明信片，请帮忙计算用多少钱可以买

到。(贪心算法)

输入:第一行有两个整数m和n。其中m表示要购买的明信片的数量,n表示店铺的个数。以下n行,每行有两个整数,分别表示某店铺里该种明信片的单价和库存量。

输出:仅一个数,表示需要花的最少的钱数。

6. 定义一个枚举类型Color,包含红、绿、蓝三种颜色,然后定义一个Color类型的变量,将其设置为其中一种颜色并输出。

7. 单链表的建立和遍历:建立一个有若干学生信息的单链表(带头节点),并对链表进行输入和输出。学生信息包括学号、姓名、一门课程成绩。编写单链表的创建函数、遍历输出函数、学生个数统计函数。从键盘输入若干学生信息,以学号输入0作为结束标记,在main()函数中调用编写的函数进行测试。

第10章 类和对象

C++语言是一种融合了面向过程特性和面向对象特性的混合型编程语言，其面向对象机制是为了克服基于过程编程在处理复杂问题时所遇到的困难而提出的，旨在帮助程序员更有效地组织和管理代码，从而提升软件开发效率。本章从面向对象编程的基本概念出发，将前面章节在基于过程编程方法中探讨的数据类型、变量的定义与存储、程序结构、函数、数组、指针、动态分配存储、数据保护、数据共享等内容，运用面向对象的思维和方法重新进行探讨，并通过对比学习，理解C++语言如何运用面向对象方法来解决客观世界中的实际问题。

学习目标

- 掌握类的声明方法，能根据实际问题来设计类；
- 掌握对象的定义及对象成员的使用方法；
- 掌握构造函数、析构函数的定义与使用，理解其调用顺序；
- 理解对象指针及this指针；
- 掌握对象数组的定义与使用，理解动态对象及动态对象数组的建立与释放；
- 理解常对象、对象的常引用及常对象成员的使用；
- 理解拷贝构造函数及深拷贝的概念；
- 理解类的静态成员的概念及使用方法；
- 了解成员函数、静态成员函数与普通函数的区别；
- 了解对象在内存中的存储情况；
- 掌握友元函数的定义与使用，理解友元类的概念。

10.1 面向对象程序设计方法概述

10.1.1 面向对象程序设计方法

面向对象程序设计方法认为，客观世界是由万物构成的，每一个事物是一个实体（对象），任何一个对象都具有属性（attribute）和行为（behavior）两个特征，它能根据外界作用于它的信息做出相应的反应。不同对象之间的相互作用和联系构成了客观世界，相应地用来解决客观世界实际问题的程序也应该是由相互联系的一个个对象组成的。

在社会生活中，复杂的事物总是由许多部分组成的。

例如，人们比较喜欢的冒险游戏，是由各类角色、各种道具、场景、关卡等组成的，每个角色有自己基本的属性（如生命值、攻击力、道具等）和技能，各类角色使用不同的道具和各自的技能，在不同的关卡、场景中为完成各种任务追逐、打斗，游戏中还有各种交易，角色间的交流等，这些交互行为都是在模拟现实社会，游戏没有规定必需的操作步骤，不同玩家的通关过程也是各不相同的。显然，用基于过程的程序设计方法来实现游戏的开发是比较困难的。

在日常生活中，人们面对的每一个事物其实都是对象，每个对象都有自己的属性和行为，各司其职，对象与对象之间通过消息进行通信，协同配合而形成一个有机的社会。面向对象的思维方法是人类在几千年的进化过程中已经形成的习惯性思维方法，用这种方法来编写程序，更贴近人类的自然思维，使程序更容易设计与实现。

人类认识客观世界的基本方法是通过抽象的思想将不同的事物分类，将这种抽象分类思想运用到程序设计中，用类来表示和模拟事物的类型，用对象来模拟一类事物中具体的个体。在面向对象编程方法中，将某类对象的共同属性归纳抽象为数据结构，将这类对象所能进行的行为抽象为函数，这些函数可以用来操作数据结构及其中的数据。也就是把数据结构和操作该数据结构的函数"捆绑"在一起，形成一个类，从而使得数据结构和操作该数据结构的函数呈现出显而易见的紧密关系，克服了基于过程编程方法中数据结构与函数彼此分离的缺陷。

用面向对象的编程方法开发的程序包含一个个对象（数据和操作数据的函数封装在一起）。程序设计者的任务包括两个方面：一是设计所需的各种类和定义对象，即决定把哪些数据和操作数据的函数封装在一起；二是考虑怎样向有关对象发送消息（通知对象做什么），以完成所需要处理的任务。

程序就如同一个总调度，不断地向各个对象发出消息，让这些对象活动起来，完成自己职责范围内的工作。各个对象的操作完成了，整体任务也就完成了。程序开发和运行的过程，从程序设计角度看，过程是设计类，定义对象，发送消息，完成任务；从程序组成（控制）角度看，过程是不断向不同对象发送消息，对象自动完成各自的任务。

用面向对象的编程方法开发的程序可表述如下：

对象 = 函数 + 数据结构

程序 = 类 + 类 + 类 + …

10.1.2　面向对象程序设计的基本概念

面向对象程序设计具有抽象、封装、继承、多态 4 个基本特点。下面介绍面向对象程序设计的基本单位及其 4 个基本特点。

1. 对象

对象是客观世界中的任意一个实体。它包含两个基本要素：静态特征，即属性；动态特征，即行为。一个对象是由一组属性和一组行为共同组成的。在C++语言中，程序使用数据来描述对象的属性，使用函数来描述对象的行为。对象是构成面向对象程序设计的基本单位。

要使某一个对象执行某一种行为（操作），就需要向它发送相应的消息。对象之间通过发送和接收消息来实现相互联系。

在C++语言中，大部分对象都由数据和函数两部分组成。调用对象中的函数，实际上就是向该对象发送一个消息，要求该对象执行某一行为。

2. 抽象与类

抽象用来表示同一类事物的本质。抽象的方法并不孤立地看待每一个对象，而是着眼于每一类对象的共同特征，通过抽象将事物分类。C++语言中的数据类型就是对一批具体的数据的抽象，例如，枚举类型Weekday是对一周七天的抽象，又如，电动汽车是对用电来驱动的汽车的抽象。

抽象的过程是将相关事物的共性归纳、集中的过程，程序中的类是对客观世界具有共同属性和行为的实体的抽象。

3. 封装与信息隐蔽

面向对象程序设计方法的一个重要特点是封装。封装在面向对象编程中是指把数据和操作数据的函数绑定在一起。封装有两方面的含义：一是将与对象有关的数据和操作函数封装在一个对象中，形成一个基本单位，各个对象之间相对独立，互不干扰，使用方便；二是封装并不是完全封闭的，要留有与外界联系的接口，以便对象与外界交换信息。将对象中某些部分对外界隐蔽，即隐蔽其内部细节，只留下少量接口，以便与外界交换信息，这种对外界隐蔽内部细节的做法称为信息隐蔽（information hiding）。信息隐蔽使数据的安全性好，防止无关的程序获取和修改数据。

C++对象中的函数就是对象对外的接口，其他程序可以通过这些函数实现对对象的各种操作。

日常生活中的各类商品，也具有封装性。例如一台电视机，使用者可以打开和关闭它、切换频道、调整音量、添加外部组件（如音响、录像机、摄像头等），但是使用者不知道它的内部实现细节，也就是说，使用者并不知道它是如何接收信号，如何转换信号，并最终将图像显示在屏幕上的。因此，可以说，电视把它的内部实现和外部接口分离开了，使用者无须知道它的内部实现原理，直接通过它的外部接口（如相关按钮、遥控器、手机等）就可以操控电视，实现其功能。

4. 继承与重用

客观事物通过各种方式相互联系。事物之间的一种重要联系就是继承。例如，大学生继承学生的特性，汽车与自行车继承交通工具的特性。日常生活中，如果有人继承了一份产业，在继承的产业的基础上再去发展，要比从零起步发展得快。编程开发也是一样的，不需要每写一个程序都一切从头开始，如果有代码可供参考（继承），即使要经过改造，也比自己一切从头做起的效率高。

在C++语言中，继承的作用是从已有的类中派生出新的类，新的类包含已有类的属性和行为，并能扩展新的功能。

例如，客观世界中，动物是一个类，猫类既继承了动物类的基本特征，又增加了新的特征（猫的特性及行为），对应到C++程序中，动物类是父类，或称基类（base class），猫类是从动物类派生出来的，称为子类或派生类（derived class）。

在面向对象程序设计中，如果已经建立了一个名为A的类，又需要另外建立一个名为B的类，而且后者与前者的功能基本相同，只是在前者的基础上增加一些属性和行为，这时只需使类B继承类A并在其基础上增加新内容即可。这就是面向对象程序设计中的继承机制，利用继承可以提高程序的开发效率。

C++语言提供了继承机制，通过继承可以很方便地利用一个已有类建立一个新类。这就是常说的软件重用性（software reusability）的思想。继承可以用来支持软件重用。

5. 多态

多态就是拥有多种形态，是指父类属性或行为在子类中表现为多种形态。前面章节中学习的函数重载，某个运算符有多种功能，日常生活中的一词多义等均是多态。

在C++语言中，多态是指由继承而产生的彼此相关的不同子类，其对象对同一消息会给出不同的响应。对应日常生活中，如果有多个相似而不完全相同的对象，在向它们发出同一个消息时，它们的反应各不相同，分别执行不同的操作，这种现象就是多态现象。例如，在Windows操作系统中，双击一个文件对象（向对象发送一个消息），如果文件是一个可执行程序，则会执行该程序；如果文件是一个文本文件，则会启动文本编辑器并打开该文件；如果文件是音频文件，则会打开播放器播放该音频。

多态是面向对象程序设计的一个重要特征，能增加程序的灵活性。实际上，多态是客观世界的多样性在程序中的反映，体现了事物发展的可扩展性。

10.2　类的声明和对象的定义与引用

10.2.1　类和对象之间的关系

类是C++语言中十分重要的概念，它是面向对象程序设计的基础。类是大多数面向对象语言的共同特征，通常一个有一定规模的C++程序是由许多类构成的。

在C++语言中，类是一种用户自定义的抽象数据类型，程序中需要先声明一个类类型，然后用它去定义类的对象。对象就是类类型的一个变量，类是对象的模板，类是抽象的，不占用内存空间。

在客观世界中，任何事物都可以称为对象，如人、汽车、几何图形、设计方案等，类是对具有相同属性和行为的一批对象的描述。在C++语言中，类是对象的抽象，而对象是类的具体实例（instance），对象是具体的，占用内存空间。

可以将类类比成图纸，将对象类比成零件，图纸说明了零件的参数（成员变量）及功能（成员函数），根据一张图纸可以生产出多个相同类型的零件，根据不同图纸可以生产出不同类型的零件。类只是一张图纸，起到说明书的作用，不占用内存空间，对象是具体的零件，需要空间来存放对象，在程序中对象才会占用内存空间。

在C++语言中，通过类名就可以创建对象，即根据图纸生产出零件，这个过程称为类的实例化。

10.2.2　声明类类型

与结构体类型一样，类类型也是用户自定义数据类型。如果程序中要用到类类型，用户必须根据需要进行声明，或者使用其他已声明好的类。

声明类类型的一般形式如下：

```
class 类名 {
      [private:]
            数据成员和成员函数;
      [public:]
            数据成员和成员函数;
      [protected:]
            数据成员和成员函数;
};
```

声明一个类类型，本质上是声明一个数据类型的模型，并没有定义任何具体数据，它定义的是该类的对象包含哪些数据（属性），以及可以对这些数据执行哪些操作（行为）。

说明：

（1）class是声明类类型的关键字。

（2）类名是用户自定义类类型的类型名，通常类名的第一个字母大写（本书采用大驼峰命名法）。

（3）private、public和protected称为成员访问说明符（member access specifier），用来说明类成员的访问属性（访问权限）。若不指定成员访问说明符，则系统默认类成员的访问属性是private。

private成员：私有成员，只能被本类的成员函数或友元函数访问。

public成员：公有成员，类内外的函数均能访问它。

protected成员：保护成员，不涉及类的继承时，其访问特性与私有成员相同（具体用法在第12章讨论）。

设置私有成员的机制叫作隐藏，目的是强制规定对该成员变量的访问只能通过成员函数进行。这样做的好处：如果以后修改了成员变量的数据类型等属性，只需修改成员函数即可，否则所有直接访问成员变量的语句都需要修改，工作量大且容易出错。

（4）数据成员可以是除本类对象外的任何数据类型，形式如下：

```
类型名 成员名;
```

（5）成员函数用于定义可以对数据成员进行的操作，利用它可以访问类中的所有成员。

（6）类体大括号后需加分号（;）。

思考：可以定义不包含任何成员的空类吗?

声明类的一般步骤如下：

（1）确定类名，一般为英文单词或其组合。

（2）指定要操作的数据有哪些，即数据成员（只需选择与要解决的问题相关的数据），数据成员名加前缀m_。

（3）指定可以对数据执行哪些操作，即成员函数。

（4）说明成员访问属性，一般情况下数据成员为私有成员，成员函数为公有成员。

例 10.1 声明一个学生类Student。

Student类的相关信息如下。

（1）类名：Student。

（2）数据成员：学号（m_id）、姓名（m_name）、性别（m_gender）、成绩（m_score）。

（3）成员函数如下。

- setData()：输入学生信息。
- display()：输出学生信息。
- setScore()：修改学生成绩。
- getScore()：获取学生成绩。

（4）访问属性说明：数据成员的访问属性为private，成员函数的访问属性为public。

```
class Student {
private:
    int m_id;
    string m_name;
    char m_gender;
```

```
    double m_score;
public:
    void setData( );                        // 类内声明
    void display( );                        // 类内声明
    void setScore( )  {cin >> core;}
    double getScore( )  {return m_score;}
};
void Student::setData( ) {                  // 类外实现
    cin >> m_id;
    cin >> m_name;
    cin >> m_gender;
    cin >> m_score;
}
void Student::display( ) {                  // 类外实现
    cout << "id: " << m_id << endl;
    cout << "name: " << m_name << endl;
    cout << "gender: " << m_gender << endl;
    cout << "score: " << m_score << endl;
}
```

例 10.2 声明一个时间类Time。

Time类的信息如下。

（1）类名：Time。

（2）数据成员：时（m_hour）、分（m_minute）、秒（m_sec）。

（3）成员函数如下。

• setTime( )：设置时间。

• showTime( )：显示时间。

（4）访问属性说明：数据成员访问属性为private，成员函数访问属性为public。

```
class Time {
public:
    void setTime( );
    void showTime( );
private:
    int m_hour;
    int m_minute;
    int m_sec;
};
void Time::setTime( ) {
    cin >> hour >> minute >> sec;
}
void Time::showTime( ) {
    cout << hour << ":" << minute << ":" << sec << endl;
}
```

成员函数可以在类内声明，在类外实现。在类外实现时函数名前要加类名和“::”（作用域限定符，是优先级最高的运算符），用来声明成员函数是属于哪个类的。

C++语言允许用struct关键字来定义一个类类型，与使用class关键字来定义类类型的区别是：设置成员访问说明符时，成员访问属性为public。

10. 2. 3　对象的定义与引用

类是抽象的，相当于数据类型，系统不为其分配存储空间，使用类是通过定义对象来实现的，对象是类的实例，定义对象时系统会为对象分配相应的存储空间。

1. 定义对象

定义对象的方法与定义结构体变量的方法一样，有如下三种方法。

方法一：先声明类类型，然后再定义对象，形式如下。

```
类名 对象名表列;
```

例如，定义例 10.1 中 Student类对象：

```
Student s1, s2;
```

方法二：在声明类类型的同时定义对象，示例如下。

```
class Time {
public:
    void setTime( );
    void showTime( );
private:
    int m_hour;
    int m_minute;
    int m_sec;
} t1, t2;               // t1、t2 为Time类对象
```

方法三：不出现类名，直接定义对象，这种用法很少使用，也不建议这样使用。

```
class {                 // 无类名
  private:
    …
  public:
    …
}obj1, obj2;            // 定义了两个无类名的类对象
```

与定义结构体变量一样，在定义一个类的对象时，编译器会为这个对象分配存储空间，以存放对象中的成员（只为数据成员分配存储空间）。

2. 对象的引用

对象的引用包括对象的赋值、对象的输入与输出、引用对象的成员三个方面。

（1）对象赋值：两个同类型的对象可以相互赋值。

（2）对象的输入与输出：与结构体变量类似，对象不允许整体输入与输出，对象的输入与输出一般通过成员函数实现。

（3）引用对象的成员：访问对象中的成员有以下三种方法。

①通过对象名和成员运算符访问对象中的成员。

访问对象中的成员的一般形式如下：

```
对象名.成员名
```

例如：

```
s1.print( );                    // 调用对象s1的公有成员函数print( )，输出s1的信息
```

②通过指向对象的指针访问对象中的成员，例如：

```
Time t{ }, *p;                  // 定义对象t和指针变量p
p = &t;                         // 使p指向对象t
p->showTime( );                 // 通过p调用公有成员函数来输出时间
```

③通过对象的引用变量访问对象中的成员，例如：

```
Time t{ };                      // 定义对象t1
Time &r = t;                    // 定义Time类的引用r，并用t来初始化
r.showTime( )                   // 输出对象t的时间
```

10.3 类的成员

10.3.1 类成员的访问控制

C++语言的类规定了成员的访问控制权限，成员有三种访问属性。

(1)private(私有的)：在private后面声明的成员，只允许本类的成员函数访问，而类外部的任何函数都不能访问。

(2)public(公有的)：在public后面声明的成员，它们是类与外部的接口，任何外部函数都可以访问公有类型的数据和函数。

(3)protected(受保护的)：在protected后声明的成员，允许本类及派生类的函数访问，在不涉及类的继承时，其访问特性与private成员相同。

若不指定成员的访问属性，则系统默认其访问权限是private。各说明符出现的次序和次数任意，但习惯上每个说明符只出现一次，且public在前。

10.3.2 类的数据成员与成员函数

类的数据成员用来描述该类对象的属性，可以是除了本类对象外任何类型的数据(避免循环依赖)。

类的成员函数用来描述该类对象的行为，其作用是实现对数据成员的操作。成员函数是函数的一种，它的定义与使用方法和普通函数基本上是一样的，它也有返回值。若类中不包含成员函数且数据无须封装，这时应优先使用结构体类型。

1. 成员函数的性质及其与普通函数的区别

(1)所属关系：类的成员函数是属于类的，必须在类内定义或声明(在类外定义时需加类名和“::”)，能够访问类的所有成员。普通函数不属于任何特定类，可以直接在全局作用域中声明和定义。

(2)访问权限：受到类的成员访问说明符(public、private、protected)的影响，不同的访问属性决定了成员函数能否在类的外部或子类中被访问。普通函数没有类的访问属性限制，对全局可见。

(3)调用方式：成员函数(非静态)必须通过类的对象、指针或引用来调用，函数调用时会隐含传递一个指向对象的this指针。普通函数直接通过函数名调用，不需要与特定对象关联，不能直接访问类的私有成员和保护成员(除了类的友元函数外)。

(4)作用域：成员函数在其所属类的作用域内可用，可以访问类的所有成员，公有成员函数可以在类外使用，保护成员函数可以在派生类中使用。普通函数的作用域一般是全局的，可以在程序的任何地方调用。

如果一个类不包含成员函数，其作用就等同于结构体了，体现不出类在面向对象程序设计中的作用。

一般的做法是将需要被外界调用的成员函数的访问属性指定为public，它们是类的对外接口。若函数并不准备被外界调用，而是被本类中的其他成员函数调用，就应该将它们的访问属性指定为private。这类函数的作用是支持其他成员函数的操作，是类中其他成员函数的工具函数（utility function）。

若成员函数在类外定义，则类体声明的位置应在成员函数定义的位置之前，否则编译时会出错。在类内对成员函数作声明，而在类外对成员函数作定义，这是程序设计的一种良好习惯。

2. 内联成员函数

类的成员函数可以声明为内联函数，方法是在函数定义前添加inline关键字。

说明：

（1）在类内直接定义的成员函数自动成为内联函数，无须显式添加inline关键字。

（2）在类内声明，并且在类外定义的成员函数，系统并不把它默认为内联函数，调用这些成员函数的过程和调用一般函数的过程是相同的。如果想将这些成员函数指定为内联函数，则应当用inline关键字作显式声明。

（3）如果在类外定义inline函数，则必须将类的声明和成员函数的定义放在同一个头文件中（或者写在同一个源程序文件中），否则编译时无法进行代码置换。

（4）只有当在类外定义的成员函数的规模很小而且调用频率较高时，才需将此成员函数指定为内联函数。

现代编译器具备高度的优化能力，会根据上下文自动选取内联函数的展开策略。

3. 成员函数的存储

用类定义对象时，系统会为每一个对象分配存储空间。由于同一个类中不同对象的数据成员的值一般是不同的，而成员函数的代码是相同的，因此定义对象时系统只为数据成员分配存储空间。成员函数代码在编译时被存储在代码段中，所有对象共享同一份成员函数代码。

10.4 构造函数

10.4.1 对象的初始化

在定义对象时，系统为对象的数据成员分配存储空间，因为系统在为对象分配存储单元时，保留了存储单元的原状（局部对象等情况），也就是说原存储单元中的内容成为这些数据成员的初始值，所以此时数据成员的值是不可预知的。

对象代表一个客观存在的实体，它的数据成员通常是有初值的，创建对象时需要给对象的数据成员赋予一个合理的初值。

在前面的示例中，程序通过调用成员函数使数据成员获取值（利用输入或赋值等方式），这种显式的成员变量初始化，有时候并不方便。

C++语言是通过构造函数（constructor）来实现对对象的初始化的。

如果一个类中所有的数据成员都是公有的，则C++语言允许以类似结构体变量初始化的形式在定义对象时对数据成员进行初始化。

```
class Time {
  public:           // 声明公有成员
      int m_hour;
      int m_minute;
```

```
    int m_sec;
};
Time t1 {14, 56, 30};
```

一旦将任何数据成员的访问属性设为私有，就不能够再以上面这种方式初始化对象，因为在类外不能操作私有成员。

10.4.2　构造函数的特性

构造函数是一种特殊的公有成员函数，与其他成员函数不同，它不需要用户来调用，而是在对象建立时自动被调用。

构造函数的函数名必须与类名相同，以便编译器能识别它并把它作为构造函数来处理。

构造函数无函数类型，不返回任何值。

如果声明类时没有定义构造函数，则C++系统会为其自动生成一个默认构造函数（default constructor），默认构造函数的函数体是空的，也没有参数，不执行任何操作（仅完成对象初始化步骤，形式上的）。默认构造函数的形式如下：

```
类名( ){ }
```

例如，若存在没有定义构造函数的类X，则其默认构造函数为X( ){ }。

如果用户定义了类的构造函数，则编译器不再为其生成默认的无参数的构造函数。

一个类可以定义多个构造函数，也就是说构造函数可以重载，即支持以多种方式来构建对象。

对象的定义语句也就是构造函数的调用语句，所以用于初始化的数据作为实参可以在定义对象时给出，系统会按照函数重载规则调用相应的构造函数。

构造函数的作用：在创建对象时利用特定的值构造对象，将对象初始化为一个特定的状态，使此对象具有区别于其他对象的特征。

10.4.3　构造函数的形式

构造函数有多种形式：无参构造函数、有参构造函数、带参数初始化表的构造函数、重载构造函数、带默认参数的构造函数。

构造函数的一般形式如下：

```
类名([参数表]) {
    ……
}
```

1. 无参构造函数

无参构造函数称为默认构造函数，是指在定义对象时不需要提供参数就可以调用的构造函数。

例 10.3　为例 10.2 的Time类增加默认构造函数。

```
#include <iostream>
using namespace std;
class Time {
    public:
        Time( );                    // 声明无参构造函数，无参数，无返回值类型
        void setTime( );
        void showTime( );
    private:
```

```
        int m_hour;
        int m_minute;
        int m_sec;
};
Time::Time( ){                          // 类外定义无参构造函数
    m_hour = 0;
    m_minute = 0;
    m_sec = 0;
}
void Time::setTime( ){                  // 类外定义成员函数，输入时间
    cin >> m_hour >> m_minute >> m_sec;
}
void Time::showTime( ){                 // 类外定义成员函数，输出时间
    cout << m_hour << ":" << m_minute << ":" << m_sec << endl;
}
int main( ) {
    Time t;                             // 自动调用无参构造函数对数据成员进行初始化
    t.showTime( );                      // 显示默认时间 0:0:0
    t.setTime( );                       // 修改t的时间
    t.showTime( );                      // 输出新输入的时间
    return 0;
}
```

运行结果：

```
0:0:0
12 30 25↙
12:30:25
```

2. 有参构造函数

用无参构造函数初始化的对象的数据成员的值是固定的。若需要给不同的对象赋予不同的初值，可使用有参构造函数，即在调用对象的构造函数时，将不同的数据通过参数传递给构造函数，以实现不同的对象具有不同的初值。

由于用户不能调用构造函数，所以无法采用常规的调用函数的方法给构造函数传递实参。实参是在定义对象时给出的。

定义对象的一般形式如下：

```
类名 对象名(实参1, 实参2, … );
```

例 10.4 设计圆（Circle）类，实现输入圆的半径求圆的面积，要求设计有参构造函数来实现对象的初始化。

```
#include <iostream>
#include <iomanip>
using namespace std;
class Circle {                              // 定义一个圆类
    public:
        Circle(double r);                   // 有参构造函数，用r来初始化m_radius
        void setRadius( );                  // 输入圆的半径
        double area( );                     // 求圆的面积的函数
    private:
        double m_radius;                    // 圆的半径
};
Circle::Circle(double r ) {
    m_radius = r;
}
void Circle::setRadius( ) {
    cin >> m_radius;
```

```
}
double Circle::area( ) {
    return 3.14159 * m_radius * m_radius;           // π值取 3.14159
}
int main( ) {
    Circle r(2.0);                                  // 调用有参构造函数
    cout << fixed << setprecision(2);               // 设置小数点后取 2 位有效数字
    cout << r.area( ) << endl;                      // 输出默认圆的面积
    r.setRadius( );                                 // 输入圆的半径
    cout << r.area( ) << endl;                      // 输出圆的面积
    return 0;
}
```

运行结果：

```
12.57
5↙
78.54
```

注意：若在类中定义了有参构造函数，则系统不再提供默认构造函数，此时如果用户没有提供无参构造函数，则定义对象时若未给出参数，对象将无法实例化。比如，Circle c;会编译出错，在Dev-C++中提示为：[Error] no matching function for call to 'Circle::Circle( )'。此时，用户可自己定义一个空的构造函数，如Circle( ) { }。

3. 用参数初始化表对数据成员初始化

C++语言还提供另一种初始化数据成员的方法——使用参数初始化表对数据成员初始化。这种方法不在函数体内对数据成员初始化，而是在函数首部对数据成员初始化。

带参数初始化表的构造函数的一般形式如下：

```
类名::类名(参数表) [:成员初始化表] {
    [构造函数体]
}
```

注意：若数据成员有数组类型或指针类型，则需要在函数体内初始化；初始化列表是按照数据成员在类中的定义顺序来执行的，而不是按初始化列表中的书写顺序来执行的。

例 10.3 中Time类的构造函数可改为如下形式：

```
Time( ):m_hour(0), m_minute(0), m_sec(0){ }
```

例 10.4 中Circle类的构造函数可改为如下形式：

```
Circle(double r):m_radius(r) { }
```

4. 构造函数的重载

在一个类中可以定义多个构造函数，以便为类的对象提供不同的初始化方法，供用户选用。一个类具有多个构造函数且构造函数的参数表不同（参数的个数、参数的类型或不同类型参数的次序不同），称为构造函数的重载。

构造函数的重载与普通函数的重载的相关规则是一致的。

例 10.5　改写例 10.3，增加两个有参构造函数，观察运行结果。

```
#include <iostream>
using namespace std;
class Time {
    public:
        Time( ):m_hour(0), m_minute(0), m_sec(0) { };    // 无参构造函数
```

```
            Time(int h, int m, int s);                 // 有3个参数的构造函数
            Time(int h, int m);                        // 有2个参数的构造函数
            void showTime( );
        private:
            int m_hour;
            int m_minute;
            int m_sec;
};
Time::Time(int h, int m, int s) {
        m_hour = h;
        m_minute = m;
        m_sec = s;
}
Time::Time(int h, int m): m_hour(h), m_minute(m), m_sec(0) { }
void Time::showTime( ) {                               //显示时间
      cout << m_hour << ":" << m_minute << ":" << m_sec << endl;
}
int main( ) {
      Time t1;                                         //调用无参构造函数
      t1.showTime( );
      Time t2(12, 30, 15);                             //调用有3个参数的构造函数
      t2.showTime( );
      Time t3(12, 45);                                 //调用有2个参数的构造函数
      t3.showTime( );
      return 0;
}
```

运行结果：

```
0:0:0
12:30:15
12:45:0
```

5. *使用带默认参数的构造函数*

与带默认参数的普通函数类似，也可以为构造函数中的参数指定默认值，即如果用户不指定实参值，编译器就使形参取默认值。

例如，例10.4中Circle类的构造函数可改为：Circle(double r = 1.5):m_radius(r) { }，修改后可以如下定义Circle类的对象：

```
Circle c;
```

此时圆的半径取默认值1.5。

说明：

（1）指定默认值应该在声明构造函数时，若构造函数是在类内声明并且在类外定义的，则在类外定义时不能指定默认值。

（2）声明构造函数时，形参名可以省略。例如：

```
Circle(double = 1.5);
```

（3）如果构造函数的全部参数都指定了默认值，则在定义对象时可以给出部分或全部实参，也可以不给出实参。

（4）在一个类中定义了参数全部带默认值的构造函数后，应确保默认参数不会导致构造函数重载出现二义性。

（5）构造函数是用来初始化对象的数据成员的，所以构造函数的参数类型和参数个数应与数据成员的类型和个数一致，而且不提倡在构造函数中加入与初始化对象无关的内容，以保持程序的可读性。

（6）从C++11 标准开始，C++语言允许在声明类时为类的数据成员指定默认值。例如：

```
class Time {
    public:
        Time( ):m_hour(0), m_minute(0), m_sec(0){ };
        Time(int h, int m, int s);
        void showTime( );
    private:
        int m_hour {12};              // 指定默认值 12
        int m_minute {0};             // 指定默认值 0
        int m_sec {0};                // 指定默认值 0
};
```

此时若类没有定义构造函数，那么定义对象时系统会自动使用默认值来初始化数据成员。

10.5 析构函数

10.5.1 析构函数的特性

析构函数（destructor）是一个特殊的公有成员函数，它的作用与构造函数的作用相反。当一个对象的生存期结束时，C++程序会自动调用其析构函数，在对象销毁前做善后工作，例如释放动态分配的内存空间等。

析构函数的形式如下：

```
~类名( ){ … }
```

析构函数名为~类名，函数无参数，无返回值类型。

如果类没有定义析构函数，系统为其提供默认的析构函数。例如：

```
~类名( ){ }          //无参数，函数体为空，不做任何操作
```

如果类定义了析构函数，系统就不会再为其生成默认的析构函数。

一个类只能有一个析构函数（不能重载）。

对象的生命期结束时，会自动执行析构函数，具体地说其调用有以下几种情况。

（1）函数中定义的局部对象（非静态），当函数调用结束时，对象会被释放，在对象被释放前系统自动调用其析构函数。

（2）静态局部对象在函数调用结束时对象并不会被释放，因此系统也不会调用其析构函数，只在main( )函数执行结束或程序调用exit( )函数结束时，系统才调用静态局部对象的析构函数。

（3）全局对象，在程序结束［如main( )函数执行结束或程序调用exit( )函数］时，系统调用该全局对象的析构函数。

（4）用new运算符动态建立的对象，当用delete运算符释放该对象时，系统先调用该对象的析构函数。

一般情况下，类的设计者应当在声明类的同时定义析构函数，以指定如何完成对象的“清理”工作。

例 10.6 输入n个整数，将其按从大到小的顺序输出。

分析：这是一个数组排序问题，定义一个ArraySort类，数据成员有数组元素个数m_n和数组的起始地址m_arr，成员函数包含如下内容——构造函数负责给数组分配内存空间并输入

数组元素，析构函数负责释放给数组动态分配的内存空间，排序使用sort( )函数完成，再定义一个成员函数来输出数组元素。

```
#include <iostream>
#include <algorithm>                              // 为了引入sort( )函数
#include <functional>                             // 为了引入比较器greeter<int>
using namespace std;
class ArraySort {
    public:
        ArraySort( );                             // 构造函数
        ~ArraySort( );                            // 析构函数
        void arrSort( );                          // 对数组按从大到小排序
        void print( );                            // 输出数组元素
    private:
        int m_n{};                                // 数组元素个数
        int *m_arr{ };                            // 数组起始地址
};
ArraySort::ArraySort( ) {
    cout << "Please enter the number of array elements:";
    cin >> m_n;
    m_arr = new int[m_n];                         // 为数组分配m_n个int型存储空间
    for(int i = 0; i < m_n; ++i) {
        cin >> m_arr[i];
    }
}
ArraySort:: ~ ArraySort( ) {
    delete[] m_arr;                               // 释放动态分配的存储空间
    cout << "Array memory space has been released.\n";
}
void ArraySort::arrSort( ) {
    // 使用sort( )函数排序，比较器greater<int>表示从大到小
    sort(m_arr, m_arr + m_n, greater<int>( ));
}
void ArraySort::print( ) {
    for(int i = 0; i < m_n; ++i) {
        cout << m_arr[i] << " ";
    }
    cout << endl;
}
int main( ) {
    ArraySort arr;                                // 自动调用构造函数
    arr.arrSort( );
    arr.print( );
    return 0;                                     // 程序结束前，自动调用析构函数，释放内存空间
}
```

运行结果：

```
Please enter the number of array elements:6↙
58 12 95 66 70 99↙
99 95 70 66 58 12
Array memory space has been released.
```

说明：若数据成员含有指针变量，请一定要注意确认指针变量已经被分配内存空间并赋值，然后才能使用。本例通过动态分配存储给指针变量分配内存，动态分配的内存一定要在析构函数中释放，否则会造成内存泄漏。本例的目的除了学习析构函数的应用外，还要学习指针数据成员如何初始化。

10.5.2　调用构造函数和析构函数的顺序

一般情况下，调用析构函数的次序正好与调用构造函数的次序相反，即先构造的后析构，后构造的先析构，析构函数与构造函数相当于一个栈中的数据，先进后出。

系统调用构造函数和析构函数的时机与对象的作用域和存储类别有关。

（1）全局对象（在所有函数之外定义的对象）：它的构造函数在源程序文件中的所有函数［包括main()函数］执行之前调用。但如果一个程序中有多个源程序文件，而不同的源程序文件中都定义了全局对象，则这些对象的构造函数的执行顺序是不确定的。当main()函数执行完毕或程序调用exit()函数时（此时程序终止），系统调用析构函数。

（2）局部自动对象：在定义对象时系统调用其构造函数。如果所在函数被多次调用，则在每次定义对象时系统都要调用构造函数。在函数调用结束、对象被释放时调用析构函数。

（3）静态局部对象：只在程序第一次调用此对象所在函数，函数定义对象时系统调用构造函数一次，在main()函数执行结束或程序调用exit()函数结束时，系统调用析构函数。

例 10.7　调用构造函数与析构函数的顺序。

```
#include <iostream>
using namespace std;
class Test {
    private:
        int m_id;
    public:
        Test(int num = 0) {             // 构造函数
            m_id = num;
            cout << "id = " << m_id << " constructed." << endl;
        }
          ~Test( ) {                    // 析构函数
              cout << "id = " << m_id << " destructed." << endl;
        }
};
Test d1(1);                             // 定义全局对象d1
void testFun( ) {
     static Test d2(2);                 // 定义静态局部对象d2
     Test d3(3);                        // 定义局部对象d3
     cout << "testFun" << endl;
}
int main( ) {
    Test d4(4);                         // 定义局部对象d4
    cout << "main" << endl;
    {
      Test d5(5);                       // 复合语句内定义的局部对象d5
    }
    testFun( );
    cout << "main ends" << endl;
    return 0;
}
```

运行结果：

```
id = 1 constructed.                     // ①
id = 4 constructed.                     // ②
main
id = 5 constructed.                     // ③
id = 5 destructed.                      // ④
id = 2 constructed.                     // ⑤
id = 3 constructed.                     // ⑥
testFun
```

```
id = 3 destructed.          // ⑦
main ends
id = 4 destructed.          // ⑧
id = 2 destructed.          // ⑨
id = 1 destructed.          // ⑩
```

运行结果分析：

（1）程序运行时全局对象 d1 在 main( ) 函数执行之前被初始化，系统调用其构造函数，输出结果①，然后 main( ) 函数开始执行，输出结果②，接着复合语句内局部对象 d5 初始化，输出结果③，当 d5 离开其作用域时被销毁，系统调用其析构函数，输出结果④。

（2）程序调用 testFun( ) 函数，静态局部变量 d2 初始化，系统调用其构造函数输出结果⑤，然后局部对象 d3 初始化，构造函数被调用，输出结果⑥，testFun( ) 函数执行结束，局部对象 d3 被销毁，系统调用其析构函数，输出结果⑦，此时静态局部对象 d2 并没有被销毁。

（3）返回 main( ) 函数后，程序运行结束，局部对象 d4 先被释放，系统调用其析构函数，输出结果⑧，然后系统释放静态局部对象 d2 和全局对象 d1，输出结果分别对应⑨和⑩。从执行结果看，遵循先构造的对象后析构的原则，即先进后出原则。

10.6 对象数组

一个数组的每个元素都是同一个类的对象，称该数组为对象数组。例如：

```
Circle c[3];
```

（1）对象数组的初始化：由于一个对象通常有多个数据成员，而对象的初始化是通过构造函数实现的，C++语言采用在大括号中分别写出每个对象的构造函数并指定实参来初始化对象数组中的每个对象。

例如，由三个 Circle 类对象构成的数组的初始化形式（显式调用构造函数，生成临时对象）如下：

```
Circle cir[3] = {Circle(1.0), Circle(3.5), Circle(15.0)};
```

（2）对象数组的操作：用循环处理数组中的每个对象，用类的公有成员函数实现对每个对象的数据成员的操作。

例 10.8 利用对象数组求三个圆的面积。

```
#include <iostream>
#include <iomanip>
using namespace std;
class Circle {                              // 定义一个圆类
    public:
        Circle(double r = 1.0);             // 有参构造函数，参数默认值为 1.0
        double area( );                     // 求圆的面积
    private:
        double m_radius;                    // 圆的半径
};
Circle::Circle(double r) {
    m_radius = r;
}
double Circle::area( ) {
```

```
    return 3.14159 * m_radius * m_radius;  // π值取 3.14159
}
int main( ) {
    // 定义对象数组并初始化
    Circle c[3] {Circle(1.0), Circle(3.5), Circle(15.0)};
    cout << fixed << setprecision(2);          // 设置小数点后取 2 位有效数字
    for (int i = 0; i < 3; ++i) {
        cout << "area of circle[" << i << "] = " << c[i].area( ) << endl;
    }
    return 0;
}
```

运行结果：

```
area of circle[0] = 3.14
area of circle[1] = 38.48
area of circle[2] = 706.86
```

10.7　对象指针

10.7.1　指向对象的指针

定义对象时，编译器会为其分配一定的内存空间，以存放其数据成员。为对象分配的内存空间的起始地址就是对象的指针。

定义指向类对象的指针变量的一般形式如下：

```
类名 *对象指针名;
```

例如，对例 10.3 中的Time类，定义指向Time类对象的指针如下：

```
Time t, *ptr{ };
ptr = &t;
ptr->showTime( );              // 通过指向成员的指针运算符->调用成员函数
```

10.7.2　指向对象成员的指针

1. 指向对象数据成员的指针

因为对象的数据成员一般来说都是私有成员或保护成员，在类外不能直接访问，所以指向对象数据成员的指针很少使用。若对象的数据成员是公有成员，则可以通过定义指向数据成员的指针变量来访问数据成员。

例 10.9　指向成员变量的指针变量的定义与使用示例。

```
#include <iostream>
using namespace std;
class Demo {
    public:
        int m_value;
};
int main( ) {
    Demo obj;
    Demo *ptrToObj = &obj;                          // 定义指向对象的指针变量
    // 定义一个指向成员变量的指针
```

```
11      int Demo::*ptrToMember = &Demo::m_value;
12      obj.m_value = 30;
13      cout << obj.m_value << endl;
14      // 使用 .* 运算符通过成员指针访问对象的成员
15      cout << obj.*ptrToMember << endl;
16      cout << ptrToObj->m_value << endl;
17      // 使用 ->* 运算符通过成员指针访问对象的成员
18      cout << ptrToObj->*ptrToMember << endl;
19      return 0;
20  }
```

说明：语句 13、15、16、18 输出的结果均是 30，“.”和“->”是常用的成员访问运算符，用于访问对象的成员。而“.*”和“->*”是这两个运算符的指针版本（运算符的优先级为 4 级），用于访问类对象的成员指针。具体来说，它们用于通过一个指向成员的指针来访问对象的成员。指向成员的指针可以是指向数据成员的指针或指向成员函数的指针。这里要注意指向成员变量的指针的定义形式。

2. 指向对象成员函数的指针

定义指向对象成员函数的指针变量的方法和定义指向普通函数的指针变量的方法有所不同。

首先回顾第 8 章学习的普通函数指针，内容如下。

（1）定义普通函数指针：

```
类型名(*指针变量名)(参数表列);
```

（2）若有函数 void fun( );，则定义函数指针，例如：

```
void (*p)( );
```

（3）给 p 赋值：

```
p = fun;            // 函数名代表函数的入口地址
```

（4）通过 p 调用函数 fun( )：

```
p( ) 或 (*p)( )
```

成员函数与普通函数有一个最根本的区别：成员函数是类中的一个成员。在给函数指针赋值时，编译器要求指针变量的类型必须与赋值运算符右侧函数的类型相匹配，其中在以下三方面都要匹配：

（1）函数参数的类型和参数个数；

（2）函数返回值的类型；

（3）所属的类。

定义指向类的成员函数的指针变量的一般形式如下：

```
数据类型名(类名::*指针变量名)(参数表列);
```

例 10.10 指向成员函数的指针变量的定义与使用示例。

```
#include <iostream>
using namespace std;
class Demo {
      public:
            int m_value{5};
            void print( ){
                  cout << m_value << endl;
```

```
8              }
9          };
10 int main( ) {
11       Demo obj;
12       Demo *ptrToObj = &obj;                       // 定义指向对象的指针变量
13       void (Demo::*ptrToMemFun)( );                // 定义一个指向成员函数的指针
14       ptrToMemFun = &Demo::print;
15       // 使用 .* 运算符通过指向成员函数的指针调用成员函数
16       (obj.*ptrToMemFun)( );
17       // 通过指向对象的指针使用 ->* 运算符通过指向成员函数指针调用成员函数
18       (ptrToObj->*ptrToMemFun)( );
19       return 0;
20 }
```

说明：语句 16、18 输出的结果均是 5，注意指向成员函数的指针变量的定义形式及成员函数地址的表示形式。由于运算符“.*”和“->*”的优先级低于“( )”，所以通过成员函数的指针调用成员函数时要加上小括号。

由于运算符“.*”和“->*”的使用场景不多，例 10.9、例 10.10 仅演示了它们的基本使用方法，这部分内容了解即可。

10.7.3　this 指针

当不同对象的成员函数引用数据成员时，C++语言如何实现成员函数引用的是指定对象的数据成员呢？

每个非静态成员函数都自动带有一个名为this的特殊指针，它指向调用该函数的对象本身，其值为该对象的起始地址。

this指针是隐式使用的，它是类成员函数的隐含参数。

例 10.3 中Time类的成员函数如下：

```
void Time::showTime( ) {
     cout << m_hour << ":" << m_minute << ":" << m_sec << endl;
}
```

实际上，C++语言把它处理为如下形式：

```
void Time::showTime(Time *this) {
     cout << this->m_hour << ":" << this->m_minute << ":" << this->m_sec << endl;
}
```

在成员函数的形参表列中，第一个形参实际上是this指针，当Time类的对象t调用成员函数showTime( )时，即t.showTime( );，实际上执行的是t.showTime(&t);，程序将t的地址&t传给this指针，从而输出对象t的数据成员值。由于this指针始终指向调用成员函数的对象，this指针实际上是指针常量，即Time * const this。

例 10.11　this指针的应用。

```
#include <iostream>
using namespace std;
class Test {
    public:
        Test(int a) {                  // 相当于Test(Test *const this,int a)
            this->a = a;               // 使用this指针区分成员变量与形参
        }
        void print( ) {                // 相当于void print(Test const *this)
            cout << "a: " << this->a << endl;
        }
```

```
    private:
        int a;
};
int main( ) {
    Test obj(10);
    obj.print( );                        // 等同于obj.print(&obj);, 输出a: 10
    return 0;
}
```

this指针的另一个应用是在类的非静态成员函数中使用return *this;来返回对象本身，相关内容将在第 11 章学习。

10.8 动态对象

本书第 8 章中介绍过可以使用运算符new、运算符delete为变量、数组动态分配存储，它们同样也可用于动态建立和销毁对象。

一个对象在其生存期内，所占的内存空间是不能随时释放的。若希望在需要用到对象时建立对象，在不需要使用该对象时就销毁它，释放它所占的内存空间，以提高内存空间的利用率，那么可以用new运算符动态建立对象，用delete运算符销毁对象。

1. 动态建立对象

动态建立对象的一般形式如下：

```
new 类名;
```

或者采用如下形式：

```
new  类名[数组长度];
```

假设已经定义了一个Time类，动态建立对象的操作如下：

```
Time *ptr;                   // 定义一个指向Time类对象的指针变量ptr
ptr = new Time;              // 在ptr中存放新建对象的起始地址，并调用默认构造函数初始化
ptr = new Time(12,25,10);    // 动态创建一个Time对象，并调用有参构造函数初始化
ptr = new Time[2];           // 动态创建Time类对象数组，ptr指向该数组首元素
```

2. 动态销毁对象

动态销毁对象的语句如下：

```
delete ptr; 或者 delete [ ] ptr;    // 释放ptr指向的内存空间
```

执行delete语句时，在释放内存空间之前，系统自动调用对象的析构函数，完成善后清理工作。

注意： 不建议使用C语言中的malloc( )函数和free( )函数分别为对象分配和释放内存，主要原因是这两个函数不能自动调用对象的构造函数和析构函数。

10.9　共用数据的保护

C++语言通过封装实现了数据隐藏，保证数据的安全性，但是各种形式的数据共享却在不同程度地破坏数据的安全性。对于既要在一定范围内共享，又要防止它不被任意修改的数据，可以使用const关键字修饰，即把相关数据定义为常量。

10.9.1　常对象

在C++语言中，常对象（constant object）是指通过const关键字修饰的对象，其核心特性是不可变性。

定义常对象的一般形式如下：

```
const 类名  对象名[(实参表列)];
```

例如：

```
const Time t(12, 23, 35);
```

说明：

（1）与常变量必须在定义时初始化一样，常对象也必须在定义时初始化。

（2）一旦初始化常对象后，其所有非mutable成员变量的值都不能被修改。

（3）常对象只能调用常成员函数（系统自动调用的构造函数和析构函数除外）。

```
t.getTime( );        // 企图调用常对象t的非const型成员函数，非法
```

（4）常成员函数可以访问常对象中的数据成员，但不允许修改常对象中数据成员的值。若希望修改常对象中的数据成员，可以将成员变量声明为mutable，然后通过常成员函数进行修改。

（5）常对象一般用作函数参数，但函数参数更常见的是使用常引用。C++语言允许将const关键字放在类名后，但不推荐这种用法。

10.9.2　常对象成员

对象的成员也可以声明为const，包括常数据成员和常成员函数。

1. 常数据成员

使用关键字const来声明常数据成员，其作用和用法与一般常变量类似。

例如，可定义Time类的数据成员m_hour为常数据成员：

```
const int m_hour{ };
```

说明：

（1）常数据成员的值在对象生存期内是不能改变的。

（2）只能通过设置默认值或在构造函数的参数初始化表中对常数据成员进行初始化，而不能在构造函数的函数体中对常数据成员初始化，否则会出错。

例如：

```
Time::Time(int h, int m, int s):m _ hour(h){
```

```
        m_minute = m;
        m_sec = s;
    }
```

2. 常成员函数

在类的成员函数的声明后面加const关键字，该成员函数称为常成员函数。

声明常成员函数的一般形式如下：

```
类型名 函数名(参数表) const;
```

说明：

（1）const是函数类型的一部分，在声明函数和定义函数时都要有const关键字。

（2）常成员函数执行期间不能修改所作用的对象的成员变量的值（静态成员变量除外），只能引用，也不能调用同类的非常成员函数（静态成员函数除外），因为无法保证其他成员函数不修改成员变量的值。例如：

```
int Time::getHour( ) const {
    return ++m_hour;        //非法，不能修改m_hour的值
}
```

const关键字隐含修饰的是this指针，即const Time * const this，所以函数中不允许修改普通成员变量的值，但不影响对静态成员的修改。

（3）const关键字可以参与对重载函数的区分。例如，两个成员函数的函数名和参数表都一样，但是一个函数是加const修饰的，另一个不是，则二者构成函数重载。

例 10.12 const关键字参与函数重载。

```
#include <iostream>
using namespace std;
class Test {
    private:
        int m_n;
    public:
        Test( ): m_n(1) { }
        int getValue( ) const {               // 常成员函数
            return m_n;
         }
         int getValue( ) {
             return 2 * m_n;
         }
};
int main( ) {
    const Test obj1;                          // 常对象
    Test obj2;
    cout << obj1.getValue( ) << endl;         // 常对象调用常成员函数，输出1
    cout << obj2.getValue( ) << endl;         // 普通对象调用普通成员函数，输出2
    return 0;
}
```

10.9.3 指向对象的指针常量

定义指向对象的指针常量的一般形式如下：

```
类名 * const 指针变量名;
```

例如：

```
Time t1(10, 12, 15), t2;
```

```
Time * const ptr = &t1;              // ptr是指针常量，始终指向对象t1
ptr = &t2;                           // 非法，ptr不能改变指向
```

指向对象的指针常量的值不能改变，即始终指向同一个对象（将一个指针变量固定地与一个对象相关联，如this指针就是指针常量），但可以改变其所指向对象的值。

10.9.4　指向常对象的指针变量

指向常对象的指针变量与指向变量的指针常量在概念和使用方法上类似。

定义指向常对象的指针变量的一般形式如下：

```
const 类名 *指针变量名;
```

作用：不允许通过指针变量修改它所指向的对象的数据成员。

说明：

（1）如果一个对象已被声明为常对象，则只能用指向常对象的指针变量指向它，而不能用一般的（指向非const型对象的）指针变量指向它。

（2）如果定义了一个指向常对象的指针变量，并使它指向一个非const型对象，则其指向的对象是不能通过指针来改变的。例如，假设Time类的数据成员的访问属性是public，则示例操作如下：

```
Time t(10, 12, 15);
const Time *p = &t;
t.m_minute = 18;              // 给普通对象的公有数据成员赋值，合法
p->m_minute = 18;             // 试图通过指向常对象的指针给数据成员赋值，非法
```

（3）指向常对象的指针变量一般用于函数形参，目的是保护形参指针所指向的对象，使它在函数执行过程中不被修改。

例 10.13　指向常对象的指针变量作函数参数。

```
#include <iostream>
#include <string>
using namespace std;
class Student {
    public:
        string m_name;
        int m_age;
        Student(const string& n, int a) :m_name(n), m_age(a) { }        // 构造函数
        // 常成员函数，不修改对象状态
        string getFullName( ) const {
            return m_name + " is " + to_string(m_age) + " years old.";
        }
};
// 函数原型，指向Student类的常对象的指针作为函数参数
void print(const Student* stuPtr) {
    // 由于stuPtr指向的是常对象，不能通过它修改对象的成员
    cout << stuPtr->getFullName( ) << std::endl;             // 可以调用常成员函数
    // 下面的代码是非法的，因为尝试修改常对象的成员
    // stuPtr->name = "New Name";                            // 这将导致编译错误
}
int main( ) {
    Student s("Echo", 30);
    print(&s);                                               // 将s地址传递给print( )函数
    return 0;
}
```

运行结果：

```
Echo is 30 years old.
```

10.9.5 对象的常引用

声明对象引用时在前面加const关键字，称为对象的常引用。

不能通过常引用修改其引用对象的数据成员。

(1)对象作为函数参数时，调用函数时需要调用拷贝构造函数给形参传值，效率比较低。若用指针作函数参数，代码可读性差，如何解决这个问题？此时可以用对象的引用作为参数，例如：

```
class Sample{
      ……
};
void printobj(Sample &ref);
```

(2)对象引用作为函数参数有一定的风险，若函数中不小心修改了形参ref，则实参也跟着改变，这可能不是程序设计时想要的，如何避免这个风险？此时可使用常引用作函数参数，例如：

```
void printobj(const Sample &ref);
```

请尝试将例 10.13 中的指向常量的指针变量改为常引用，观察运行结果。

10.10 拷贝构造函数

拷贝构造函数(copy constructor)是一种特殊的构造函数，作用是在创建对象时通过复制已有对象的数据成员来生成新对象。

拷贝构造函数的一般形式如下：

```
类名(类名 &ref){
    …
}
```

说明：

(1)只有一个形参，为本类对象的引用。

(2)形参也可以是常引用，例如：

```
类名(const 类名 &ref);
```

(3)如果用户没有定义拷贝构造函数，那么编译器自动生成默认的拷贝构造函数，其作用只是简单地复制同类对象中每个数据成员(实现同类对象的克隆)。一般情况下，用户需自己定义拷贝构造函数，此时系统不再生成默认的拷贝构造函数。

当程序中需要用类的一个对象去初始化该类的另一个对象时，在以下三种情况下，系统会自动调用拷贝构造函数。

(1)程序中需要新建一个对象，并用另一个同类的对象对它初始化。

(2)当函数的参数为类的对象时，在调用函数时需要将实参对象完整地传递给形参，也就是需要建立一个实参的副本，系统通过调用拷贝构造函数来实现。

（3）若一个函数的返回值类型是类的对象，在函数调用完毕将返回值带回函数调用处时，此时需要将函数中的对象复制一个临时对象并传给该函数的调用处。

例 10.14 拷贝构造函数的应用。

```
#include <iostream>
using namespace std;
class Point {
    public:
        Point(int x = 0, int y = 0) {       // 构造函数
            m_x = x;
            m_y = y;
            cout << m_x << "," << m_y << " Object constructed." << endl;
        }
        ~Point( ) {                         // 析构函数
            cout << m_x << "," << m_y << " Object destroyed." << endl;
        }
        Point(Point &obj) {                 // 拷贝构造函数
            m_x = obj.m_x + 1;
            m_y = obj.m_y + 1;
            cout << "Copy constructor called." << endl;
        }
        void print( ) {
            cout << m_x << "," << m_y << endl;
        }
    private:
        int m_x;
        int m_y;
};
// 对象作函数参数并返回对象
Point func(Point p) {
    cout << "func: ";
    p.print( );
    return p;
}
int main( ) {
    Point p1(1, 2);                          // 调用构造函数初始化对象p1
    Point p2(p1);                            // 调用拷贝构造函数用p1初始化p2
    Point p3;
    p3 =func(p2);                            // 函数返回匿名对象，赋值给p3
    cout << "main: ";
    p3.print( );
    return 0;
}
```

在 C++98 下，运行结果：

```
1, 2 Object constructed.          // ①
Copy constructor called.          // ②
0, 0 Object constructed.          // ③
Copy constructor called.          // ④
func: 3, 4
Copy constructor called.          // ⑤
4, 5 Object destroyed.            // ⑥
3, 4 Object destroyed.            // ⑦
main: 4, 5
4, 5 Object destroyed.            // ⑧
2, 3 Object destroyed.            // ⑨
1, 2 Object destroyed.            // ⑩
```

说明：

①调用普通构造函数初始化对象p1，p1 的值为(1, 2)；

②调用拷贝构造函数用p1 初始化p2，p2 的值为(2, 3)；

③调用普通构造函数使用默认值初始化对象p3，p3 的值为(0, 0)；

④调用 func( )函数时，调用拷贝构造函数将实参p2 的值复制给形参p，p的值为(3, 4)；

⑤func( )函数调用结束时，返回时调用拷贝构造函数生成的临时对象(4, 5)，赋值给对象p3；

⑥函数调用结束，临时对象(4, 5)被释放，调用析构函数；

⑦函数调用结束，局部对象p(3, 4)被释放，调用析构函数；

⑧程序运行结束，main( )函数定义的局部对象p3(4, 5)先被释放，调用析构函数；

⑨程序运行结束，main( )函数定义的局部对象p2(2, 3)被释放，调用析构函数；

⑩程序运行结束，main( )函数定义的局部对象p1(1, 2)被释放，调用析构函数。

特别需要说明的是，对象作函数参数以及函数的返回值并不是推荐的用法，为了完成同样的功能，一般使用指向对象的指针或对象引用，效率会更高。

语句p3 = func(p2); 是将函数返回的临时对象赋值给对象p3，并不调用拷贝构造函数。对象赋值与初始化的区别在于：对象的赋值是对一个已经存在的对象赋值，因此必须先定义被赋值的对象，才能进行赋值，而对象的复制是从无到有地建立一个新对象，并使它与一个已有的对象完全相同，如语句Point p(p1);是调用拷贝构造函数用p1 初始化对象p，p是从无到有。

默认情况下，系统提供的拷贝构造函数可以实现两个同类对象间数据成员的一一对应复制，这种复制称为浅拷贝。但当被复制的对象数据成员是指针类型时，不是复制该指针成员本身，而是将指针所指的数据进行复制，这种复制称为深拷贝。深拷贝要求用户自定义拷贝构造函数。

例 10.15 浅拷贝与深拷贝。

```
#include <iostream>
#include <cstring>
using namespace std;
class Test {
    private:
        char *ps;
        int size;
    public:
        Test(char *p);              // 构造函数
        ~ Test( );                  // 析构函数
};
Test::Test(char *p) {
     ps = new char[strlen(p) + 1];
     if(ps != nullptr) {
         strcpy(ps, p);
         size = strlen(p);
     }
     cout << "constructor called." << endl;
}
Test::~ Test( ) {
     delete [] ps;
     size = 0;
     cout << "destructor called." << endl;
}
int main( ) {
     char s[64] = "CMD";
```

```
    Test obj1(s);
    Test obj2(obj1);                          // 调用默认拷贝构造函数
    return 0;
}
```

此程序在 Dev-C++ 上的输出结果如下：

```
constructor called.
destructor called.
destructor called.
```

而在其他编译器上可能宕机，原因是默认拷贝构造函数只进行值复制（Test obj2(obj1);），即进行如下复制：

```
obj2.ps = obj1.ps
obj2.size = obj1.size
```

语句 obj2.ps = obj1.ps;，没有给指针 obj2.ps 申请内存并且将 obj1.ps 指针指向的内存单元中的内容复制过去，只是给指针赋值（两个指针指向同一段内存）。当程序结束时，两个对象在调用析构函数时对同一段内存进行了两次释放。浅拷贝如图 10-1 所示。

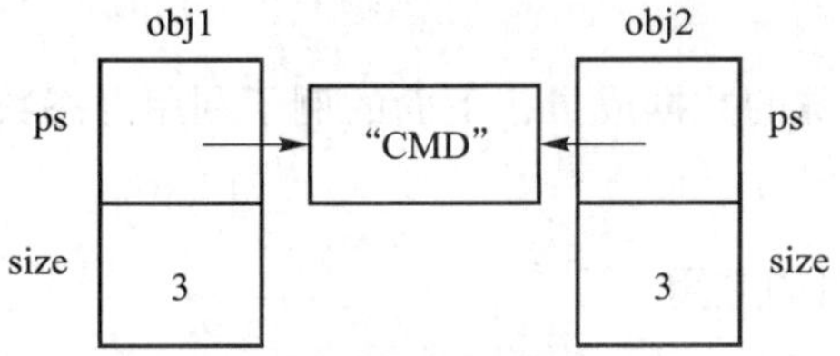

图 10-1 浅拷贝

解决这一问题的方法是在上面的类中增加一个拷贝构造函数，实现深拷贝，即当被复制的数据成员是指针类型时，不复制该指针成员自身，而是对指针所指的数据进行复制。

```
Test::Test(const SS &obj) {                           // 自定义的拷贝构造函数
    ps = new char[strlen(obj.ps) + 1];                // 申请动态存储区
    if(ps != nullptr) strcpy(ps, obj.ps);             // 复制数据到存储区
    size = obj.size;                                  // 复制数据成员
}
```

在设计类时，一般需要设计至少三个构造函数：默认构造函数（或无参构造函数）、有参构造函数和拷贝构造函数。

10.11 静态成员

10.11.1 数据共享方法

在程序设计时，经常需要共享数据。C++ 语言中的数据共享方法如表 10-1 所示。

表 10-1 C++ 语言中的数据共享方法

共享类型	实现方法
函数之间	全局变量或者参数传递
一个对象的函数成员之间	类的封装，无须依靠全局变量或参数传递，直接引用

续表

共享类型	实现方法
一个类的不同对象之间	静态成员
不同类的对象之间	友元

10.11.2 静态数据成员

一般情况下，若一个类有*n*个对象，每一个对象有自己的数据成员，不同对象的数据成员各自独立，互不相干。但是，有时需要有某一个或某几个数据成员被所有对象共有，如何实现数据共享呢?

（1）利用全局变量能够实现数据共享。但全局变量的值被一个程序文件中的各个函数共享，其安全性得不到保证，可能导致程序运行失败。因此，在实际编程中要谨慎使用全局变量。

（2）C++语言提供了在同类的多个对象之间实现数据共享的方法，不是使用全局变量，而是使用静态数据成员。

静态数据成员是一种特殊的数据成员，下面的例子利用静态数据成员统计程序创建了多少个类的实例。

例 10.16 静态数据成员的应用。

```
#include <iostream>
using namespace std;
class MyClass {
     public:
        static int count;                                    // 声明静态成员变量
        MyClass( ) {
           count++;                                          // 构造函数中的计数器加 1
        }
        ~MyClass( ) {
            count--;                                         // 析构函数中减少计数
        }
};
// 在类外初始化静态成员变量
int MyClass::count = 0;
int main( ) {
    MyClass obj1;                                            // 计数器变为 1
    MyClass obj2;                                            // 计数器变为 2
    cout << "Number of objects created: " << MyClass::count << endl;
    return 0;
}
```

运行结果:

```
Number of objects created: 2
```

静态数据成员具有如下特性。

（1）定义：声明类时以关键字static开头的数据成员是静态数据成员。例如:

```
static int count; // 声明静态成员变量
```

（2）初始化：普通数据成员是通过构造函数初始化的，而静态数据成员只能在类外进行初始化。

一般形式如下：

```
数据类型 类名::静态数据成员名=初值;        // 不必在初始化时加static
```

例如：

```
int MyClass::count = 0;  // 在类外初始化静态成员变量
```

（3）引用：静态数据成员既可以通过对象名引用，也可以通过类名引用。例如：

```
cout << MyClass::count << endl;                   // 使用类名引用
```

（4）作用：静态数据成员被本类的所有对象共享，而不只是属于某个对象的成员。本质是其作用域限定在类内的全局变量。即使一个对象都不存在，类的静态成员变量也存在，也可以被引用。

（5）存储：系统为对象分配的内存空间中不包括静态数据成员所占的空间。静态数据成员是系统在所有对象之外单独为其开辟内存空间，只要在类中定义了静态数据成员，即使不定义对象，系统也为静态数据成员分配内存空间。普通数据成员的每个对象均有一份内存空间，而静态数据成员只有一份内存空间。

（6）生存期：静态数据成员是在编译时被分配内存空间的，直到程序结束时才释放内存空间，它不随对象的建立而分配内存空间，也不随对象的销毁而释放内存空间（一般数据成员是在对象建立时分配内存空间，在对象销毁时释放内存空间）。

（7）目的：设置静态数据成员的目的是将和某些类紧密相关的全局变量和函数写到类中，看上去像一个整体，易于维护和理解。而全局变量破坏了封装的原则，不符合面向对象编程的要求。

10.11.3 静态成员函数

静态成员函数属于类的普通函数，在类中声明成员函数时在前面加static关键字，该函数就成了静态成员函数。

静态成员函数的声明形式如下：

```
static  类型  成员函数名([参数表]);
```

例如：

```
static double calAverSalary( );
```

（1）与静态数据成员不同，静态成员函数的作用不是在对象之间共享数据，而是用于处理静态数据成员。

（2）和静态数据成员一样，静态成员函数是类的一部分，在类外定义时要加类名和域运算符（::）。

例如：

```
double Employee::calAverSalary( ) { … }
```

（3）在类外调用静态成员函数，一般通过类名来调用，形式如下：

```
类名::静态成员函数名( )
```

例如：

```
Employee::calAverSalary( );
```

也可通过类对象来调用，但并不意味着此函数作用于对象，只是使用对象的类型而已。

（4）静态成员函数不属于任何特定对象，它与任何对象都无关，因此静态成员函数没有this指针。在静态成员函数中，不能访问非静态数据成员，也不能调用非静态成员函数。

静态成员函数与非静态成员函数的根本区别是：静态成员函数的本质是属于类的普通函数，它没有this指针，只能访问静态成员（包括静态成员变量和静态成员函数）。这决定了静态成员函数不能直接访问本类中的非静态成员。而普通成员函数有this指针，可以直接访问类中的任意成员。

例 10.17 静态成员函数的应用（统计公司员工的平均工资）。

分析：设计员工类（Employee类），数据成员有编号、姓名和工资，要计算平均工资，需先求总工资和员工人数，而总工资和员工人数为所有员工共有，可定义为静态数据成员，成员函数有构造函数、计算总工资函数，而计算平均工资只与总工资和员工人数有关，与员工数据成员无关，将计算平均工资函数定义为静态成员函数。

```
#include <iostream>
#include <iomanip>
#include <string>
using namespace std;
class Employee {                                        // 定义员工类
    public:
        Employee(int num, string name, double salary);     // 有参构造函数
        void calTotalSalary( );                            // 计算总工资并统计员工人数
        static double calAverSalary( );                    // 求平均工资
    private:
        int m_num;                              // 编号
        string m_name;                          // 姓名
        double m_salary;                        // 工资
        static double sum;                      // 总工资
        static int count;                       // 员工人数
};
double Employee::sum = 0;                       // 静态数据成员初始化
int Employee::count = 0;

Employee::Employee(int num, string name, double salary) {
    m_num = num;
    m_name = name;
    m_salary = salary;
}
void Employee::calTotalSalary( ) {
    sum += m_salary;                            // 累加工资
    count++;                                    // 统计员工人数
}
double Employee::calAverSalary( ) {
    return sum / count;                         // 求平均工资
}
int main( ) {
    Employee e[3] = {  Employee(2301, "Zhao", 2580 ),
                       Employee(2303, "Li", 35000 ),
                       Employee(2305, "Zhang", 3690 )
                     };                         // 定义包含三个员工的数组
    for(int i = 0; i < 3; ++i) {
            e[i].calTotalSalary( );             // 求总工资的同时统计员工人数
    }
    double averSalary = Employee::calAverSalary( );        // 求平均工资
    cout << fixed << setprecision(2);                      // 设置小数点后取 2 位有效数字
    cout << averSalary << endl;
    return 0;
}
```

运行结果：

```
13756.67
```

10.12　友　元

在面向对象编程中，封装性是其核心原则之一，类的私有成员和保护成员通常只能通过类的公有接口访问。但在某些特殊情况下，外部函数或类可能需要直接访问这些私有成员。若要在类外访问类的私有成员，如何实现呢？

C++语言提供友元（friend）机制，允许特定函数或类突破封装限制，直接访问类的私有成员。

友元可以是一个函数（普通函数或成员函数），该函数称为友元函数；友元也可以是一个类，该类称为友元类，在这种情况下，整个类及其所有成员都是友元。

10.12.1　友元函数

如果要声明一个函数为一个类的友元，则需要在定义类时在类内声明该函数，并在函数声明前添加关键字 friend。

类的友元函数在类外定义，但该友元函数有权访问类的所有私有成员和保护成员，就好像它是该类的成员一样。在所有其他方面，友元函数就像普通函数一样，无论在类的私有部分还是公有部分中声明友元函数都无关紧要。尽管友元函数的原型在类的定义中出现过，但是友元函数并不是类的成员函数，所以友元函数只能通过对象访问其成员，与成员函数直接访问数据成员不同。友元函数包括普通友元函数和友元成员函数。

1. 普通函数作为类的友元函数

例 10.18　普通函数作为类的友元函数访问类的私有成员（求两点之间的距离）。

```
#include <iostream>
#include <cmath>                          // 为了引入sqrt( )函数
#include <iomanip>                        // 为了引入流操作符setprecision
using namespace std;
class Point {
    public:
      Point(int x, int y): m_x(x), m_y(y){ }                              // 构造函数
      friend double calDistance(Point &p1, Point &p2);                    // 声明友元函数
    private:
      double m_x;
      double m_y;
};
double calDistance(Point &p1, Point &p2) {
    return sqrt((p1.m_x - p2.m_x)*(p1.m_x - p2.m_x) +
                (p1.m_y - p2.m_y) * (p1.m_y - p2.m_y));                  // 直接访问私有成员
}
int main( ) {
    Point p1(1.0, 1.0), p2(5.0, 5.0);
    cout << fixed << setprecision(2);
    cout << "The distance between p1 and p2: " << calDistance(p1, p2) << endl;
    return 0;
 }
```

运行结果：

```
The distance between p1 and p2: 5.66
```

说明：语句 14 可以直接访问对象的私有成员，若不声明calDistance( )函数为Point类的友元函数，则会出现编译报错，解决办法是Point类定义在类外访问私有成员的公有成员函数，例如，double getX( );等。使用友元方便了操作，但牺牲了类的封装性。

2. 类的成员函数作为类的友元函数

例 10.19 成员函数作友元访问类的私有成员（判断点是否在圆内）。

```
1  #include <iostream>
2  using namespace std;
3  class Point;                                    // 类的提前引用声明
4  class Circle {
5      public:
6          Circle(int x, int y, int r) {
7                m_x = x;
8                m_y = y;
9                m_radius = r;
10         }
11         bool judge(Point &p);                   // 使用Point类的引用作参数
12     private:
13         int m_x;
14         int m_y;
15         int m_radius;
16 };
17 class Point {
18     public:
19         Point(int x, int y): m_x(x), m_y(y) { }
20         friend bool Circle::judge(Point &); // 声明Circle类的成员函数为Point类的友元
21     private:
22         int m_x;
23         int m_y;
24 };
25 bool Circle::judge(Point &p) {
26     int dis = (p.m_x - m_x) * (p.m_x - m_x) + (p.m_y - m_y) * (p.m_y - m_y);
27     if(dis <=m_radius * m _ radius) {          // 判断点是否在圆内
28         return true;
29     }else{
30         return false;
31     }
32 }
33 int main( ){
34     Circle c(1, 2, 5);
35     Point p(5, 5);
36     bool tag =c.judge(p);                       // 在圆内为true，不在圆内为false
37     if(tag == true) {
38          cout << "点在圆内" << endl;
39     } else {
40          cout << "点在圆外" << endl;
41     }
42     return 0;
43 }
```

运行结果：

```
点在圆内
```

说明：语句 3 为类的提前引用声明，因为语句 11 中使用了Point类，如果没有语句 3 的声明则无法识别Point类。语句 20 声明Circle类的成员函数为Point类的友元，这样在judge( )函数中就可以访问Point对象的私有成员。语句27判断点是否在圆内，在圆上也算圆内。请注意，要使特定成员函数成为类的友元，需要先看到成员函数所在类的完整定义。

10.12.2　友元类

C++语言允许将一个类（如B类）声明为另一个类（如A类）的“朋友”，此时B类被称为A类的友元类。友元类B中的所有函数都是A类的友元函数，可以访问A类中的所有成员。

声明友元类的一般形式如下：

```
friend 类名;  或  friend class 类名;
```

说明：

（1）友元关系是单向的，而不是双向的。比如，B类是A类的友元类，但A类不一定是B类的友元类。

（2）友元关系不能传递。例如，A类是B类的友元类，B类是C类的友元类，但不能说A类是C类的友元类。

在例 10.19 中，将语句friend bool Circle::judge(Point &);改为friend class Circle;，程序运行结果不变。

友元是一种需要谨慎使用的补充机制。友元可以访问其他类中的私有成员，是对封装原则的破坏，但是它有助于数据共享，能提高程序的执行效率。只有在使用它能使程序精练，并能大大提高程序的效率时才使用友元。

友元通常用于运算符重载（将在第 11 章介绍），在其他情况下不建议使用，只有当两个类或多个类需要以“亲密”的方式一起工作时才使用友元。

10.13　类的接口与类的实现

C++语言通过类来实现封装性，把数据和操作数据的函数封装在一个类中。在声明类时，一般将数据成员指定为私有的，使它们与外界隔离，类外不能访问，将需要外界使用的成员函数指定为公有的，用户在类外可以通过调用公有成员函数来访问私有数据成员，也就是说，在类外与对象联系的唯一渠道是调用公有成员函数。类的公有成员函数称为类的公有接口（public interface）。

在声明一个类后，用户要使用这个类，只需要了解这个公有接口，无须关注类的私有部分和成员函数的内部实现细节，这些细节称为类的实现。用户只需要知道调用哪个函数能实现什么功能即可，这就是接口与实现分离。

例如电视机，用户只需要通过相关按钮或遥控器就可以使用电视机，不必了解其实现细节，那是制造商的事。电视机的按钮或遥控器就是公有接口，用户通过操作遥控器实现电视的功能，但不能改变电视机的结构和功能。一切与用户无关的部分都封装在电视机壳内，用户看不到也改不了。

通过成员函数对数据成员进行操作称为类功能的实现。为了防止用户任意修改公有成员函数，改变对数据进行的操作，往往不让用户看到公有成员函数的源代码，更不能修改它。用户只能接触到公有成员函数的目标代码。类中被操作的数据是私有的，类的功能的实现细节对用户是隐蔽的，这种实现称为私有实现（private implementation）。

C++语言中实现公有接口与私有实现的方法是将类的声明与成员函数的实现分离，即将程序的结构组织成多文件形式。

（1）类的声明：类的声明存储在头文件里。

（2）类的实现：成员函数的定义存储在单独的程序文件中，单独编译。

（3）类的使用：主程序文件通过#include包含头文件，将类的实现文件和主文件［含main()函数］进行联编，从而生成一个完整的程序。

例 10.20 类的接口与实现的分离（以学生类为例）。

```
// 类的声明文件Student.h
#ifndef STUDENT_H
#define STUDENT_H
class Student {
    public:
        Student(int id, const char* name, char gender, double score);
        void display( );
    protected:
        int m_id;
        char m_name[32];
        char m_gender;
        double m_score;
};
#endif
// 类的实现文件Student.cpp
#include <iostream>
#include <cstring>              // 为了引入strcpy
using namespace std;
Student::Student(int id, const char* name, char gender, double score) {
    m_id = id;
    strcpy(m_name, name);
    m_gender = gender;
    m_score = score;
}

void Student::display( ) {
    cout << "id: " << m_id << endl;
    cout << "name: " << m_name << endl;
    cout << "gender: " << m_gender << endl;
    cout << "score: " << m_score << endl;
}
// 类的使用文件main.cpp
int main( ) {
    Student s(2301, "Zhangli", 'M', 91);
    s.display( );
    return 0;
}
```

运行结果：

```
id: 2301
name: Zhangli
gender: M
score: 91
```

说明：

（1）头文件Student.h负责类的声明，#ifndef … #endif为编译预处理命令，目的是防止头文件重复加载。

（2）程序文件Student.cpp是类的实现文件，单独编译后为二进制目标文件，是类的私有实现，其代码对用户不可见，实际上用户也不需要知道，实现了代码隐藏。

（3）主程序文件main.cpp是类的使用文件，负责定义对象，向对象发送消息，通知各对象完成各自的任务，从而实现程序的任务。

可以看出，编写程序的主要任务是设计和实现类，当问题的规模扩大后，程序会包含许多类，不同的类相互独立。若想修改或扩充类的功能，只需要修改本类中有关的数据成员和与它有关的成员函数，不必修改程序中类外的部分；若程序出现bug，也不必检查整个程序，只需要检查与某个类关联的少数成员函数。这样程序的各个模块结构清晰，可读性强，组织管理的效率较高。

10.14 习 题 10

一、填空题

1. 面向对象程序设计的四大特征是________、________、________、________。
2. 构造函数是一种特殊的成员函数，它在对象________时自动调用。
3. 析构函数在对象________时自动调用，它的名称与类名相同，但前面带有________符号。
4. 静态数据成员在类内声明，在________定义和初始化。
5. 友元函数不是类的成员函数，但它可以访问类的________成员。
6. 在C++语言中，this指针始终指向调用成员函数的________。
7. 拷贝构造函数的参数有________个，这个参数是________。

二、判断题

1. 一个类可以包含多个构造函数，只要它们的参数列表不同即可。（ ）
2. 默认构造函数可以由系统生成，所以程序中可以不写默认构造函数。（ ）
3. 类的成员函数之间可以互相调用。（ ）
4. 在程序中没有编写任何构造函数的情况下，默认构造函数可以由系统生成。（ ）
5. 一个类的私有成员函数不能访问本类的私有成员变量。（ ）
6. 声明类不占内存空间，由类定义对象时系统才为对象分配内存空间。（ ）
7. 只有类的成员函数和友元函数才可以访问该类的私有数据成员。（ ）
8. 常对象不能调用任何成员函数。（ ）

三、选择题

1. 下列不属于面向对象程序设计的优点的是（ ）。

   A. 代码重用　　B. 可维护性

   C. 复杂性增加　　D. 数据封装

2. 类的对象可以访问类的（ ）成员。

   A. 所有　　B. public

   C. private　　D. protected

3. 类的成员函数可以访问类的（ ）数据成员。

   A. 所有　　B. public

C. private　　D. protected

4. 在类声明中，为了说明成员的访问权限，private、protected、public可以出现的次数为(　　)。

A. 没有具体限定　　B. 每种至多一次

C. public至少一次　　D. 每种至少一次

5. 构造函数的作用是(　　)。

A. 初始化对象　　B. 销毁对象

C. 复制对象　　D. 以上都不是

6. 关于析构函数，下列说法中错误的是(　　)。

A. 析构函数没有参数　　B. 析构函数不能重载

C. 析构函数可以是虚函数　　D. 析构函数在对象创建时调用

7. 下列成员函数的特点中，(　　)是正确的。

A. 成员函数都是可以重载的

B. 成员函数都是内联函数

C. 成员函数都可以设置默认参数

D. 成员函数可以是公有的，也可以是私有的

8. 下列关于this指针的说法中错误的是(　　)。

A. this指针是隐式传递的　　B. this指针指向调用成员函数的对象

C. 静态成员函数中存在this指针　　D. this指针的类型是类类型指针

9. 下列对静态成员的描述中不正确的是(　　)。

A. 静态成员不属于对象，它是类的共享成员

B. 静态数据成员要在类外初始化

C. 调用静态成员函数要通过类或对象，所以静态成员函数拥有this指针

D. 非静态成员函数也可以操作静态数据成员

10. 已知print( )函数是一个类的常成员函数，它无返回值。下列语句中，(　　)是正确的。

A. void print ( ) const;　　B. const void print ( );

C. void const print ( );　　D. void print (const);

11. 拷贝构造函数的作用是(　　)。

A. 初始化对象　　B. 复制对象

C. 移动对象　　D. 销毁对象

12. 关于构造函数和析构函数的调用顺序，下列说法中正确的是(　　)。

A. 构造函数先于析构函数调用　　B. 析构函数先于构造函数调用

C. 两者同时调用　　D. 无法确定

13. (　　)不能作为类的成员。

A. 自身类对象的指针　　B. 自身类对象的引用

C. 自身类对象　　D. 另一个类的对象

14. 关于友元函数，下列说法中错误的是(　　)。

A. 友元函数不是类的成员函数　　B. 友元函数可以访问类的私有成员

C. 友元函数必须在类内定义　　D. 一个函数可以是多个类的友元

四、简答题

1. 解释拷贝构造函数的作用及其重要性。

2. 在C++语言中，struct和class有什么区别？

五、编程题

1. 定义一个简单的Person类，包含姓名和年龄两个数据成员，并编写成员函数来设置和获取这些成员的值。

2. 定义一个表示点的Point类，包含私有数据成员x和y（表示点的坐标），以及必要的构造函数、析构函数、成员函数，用于设置和获取坐标值。在main( )函数中定义两个点，求两点之间的距离。

3. 定义一个BankAccount类，包含账户余额和账户名两个数据成员，并实现存款和取款功能，同时确保余额不能为负数。

4. 定义一个Book类，包含书名、作者和价格三个数据成员，并实现一个静态成员函数来计算所有书的总价格。

5. 定义一个学生Student类（含学号、姓名和成绩）和一个班级类Class（含若干名学生，不超过50人），请为两个类设计合适的成员函数，实现输入班级学生信息，并按成绩升序排列输出学生信息，若成绩相同，则按学号升序排列。

第 11 章 运算符重载

运算符重载是C++语言提供的一种机制，它允许用户为自定义数据类型重新定义运算符或重载已有的运算符，从而将用于基本数据类型的运算符的使用范围扩展到用户自定义类型。用户可以像处理基本类型数据那样以更加直观和习惯的方式来使用用户自定义类型，使程序更加简洁、直观和高效。本章介绍运算符重载的基本概念、方法和规则，并通过具体示例对相关知识进行详细讲解。

学习目标

- 理解运算符重载的基本概念；
- 掌握运算符重载的语法和规则；
- 掌握常用运算符的重载；
- 掌握类型转换函数的用法。

11.1 运算符重载的基本概念

前面的章节已经介绍了函数重载，函数重载是指重新赋予一个函数新的功能，即一个函数名可实现多种功能。实际上，前面章节的程序中也使用过运算符重载，即一个运算符也可以实现多种操作，例如：

（1）*：可以是乘运算符，也可以是解引用运算符。

（2）&：可以是按位与运算符，也可以是取地址运算符，还可以是引用声明符。

简单地说，运算符重载就是一个运算符可以进行多种运算，这是程序设计语言固有的特性。

在默认情况下，C++语言提供的内置运算符只能用于基本数据类型，对于用户自定义数据类型（如类类型），并不支持直接使用C++语言内置的运算符。例如，定义学生对象Student s;，直接使用std::cin >> s;，输入学生信息是非法的。如果用户希望像操作基本数据类型一样，使用运算符直接对用户自定义类型的数据进行操作，就需要重载运算符，赋予运算符新的功能，将运算符的作用范围扩展到用户自定义类型。

运算符重载就是对已有的运算符赋予多重含义，使同一个运算符作用于不同数据类型的数据时产生不同的行为。它使用户能够像操作基本类型数据一样处理自定义的类对象，对用户自定义类型的操作更加符合数学和逻辑上的习惯，提高了代码的可读性和易用性。这一机制极大地增强了C++语言的灵活性和表达能力，使得程序员可以更加直观地表达复杂的操作，减少了代码的冗余性和复杂性，为程序设计带来极大的便利。

运算符的本质是实现某种操作（功能），其作用与函数的本质是一样的，所以C++语言把重载的运算符视为特殊函数，称为运算符函数。与普通函数重载一样，编译器能够根据使用运算符的不同环境（操作数个数与数据类型的不同），区分同一个运算符的不同含义。

11.2　运算符重载的语法和规则

11.2.1　运算符重载的语法

运算符重载的本质是函数重载，当需要执行被重载的运算符时，系统就自动调用该运算符函数，以实现相应的运算。在C++函数中，使用关键字operator来定义运算符重载函数。

运算符重载的语法形式如下：

```
返回值类型 operator 运算符(参数列表) {
    // 函数体
}
```

从语法形式上看，除了函数名为operator运算符外，运算符重载函数的返回值类型、参数列表及函数体与普通函数没有区别。

注意：使用运算符对数据进行运算时一般要有结果，所以运算符重载函数的返回值类型不能是void。

11.2.2　运算符重载的形式

运算符重载一般有两种形式：重载为类成员函数和重载为类的友元函数。这两种形式都可以直接访问类的私有成员，操作方便。理论上，运算符函数也可以重载为普通函数，由于普通函数不能直接访问类的私有成员，还需要再定义访问私有成员的成员函数，操作不方便，这种方法很少使用。下面以两个复数相加为例讨论这两种运算符重载形式的具体使用。

1. 重载为类的成员函数

例 11.1　两个复数相加（重载“+”运算符为成员函数）。

```
#include <iostream>
using namespace std;
#include <iostream>
using namespace std;
class Complex {                                          // 声明复数类
     public:
         Complex(double real = 0, double imag = 0);      // 声明带默认值的构造函数
         Complex operator+(Complex &c2);                 // 声明运算符“+”的重载函数
         void print( );                                  // 输出复数
     private:
         double m_real;
         double m_imag;
};
Complex::Complex(double real, double imag) {
```

```
    m_real = real;
    m_imag = imag;
}
Complex Complex::operator + (Complex &c2) {
    Complex c;
    c.m_real = m_real + c2.m_real;
    c.m_imag = m_imag + c2.m_imag;
    return c;
}
void Complex::print( ) {
    cout << "(" << m_real << ", " << m_imag << "i)" << endl;
}
int main( ){
    Complex c1(1, 5), c2(4, -2), c3;
    c3 = c1 + c2;
    cout << "c1 = ";
    c1.print( );
    cout << "c2 = ";
    c2.print( );
    cout << "c1 + c2 = ";
    c3.print( );
    return 0;
}
```

运行结果：

```
c1 = (1, 5i)
c2 = (4, -2i)
c1 + c2 = (5, 3i)
```

说明：

（1）由于成员函数的第一个参数为隐含的指向本类对象的this指针，因此双目运算符“+”重载为成员函数时只有一个参数。

（2）运算符函数operator+( )的函数体可以简化为如下形式：

```
return Complex(m_real + c2.m_real, m_imag + c2.m_imag);
```

相当于显式地使用构造函数生成两个复数相加的结果（生成临时对象）并直接返回。

（3）C++编译器将程序中的表达式c1+c2解释为c1.operator+(c2)，即以c2为实参调用c1的运算符重载函数operator+(Complex &c2)，进行求值，得到两个复数之和。

2. 重载为类的友元函数

修改例11.1中的运算符重载函数为友元函数，将函数声明改为如下形式：

```
friend Complex operator+(Complex &c1, Complex &c2);
```

将友元函数的实现改为如下形式：

```
Complex operator+(Complex &c1, Complex &c2) {
    Complex c;
    c.m_real = c1.m_real + c2.m_real;
    c.m_imag = c1.m_imag + c2.m_imag;
    return c;
}
```

程序的其他部分不改动，运行程序，结果与例11.1完全一样。

说明：

（1）友元函数没有隐含参数this指针，所以双目运算符“+”的重载函数有两个参数，即参数个数与运算符的操作数个数一致。

（2）C++ 编译器将程序中的表达式 c1+c2 解释为 operator+(c1,c2)，与使用普通函数实现两个复数相加的函数的调用形式一致，只是函数名不同。

（3）运算符“+”重载后，用户自定义类型（复数类）的两个对象相加，形式上与基本数据类型中的两个变量相加完全一致，从而使程序简单、易懂。

运算符重载的实现过程：首先将给定的运算表达式转换为对运算符函数的调用，将运算对象转换为运算符函数的实参，例如，运算符重载为类的友元函数时，将例 11.1 中的表达式 c1+c2 转换为 operator+(c1, c2)，然后编译器根据实参的数据类型确定需要调用的运算符函数。

11.2.3　运算符重载的规则

运算符重载要遵循一定的规则，不符合规则的重载是不允许的。

（1）只能重载 C++ 语言已有的运算符，不允许用户自定义新的运算符。例如，不能定义 operator** 来执行幂操作。

（2）C++ 语言不允许重载的运算符如表 11-1 所示，其他运算符都可以重载。

表 11-1　C++ 语言不允许重载的运算符

名称	符号
成员访问运算符	.
成员指针访问运算符	*
域运算符	::
求字节数运算符	sizeof
条件运算符	? :

C++ 语言不允许对这 5 个运算符进行重载，目的是防止破坏 C++ 程序的安全机制。前两个运算符在 C++ 语言中用来引用成员，如果被重载，将不能用普通方法访问成员；条件运算符实际上是用来替换 if 语句的，没有重载的需求；域运算符“::”和求字节数运算符的操作对象是类型，而不是普通的表达式，不具有重载的特征（C++ 新标准还新增了一些不允许重载的运算符）。

（3）运算符重载不能改变运算符作用的操作数的个数。

（4）重载不能改变运算符的优先级和结合性。

（5）运算符重载函数不能有默认参数，否则就改变了运算符作用的操作数的个数。

（6）重载的运算符必须和用户自定义类型的对象一起使用，其参数至少应该有一个是类对象（或类对象的引用）。也就是说，参数不能全部是 C++ 语言的基本数据类型，以防止用户修改用于基本类型数据的运算符的性质。例如，语句 int operator+(int, int);，试图重新定义内置类型 int 的操作规则，这是非法的。

（7）用于类对象的运算符一般必须重载，但求地址运算符“&”不必重载，它能正确返回类对象在内存中的起始地址。

重载运算符的功能应类似于该运算符作用于基本数据类型的数据时所实现的功能，要保持原有运算符的语义和使用习惯。例如，运算符“+”重载后要实现相加功能，而不能是相减或其他功能。

说明：

（1）运算符重载函数的参数个数与该运算符作用的操作数的个数一样多。一元运算符有一个参数，二元运算符有两个参数。对于二元运算符来说，左侧操作数传给第一个参数，右侧操作数传给第二个参数。如果一个运算符重载为类的成员函数，则它的第一个操作数绑定到隐含的this指针上，所以成员运算符函数的参数个数比运算符作用的操作数的个数少一个。

（2）运算符重载函数的调用可以用表达式调用，也可以像普通函数的调用一样直接调用，二者是等价的。例 11.1 中 c1+c2（表达式方式）等价于 c1.operator+(c1)（函数调用方式）。

（3）对于指定了操作数求值顺序的运算符，不应该被重载，比如，逻辑与（&&）、逻辑或（||）及逗号运算符（,），因为重载后无法保留其求值顺序规则。

（4）一般情况下，运算符重载函数的返回值类型应该与C++内置版本运算符的返回值类型兼容，逻辑运算符和关系运算符应该返回bool型，算术运算符应该返回一个类类型的值，赋值运算符和复合赋值运算符应该返回左侧操作数的一个引用。

（5）如何选择将运算符重载为成员函数还是友元函数？由于友元的使用会破坏类的封装性，因此原则上尽量将运算符重载为类的成员函数。但还应考虑各种其他因素及使用习惯。表 11-2 是运算符重载的一般规则，在 11.3 节中介绍具体的运算符重载示例时再加以说明。

表 11-2　运算符重载的一般规则

运算符	使用规则
赋值=、下标[ ]、调用()、成员访问符->	必须为成员函数
一元运算符	成员函数
所有其他二元运算符，例如，算术运算符、关系运算符、位运算符	友元函数
流插入运算符<<，流提取运算符>>	必须为友元函数
+=、-=、/=、*=、^=、&=、!=、%=、>>=、<<=	成员函数

11.3　常用运算符的重载

11.3.1　重载流插入运算符和流提取运算符

C++语言在I/O类库中分别使用“<<”和“>>”来执行输入/输出操作，这两个运算符为位运算符，在I/O类库提供的头文件中已经对它们进行了重载，使之分别作为流插入运算符和流提取运算符，分别用来输出和输入C++语言基本数据类型的数据。而对于自定义的类类型，则需要重载这两个运算符，以实现对自定义类对象的输入/输出。

由前已知，流提取运算符“>>”是双目运算符，左操作数是cin，cin是istream类的对象，右操作数是将要读入数据的变量。流插入运算符“<<”也是双目运算符，左操作数是cout，cout是ostream类的对象，右操作数是将要输出的表达式。

根据运算符重载的规则，若将流插入运算符或流提取运算符重载为某个类的成员函数，则左操作数应该是该类的对象或引用（隐含的this指针），而不是istream类或ostream类的对象或引用，这不符合这两个运算符的语义和使用习惯。假设要将这两个运算符重载为istream类或ostream类的成员函数，这两个类属于标准库，用户无法给标准库中的类添加任何成员。所以，流插入运算符和流提取运算符只能重载为类的友元函数。

C++语言规定，对运算符 “>>” 和 “<<” 重载的函数语法形式如下：

```
istream& operator >> (istream &, 自定义类 &);
ostream& operator << (ostream &, const 自定义类 &);
```

重载运算符 “>>” 函数的第一个参数和函数的返回值类型都必须是istream &类型，第二个参数是要进行输入操作的类的引用。

重载运算符 “<<” 函数的第一个参数和函数的返回值类型都必须是ostream &类型，第二个参数是要进行输出操作的类的引用(一般为常引用)。

例 11.2 为Complex类重载 “<<” 和 “>>” 运算符，实现复数的输入和输出。

```
#include <iostream>
using namespace std;
class Complex{                                              // 声明Complex类
    public:
        Complex(double real = 0, double imag = 0);          // 声明带默认值的构造函数
        friend istream& operator >> (istream &in, Complex &c);
        friend ostream& operator << (ostream &out, const Complex &c);
    private:
        double m_real;
        double m_imag;
};
Complex::Complex(double real, double imag) {
    m_real = real;
    m_imag = imag;
}
istream& operator >> (istream &in, Complex &c){             //运算符“>>”重载函数的定义
    cout << "Please input the real and imaginary parts: ";
    in >> c.m_real >> c.m_imag;
    return in;
}
ostream& operator << (ostream &out, const Complex &c) {     //运算符“<<”重载函数的定义
    out << c.m_real;
    if(c.m_imag > 0) {
        out << "+" << c.m_imag << 'i';
    } else {
        out << c.m_imag << 'i';
    }
    return out;
}
int main( ) {
    Complex c;
    cin >> c;
    cout << c;
    cout << endl;
    return 0;
}
```

运行结果：

```
Please input the real and imaginary parts: 1.5 -2.6↙
1.5-2.6i
```

说明：

(1)使用cout<<c;这种形式输出复数与输出基本类型数据一样，简单直观，可读性好，易于使用。

(2)编译器把cout<<c解释为operator<<(cout, c)，即以cout和c作为实参，重载运算符函数返回cout的引用。

（3）C++语言规定运算符“<<”重载函数的第一个参数和函数的返回值类型都必须是ostream类的引用，就是为了返回cout的当前值以便连续输出。

```
cout << c << 5 << endl;
```

有下划线的部分是调用重载的流插入运算符，后面两个“<<”不是重载的流插入运算符，因为它的右侧不是Complex类对象而是基本数据类型的数据，它们是I/O类库预定义的流插入运算符。

（4）流提取运算符“>>”重载函数的定义、使用与流插入运算符“<<”重载函数的情况类似，只是它的第二个参数不能是常引用，因为从输入流读取数据的目的是改变对象。

11.3.2 重载关系运算符

关系运算符一般重载为类的友元函数，以便用户按自定义规则对操作数进行比较。由于关系运算符一般不需要改变操作数的状态，所以关系运算符重载函数的形参都是常引用，返回值类型为bool型。

例 11.3 设计一个字符串类String，用来存放不定长的字符串，重载运算符“==”“<”分别用于两个字符串的等于、小于的比较运算。

```
#include <iostream>
#include <cstring>
using namespace std;
class String {                                          // 声明字符串类
    public:
       String(const char *s = nullptr);                 // 声明构造函数
       ~String( );                                      // 声明析构函数
       friend bool operator == (const String& s1, const String& s2);
       // 声明运算符“==”重载函数
       friend bool operator < (const String& s1, const String& s2);
       // 声明运算符“<”重载函数
       friend ostream& operator<<(ostream& out, const String& s);
       // 声明运算符“<<”重载函数
    private:
        char *str;                                      // 用字符指针表示变长字符串
};
String::String(const char *s){                          //构造函数的定义
    if(s != nullptr) {
        str = new char[strlen(s) + 1];
        strcpy(str, s);
    } else {
        str = nullptr;
    }
}
String::~String( ){                                     // 析构函数的定义
    if(str != nullptr){
        delete [] str;
    }
}
bool operator == (const String& s1, const String& s2) {  //定义运算符“==”重载函数
    if(strcmp(s1.str, s2.str) == 0){
        return true;
    }else{
        return false;
    }
}
bool operator <(const String& s1, const String& s2){      //定义运算符“<”重载函数
```

```
    if(strcmp(s1.str, s2.str)<0){
        return true;
    } else {
        return false;
    }
}
ostream& operator<<(ostream& out, const String& s) {
    out << s.str;
    return out;
}
int main( ){
     String s1("JAVA"), s2("Python");
     if(s1 == s2){
          cout << s1 << " == " << s2 << endl;
     }else {
          cout << s1 << " != " << s2 << endl;       // 输出结果：JAVA != Python
     }
     if(s1 < s2){
          cout << s1 << " < " << s2 << endl;        // 输出结果：JAVA < Python
     }
     return 0;
}
```

说明：

（1）一般情况下，若一个类重载了运算符“==”，也应该重载运算符“!=”，这是通用的设计准则。

（2）由于在关联容器和一些算法中经常用到小于运算符，所以重载运算符“<”比较有用，在第 16 章将介绍其应用。

（3）由于用指针变量来表示变长字符串，因此构造函数中复制字符串时要动态分配内存，同时要定义析构函数来释放分配的内存。

（4）对于程序中的表达式 s1 == s2，编译器解释为 operator == (s1, s2)。

11.3.3 重载赋值运算符

一般情况下，赋值运算符不需要重载，两个自定义类的对象能直接进行赋值操作，将右侧对象的数据成员一一对应赋值给左侧对象的数据成员。但当一个类的数据成员中含有指针类型成员时，直接赋值将会出现问题（比如在例 10.15 中进行赋值操作：obj2 = obj1;），这时需要重载赋值运算符。

C++语言规定，赋值运算符“=”只能重载为类的成员函数。由于赋值运算要求左操作数必须是左值，所以重载函数的返回值类型为对象的引用。

例 11.4 为例 11.3 中 String 类重载运算符“=”。

在 String 类中添加运算符“=”重载函数的声明：

```
String& operator=(const String &s);
```

在类外添加运算符“=”重载函数的定义：

```
String& String::operator=(const String &s){
   if(this != &s){                              // 防止自身给自身赋值
        if(this->str !=nullptr){                // 若原字符串不空，则释放空间，防止内存泄漏
           delete [ ] this->str;
        }
        if(s.str != nullptr) {                  // 右字符串不空，则分配内存，复制内容
            this->str = new char[strlen(s.str) + 1];
```

```
            strcpy(this->str, s.str);
        } else {
            this->str = nullptr;
        }
    }
    return *this;                                  // 返回赋值后的字符串
}
```

这样就可以在main( )函数中使用赋值运算符，例如：

```
String s, s3("C++");
s = s3;
```

若要实现下面的操作：

```
String s;
s = "C++";                                         // 将字符串常量赋给String变量
```

请读者尝试编写运算符“=”重载函数的重载形式：

```
String& operator=(const char* s);
```

请读者思考，如何将String对象转换为char *型的字符串？

11.3.4 重载自增和自减运算符

自增运算符“++”和自减运算符“--”是单目运算符，都可以被重载，但它们有前置、后置之分，所以重载这两个运算符时要同时定义前置版本的重载函数和后置版本的重载函数。根据单目运算符重载的建议规则，它们通常应重载为类的成员函数，所以重载函数没有显式参数。

如何区分前置运算符和后置运算符？普通的重载形式无法区分这两种情况，因为前置版本的重载函数和后置版本的重载函数的函数名和参数表完全相同。为了解决此问题，C++语言规定为后置版本的重载函数的重载形式增加一个int型参数(不被使用，仅占位用)，此参数只是为了与前置自增运算符的重载函数有所区别，此外没有任何作用。

为了与自增运算符和自减运算符的原有功能保持一致，根据它们的运算规则，前置自增或自减运算符的重载函数应该返回自增或自减后对象的引用(左值)。而后置自增或自减运算符的重载函数应该返回对象的原值(自增或自减前的值，右值)，返回的是一个值而不是引用。

例如：

```
int x = 5;
(++x) = 3;                     // ++x为左值
(x++) = 3;                     // 非法，x++是右值，不能赋值
```

下面以自增运算符的重载为例来说明具体实现。

例 11.5 自增运算符“++”的重载。

```
#include <iostream>
using namespace std;
class Counter {                                    // 计数器类
    private:
        int value;
    public:
        Counter(int initValue = 0):value(initValue){ }
        Counter& operator++( );                    // 前置自增运算符“++”重载函数的声明
        Counter operator++(int);                   // 后置自增运算符“++”重载函数的声明
        friend ostream& operator<<(ostream& out, const Counter& c);
};
```

```
Counter& Counter::operator++( ){                    // 前置自增运算符“++”重载函数的定义
    ++value;
    return *this;                                   // 返回自增后的对象
}
Counter Counter::operator++(int){                   // 后置自增运算符“++”重载函数的定义
    Counter tmp = *this;                            // 暂存对象
    ++value;
    return tmp;                                     // 返回自增前的值
}
ostream& operator<<(ostream& out, const Counter& c) {
    out << c.value;
    return out;
}
int main( ) {
    Counter c, cnt;
    cout << ++c << endl;                            // ++c等价于c.operator++( )，输出1
    cnt = c++;                                      // c++等价于c.operator++(0)
    cout << cnt << endl;                            // 输出1
    cout << c << endl;                              // 输出2
    return 0;
}
```

说明：

（1）在使用后置自增运算符时，编译器为重载函数中的int型形参提供一个值为 0 的实参。

（2）从前置版本与后置版本的重载函数的形式看，后置版本的执行效率比前置版本低。

（3）一般的类并不需要重载自增和自减运算符，但在迭代器类中经常需要在元素序列中前后移动迭代器对象，这时需要重载它们。

在实际编程中，重载自增运算符“++”和“--”时应该考虑其操作的语义是否清晰、直观，并且与用户自定义类类型的实际用途相符。同时，还需要注意处理前置版本和后置版本的重载函数的差异，以避免混淆或错误。

11.4　类型转换

11.4.1　基本类型数据间的转换

1. 隐式类型转换（由C++编译器自动完成，用户不需干预）

在C++语言中，基本类型数据之间可以自动转换，例如：

```
int a = 5;
a = 2.5 + a;
```

编译器是将 2.5 作为double型数据处理的，在求解表达式时，先将a转换成double型，然后与 2.5 相加，得到的和为 7.5，在给整数型变量a赋值时，再将 7.5 转换为整数 7，然后赋给变量a。这种转换如果是从较低数据类型转换为较高数据类型是安全的，反之则存在风险，会损失数据精度。

2. 显式类型转换

基本类型数据可以通过强制类型转换运算符从某种类型转换成需要的类型。例如，static_cast<int>(9.8)，这个表达式将双精度数 9.8 转换为整数 9。

11.4.2 类型转换函数

对于用户自定义的类类型，C++语言提供类型转换函数，用于将一个类的对象转换为另一种类型的数据（通常为基本类型数据）。

类型转换函数的一般形式如下：

```
operator 类型名( ) const{
    …… // 函数体(实现转换的语句)
}
```

从形式上看，函数首部为operator 类型名( ) const，这显然是运算符重载，只不过重载的是数据类型，所以类型转换函数也称类型转换运算符重载函数。

类型转换函数通常应该声明为const成员函数，这意味着它们不会修改类的任何非静态数据成员。这是因为转换操作通常不改变对象的状态，只是返回一个不同数据类型的表示。

C++语言规定类型转换函数只能重载为类的成员函数，因为是将本类的对象转换为其他数据类型，所以类型转换函数无参数，而转换后的返回值类型通过函数名已给定，所以类型转换函数也不需要返回值类型。

例 11.6 为Complex类添加类型转换函数。

```
#include <iostream>
using namespace std;
class Complex {                                          // Complex类
    public:
        Complex(double real = 0, double imag = 0); // 声明带默认值的构造函数
        operator double( ) const;                   // 声明类型转换函数
    private:
        double m_real;
        double m_imag;
};
Complex::Complex(double real, double imag){
    m_real = real;
    m_imag = imag;
}
Complex::operator double( ) const {//取复数的实部转换为双精度型
    return m_real;
}
int main( ) {
    Complex c(2.2, 6);
    double d = 1.6 + c;             // 表达式1.6 + c等价于1.6 + c.operator double( )
    cout << d << endl;              // 输出3.8
    return 0;
}
```

此例为Complex类添加类型转换函数，重载了double型，这样使double获得新的含义，能按指定方式将一个复数（Complex类的对象）转换为double型数据，使程序中的Complex类的对象具有双重身份，既是Complex类对象，又可作为double型数据。

11.4.3 转换构造函数

类型转换函数能将一个用户自定义类的对象转换为其他类型的数据，反过来，C++语言也提供了将其他类型数据（通常为基本数据类型）转换为类对象的方法，就是转换构造函数。

转换构造函数的一般形式如下：

```
类名(非本类类型名) {
```

```
    …… // 函数体(实现转换的语句)
}
```

转换构造函数是构造函数，只有一个参数，而且该参数不是本类的常引用(参数类型是其他数据类型)。

转换构造函数在需要类型转换时被自动调用(无论是显式的还是隐式的)。

下面的例子来说明转换构造函数的使用方法。

例 11.7 转换构造函数的使用。

```
#include <iostream>
using namespace std;
class Complex {                                         // 声明Complex类
    public:
        Complex(): m_real(0), m_imag(0){ }              // 定义默认构造函数
        Complex(double real, double imag);              // 声明有参构造函数
        Complex(const double& d);                       // 声明转换构造函数
        friend Complex operator+(const Complex& c1, const Complex& c2);
        friend ostream& operator<<(ostream& out, const Complex& c);
    private:
         double m_real;
         double m_imag;
};
Complex::Complex(double real, double imag){
    m_real = real;
    m_imag = imag;
}
Complex::Complex(const double& d){                           // 转换构造函数的定义
    m_real = d;
    m_imag = 0;
}
ostream& operator<<(ostream& out, const Complex& c) {        // 运算符"<<"重载函数的定义
    out << "(" << c.m_real << ", " << c.m_imag << ")";
    return out;
}
Complex operator+(const Complex& c1, const Complex& c2) {
    Complex c;                                               // 调用默认构造函数
    c.m_real = c1.m_real + c2.m_real;
    c.m_imag = c1.m_imag + c2.m_imag;
    return c;
}
int main( ) {
    Complex c(2.718, 6.18);
    double d = 3.14;
    c = d + c;
    cout << "c = " << c << endl;                             // 输出结果: c = (5.858, 6.18)
    return 0;
}
```

说明：

(1)运算符“+”重载为Complex类的友元函数，表达式d+c的第一个操作数要求是Complex型，而d是double型，系统自动调用转换构造函数将d转换为一个Complex类的临时对象，实现两个复数相加。当然，也可以显式调用转换构造函数，将d+c写成Complex(d)+c。

(2)与例 11.1 将运算符“+”重载为类的成员函数相比，本例将运算符“+”重载为类的友元函数，更加灵活。假设将运算符“+”重载为成员函数，则无法实现d+c这样的操作，因为成员函数要求第一个参数必须是本类的对象或引用。而将运算符重载为友元函数，可以实现d+c这样的操作，这也是C++运算符重载规则中建议将二元运算符重载为类的友元函数的原因

之一。

(3)转换构造函数和类型转换函数有一个共同特点：当需要的时候，编译器会自动调用这些函数，建立一个无名的临时对象(或临时变量)。在实际编程过程中，具体如何转换要根据表达式的上下文决定。

11.5 习 题 11

一、填空题

1. 运算符重载的本质是________。
2. 重载赋值运算符“=”时，函数名应为________。
3. 在重载运算符时，不能改变运算符的________、结合性和操作数个数。
4. 重载流插入运算符“<<”时，通常要将其声明为________函数。
5. 当运算符重载为类的成员函数时，运算符的左操作数必定是________。

二、判断题

1. 运算符重载可以改变运算符的优先级和结合性。 (　　)
2. 重载赋值运算符时，必须返回类类型的引用。 (　　)
3. 所有运算符都可以被重载。 (　　)
4. 重载流提取运算符“>>”时，通常要将其声明为友元函数。 (　　)
5. 转换构造函数只有一个参数，且该参数的类型是类类型。 (　　)

三、选择题

1. (　　)运算符不能被重载。

   A. =　　B. <　　C. ::　　D. *

2. 关于重载赋值运算符，下列说法中错误的是(　　)。

   A. 必须返回类类型的引用　　B. 参数类型应为类类型的引用
   C. 可以防止自我赋值　　D. 必须为成员函数

3. 下列运算符中只能重载为成员函数的一组是(　　)。

   A. +、-、*、/　　B. =、()、[]、->
   C. >、<、>=、<=　　D. +=、-+、*=、/=

4. 已知表达式++a中的++是作为成员函数重载的运算符，则与++a等效的运算符重载的调用形式为(　　)。

   A. a.operator++(1)　　B. operator++(a)
   C. operator++(a,1)　　D. a.operator++()

5. 类型转换函数的返回值类型通常是(　　)。

   A. void　　B. 类类型
   C. 基本数据类型　　D. 类类型的引用

6. 下列属于重载前置自增运算符“++”的正确形式的是(　　)。

   A. MyClass& operator++();　　B. MyClass operator++();
   C. MyClass operator++(int);　　D. MyClass& operator++(int);

7. 下列不属于运算符重载的目的的是(　　)。

A. 增强代码可读性　　B. 实现类的多态性

C. 提供更直观的接口　　D. 使代码更简洁

8. 运算符重载是对已有的运算符赋予多重含义，下列说法中正确的是(　　)。

A. 可以对基本数据类型(如int型)的数据，重新定义“+”运算符的含义

B. 可以改变一个已有运算符的优先级和操作数个数

C. 只能重载C++语言中已有的运算符，不能定义新运算符

D. C++语言中已有的所有运算符都可以重载

四、简答题

1. 在C++语言中，不同数据类型的数据转换有哪些形式?

2. 在C++语言中，运算符重载需要遵循哪些基本规则? 请至少列举 4 条关键规则，并说明为什么需要这些限制。

五、编程题

1. 定义一个复数类Complex，数据成员包括实部real和虚部imag，重载运算符“+”为复数类的成员函数，使之能用于复数的加法运算，重载运算符“>>”为类的友元函数，用于输入复数。编写程序，输入两个复数，求它们的和。

2. 定义一个表示点的Point类(包含x和y坐标)，重载流插入运算符“<<”，使其能够直接输出点的坐标。

3. 定义一个分数类Fraction，数据成员包括fnezi(分子)和fenmu(分母，不为零)，重载运算符“*”，使之能用于分数的乘法运算。将运算符“*”重载为友元函数。编写程序，求两个分数之积并输出。

第 12 章 继承与派生

继承与派生是面向对象编程中实现程序代码复用和功能扩展的重要手段。继承是派生（derive）的基础，而派生是继承的延伸和拓展，它们使用户能够基于基类创建出多样化的子类。基类用来描述共性，派生类体现个性。派生类是基类的具体化，基类是派生类的抽象。本章从继承与派生的基本概念入手，逐步深入讨论派生类的语法实现、访问控制、构造函数与析构函数的调用、多重派生、类的组合等核心知识点，并通过丰富的实例来演示继承与派生的应用，帮助读者更好地理解和掌握这些概念。

学习目标

- 理解继承与派生的概念；
- 掌握派生类的定义与构成；
- 掌握派生类成员的访问属性；
- 掌握派生类的构造函数和析构函数；
- 了解多重继承时二义性问题的处理方法；
- 掌握公有派生类的赋值兼容规则；
- 能够运用继承与组合编写有一定规模的应用程序。

12.1 继承与派生的概念

在面向对象编程中，继承与派生是两个至关重要的概念，它们是实现代码复用、扩展已有功能以及构建类体系的基础。

12.1.1 基本概念

继承是面向对象编程中的一项基本特性，它允许用户基于一个或多个已有的类来创建新的类。在这个过程中，被继承的类称为基类（或父类），而新创建的类称为派生类（或子类）。通过继承，派生类可以获得基类的方法和属性，从而避免重复编写相同的代码。

类的继承是指在原有类的基础上产生新类，新类会继承原有类的属性和行为，并能扩展新的功能。例如，水果是一个类，描述了各类水果的共同特点（名字、颜色和大小等），苹果和香蕉是水果，是从水果类派生出来的，它们继承（获得）了水果的所有特性，但又有各自的特点

（如形状不同、营养不同、成熟期不同等）。再如，手机是基类，描述了手机的共有属性和功能，而各个厂家的手机是派生类，具有手机的共同特征，但每个厂家的手机拥有各自的特点。

继承的作用主要体现在两个方面：一是代码复用，通过继承机制，用户可以将共用的代码分放在基类中，让派生类去继承和使用，从而避免在每个类中重复编写相同的代码；二是扩展已有功能，派生类可以在继承基类的基础上添加新的方法和属性，或者重写基类的方法以实现特定的功能，从而实现功能的扩展。

派生是继承的延伸和拓展，它允许用户在基类的基础上创建多样化的子类。在派生过程中，用户根据实际需求对基类的功能进行扩展，从而实现功能的多样化和个性化。每个派生类都可以拥有自己独特的属性和行为，使得用户能够构建出层次清晰、功能丰富的类体系。

类的派生是指在已有类的基础上新增特性而产生新类的过程。

12.1.2　继承与派生的关系

继承与派生是密不可分的两个概念。从派生类的角度，根据继承关系的层次和它所拥有的基类数目的不同，可以分为单继承和多重继承。

一个派生类只从一个基类派生，称为单继承（single inheritance），如图 12-1 所示。一个派生类有两个或多个基类，称为多重继承（multiple inheritance），如图 12-2 所示。

从上面的描述可知，任何一个类都可以派生出一个新类（派生类），派生类还可以继续派生出新类。同一个类可能是一个派生类的基类，也可能是另一个基类的派生类，这就形成比较复杂的类的层次结构（类图），如图 12-3 所示。

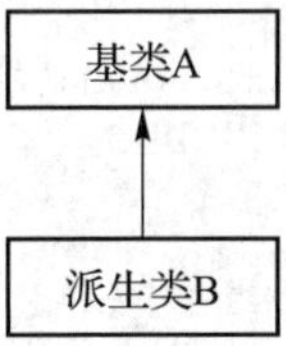

图 12-1　单继承

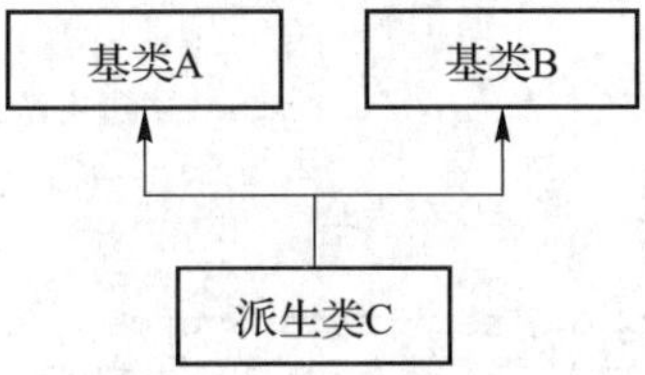

图 12-2　多重继承

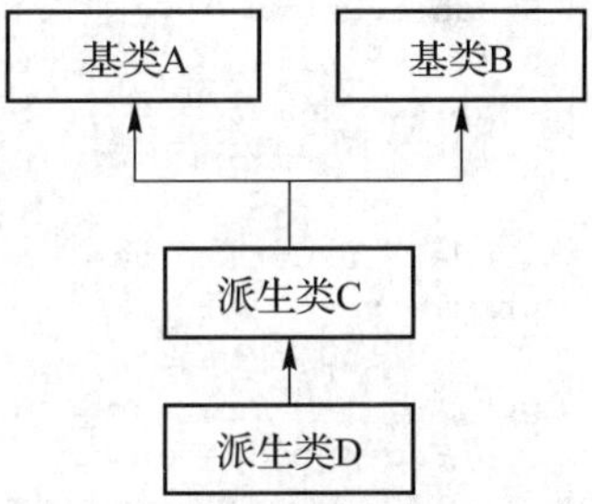

图 12-3　比较复杂的类的层次结构

12.2　派生类的定义与构成

12.2.1　派生类的定义

在C++语言中，定义派生类的语法形式如下：

```
class 派生类名:[继承方式 1]  基类名 1, [继承方式 2]  基类名 2, … {
      派生类新增加的成员
} ;
```

说明：

（1）从形式上看，派生类的定义形式与普通类的定义形式基本一样，只是在派生类的名称后添加了冒号（:）、继承方式和基类名。

（2）基类名必须是已经存在的类名，派生类在继承基类时，若只有一个基类，则属于单继承，若有多个基类，则属于多重继承。

（3）在定义派生类时，对每一个基类都要单独指明继承方式，继承方式有三种：public（公有继承）、private（私有继承）、protected（保护继承）。继承方式规定了派生类成员以及类外对象对于从基类继承来的成员的访问权限。

（4）如果不显式指定继承方式，系统默认继承方式为private。

例 12.1 从学生（Student）类派生出大学生（UnderGraduate）类。

```
#include <iostream>
#include <string>
using namespace std;
class Student {                                    // 定义Student类
     private:
         string m_id;                              // 编号
         string m_name;                            // 姓名
         char m_gender;                            // 性别
     public:
         Student(string id, string name, char gender);     // 声明构造函数
         void show( );                             // 输出学生信息
};
Student::Student(string id, string name, char gender){     // 定义构造函数
    m_id = id;
    m_name = name;
    m_gender = gender;
}
void Student::show( ){                             // 定义输出学生信息函数
     cout << "id: " << m_id << endl;
     cout << "name: " << m_name << endl;
     cout << "gender: " << m_gender << endl;
}
class UnderGraduate : public Student{      // 从Student类公有派生出UnderGraduate类
     private:
         string m_major;                           // 专业
     public:
         UnderGraduate(string id, string name, char gender, string major)
             :Student(id, name, gender){    // 定义派生类构造函数
             m_major = major;
         }
         void show( ) {                            // 定义输出大学生信息函数
             Student::show( );                     // 引用基类的同名函数show( )显示基类成员信息
             cout << "major: " << m_major << endl;
         }
};
int main( ){
    UnderGraduate s("2024050101", "Wangfan", 'M', "Software engineering");
    s.show( );
    return 0;
}
```

运行结果：

```
id: 2024050101
name: Wangfan
gender: M
major: Software engineering
```

例 12.1 展示了C++语言中类的定义、继承、构造函数以及成员函数的基本使用。程序定义了两个类：Student类（基类）和UnderGraduate类（从Student类公有派生）。

派生类新增了数据成员 m_major，重写了基类的 show( ) 函数，体现了派生类对基类的功能扩展，而基类的数据成员和成员函数在派生类中可以直接引用（继承），体现了软件重用。

若基类的成员与派生类的成员重名，在派生类内引用基类的同名成员时，需要在成员名前加类名限定符“::”，如 Student::show( );。

此例也展示了定义派生类的一般步骤：首先，定义一个基类，并为其添加所需的方法和属性；其次，创建一个派生类，并指定其继承的基类；最后，在派生类中添加或重写方法和属性，以实现特定的功能。

12.2.2　派生类的构成

派生类的成员分成两部分：从基类继承过来的成员和派生类新增加的成员。从基类继承的成员（包括数据成员和成员函数）体现了派生类从基类继承而获得的共性，而新增加的成员体现了派生类的个性。正是新增加的成员体现了派生类与基类的不同以及不同派生类之间的区别。

在例 12.1 中，基类与派生类的成员构成情况如图 12-4 所示。

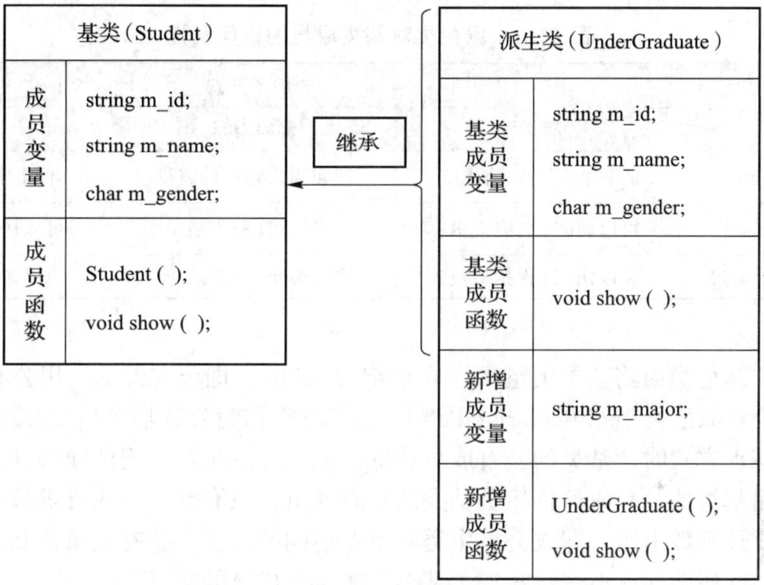

图 12-4　基类与派生类的成员构成情况

构造一个派生类并不是把基类的成员和派生类新增加的成员简单地加在一起，还包括以下三部分的工作。

（1）从基类接收成员：派生类把基类全部的成员（不包括构造函数和析构函数）接收过来，不能选择性地接收一部分成员。

（2）调整从基类接收的成员：接收的基类成员是用户不能选择的，但是用户可以对这些成员作某些调整（例如，通过继承方式改变基类成员的访问属性或重写基类的成员函数）。

（3）声明派生类时增加成员：这部分内容体现了派生类对基类的功能扩展，要根据实际问题的需要仔细考虑应增加哪些成员。

注意：派生类不能继承基类的构造函数和析构函数，原因是尽管子类对象包含基类的数据成员和成员函数，但子类对象与基类对象不同，基类的构造函数和析构函数无法满足子类初始化对象和释放对象的需求。所以，派生类一般要定义自己的构造函数和析构函数。

12.3 派生类成员的访问属性

派生类的成员包含从基类继承的成员和派生类新增加的成员，其访问属性受两方面因素的影响：成员本身的属性和其继承方式。有两类成员不受继承方式的影响，描述如下：

（1）任何时候，基类的私有成员为基类私有，只有基类的成员函数可以访问，派生类内外均不可访问。

（2）派生类新增加的成员，派生类内可以直接访问，派生类外只能访问其新增的公有成员，而基类的成员函数不能访问派生类的新增成员。

不同的继承方式会影响从基类继承过来的成员的访问属性，派生类对基类成员的访问权限如表12-1所示。从基类继承来的成员在派生类中的访问属性划分为4种：不可直接访问的成员、公有成员、保护成员和私有成员。

表12-1 派生类对基类成员的访问属性

基类成员	继承方式		
	公有继承	私有继承	保护继承
私有成员（private）	不可直接访问的成员	不可直接访问的成员	不可直接访问的成员
公有成员（public）	可以访问（公有成员）	可以访问（私有成员）	可以访问（保护成员）
保护成员（protected）	可以访问（保护成员）	可以访问（私有成员）	可以访问（保护成员）

1. 公有继承

在声明一个派生类时将基类的继承方式指定为public，即公有继承，用公有继承方式建立的派生类称为公有派生类（public derived class），其基类称为公有基类（public base class）。

采用公有继承方式时，基类的公有成员和保护成员在派生类中仍然保持其公有成员和保护成员的属性，而基类的私有成员仍然是基类的私有成员，只有基类的成员函数可以引用它，不能被派生类的成员函数引用，即成为派生类中不可访问的成员。公有继承使基类的非私有成员在派生类中的访问属性保持不变，实现了基类与派生类成员的共享。

2. 私有继承

在声明一个派生类时将基类的继承方式指定为private，即私有继承，用私有继承方式建立的派生类称为私有派生类（private derived class），其基类称为私有基类（private base class）。

在私有继承方式下，基类的公有成员和保护成员成为派生类中的私有成员，即派生类的成员函数能访问它们，而在派生类外不能访问它们。私有基类的私有成员在派生类中成为不可访问的成员，只有基类的成员函数可以引用它们。私有继承使基类的非私有成员在派生类中变成私有成员，派生类外不可访问，实现了数据隐藏。

3. 保护继承

在定义类时，由关键字protected声明的成员称为受保护的成员。从类的使用者的角度看，保护成员等价于私有成员，类内可以访问，类外不能访问。但它与私有成员有一点不同，保护成员可以被派生类的成员函数引用，也就是说，将保护成员的访问范围从基类扩展到派生类中。

在定义一个派生类时将基类的继承方式指定为protected，即保护继承，用保护继承方式建立的派生类称为保护派生类（protected derived class），其基类称为受保护的基类（protected base class），简称保护基类。

保护基类的公有成员和保护成员在派生类中都成为保护成员，其私有成员仍为基类私有成员。也就是说，把基类原有的公有成员也保护起来，派生类外不允许访问，既实现了成员共享又保护了成员。

注意：

（1）不论采用什么继承方式，基类的私有成员在派生类内和派生类外都不能访问。

（2）由于基类的私有成员在派生类内外均不可访问，使用不方便，所以，当程序中定义的类作为基类使用时，其成员的访问属性最好不要声明为private。通常基类的数据成员的访问权限声明为protected，成员函数的访问权限声明为public。

例 12.2 派生类成员的访问属性示例。

```
1  #include <iostream>
2  using namespace std;
3  class Base {    // 基类
4      private:
5          int a{0};
6      protected:
7          int b{0};
8      public:
9          int c{0};
10         void init(int a = 0, int b = 0, int c = 0) {
11             this->a = a;
12             this->b = b;
13             this->c = c;
14         }
15 };
16 class Derived : public Base {                    // 公有派生类
17     public:
18         void print( ){
19             cout << "a = " << a << endl;         // 非法，a是基类的私有成员，不可访问
20             cout << "b = " << b << endl;         // b此时是保护成员，类的内部可以访问
21             cout << "c = " << c << endl;         // c此时是公有成员，类的内部可以访问
22         }
23 };
24 int main( ) {
25     Derived obj;
26     obj.a = 10;           // 非法，a是基类的私有成员，类外不可访问
27     obj.b = 20;           // 非法，b是派生类的保护成员，类外不可访问
28     obj.c = 30;           // 合法，公有继承方式下，c是派生类的公有成员，类外可以访问
29     obj.init(1, 2, 3);    // 公有继承方式下，init( )函数是派生类的公有成员函数，类外可以访问
30     obj.print( );         // 合法，类外访问公有成员函数
31     return 0;
32 }
```

本例中，基类的私有成员a，在公有派生类内外均不可访问，所以语句 19、语句 26 是非法的；基类的保护成员b，在公有派生类中是保护成员，可以访问，所以语句 20 合法，但派生类外不可访问，所以语句 27 非法；基类的公有成员c、init在公有派生类中仍是公有成员，所以派生类内外均可访问，所以语句 21、语句 28、语句 29 均合法；而成员函数print( )是派生类新增的公有成员函数，类外可以访问，所以语句 30 合法。

若将定义派生类Derived时的继承方式改为protected，则基类的公有成员c、init( )函数在

派生类中的访问属性变为protected，派生类外不可访问，从而main( )函数中的语句28、语句29非法。

若将定义派生类Derived时的继承方式改为private，则基类的保护成员b、公有成员c、init( )函数在派生类中的访问属性变为private，派生类外不可访问，从而main( )函数中的语句28、语句29非法。

请读者修改例12.2中派生类的继承方式为protected、private，观察程序的编译结果。

注意： 在多级派生时，如果派生类的继承方式都采用公有继承方式，那么直到最后一级派生，派生类都能访问基类的公有成员和受保护成员，在派生类外无法访问基类的保护成员；如果都采用私有继承方式，经过两级或两级以上的派生之后，基类的所有成员都会变成不可访问成员；如果都采用受保护继承方式，那么直到最后一级派生，派生类都能访问基类的公有成员和受保护成员，在派生类外是无法访问派生类中的任何成员的。经过多级派生之后，用户很难确认哪些成员可以访问，哪些成员不能访问，因此在实际操作中，常用的继承方式是公有继承。

例 12.3 多级派生时派生类成员的访问属性。

```
#include <iostream>
using namespace std;
class A {
    private:
        int a1;
    protected:
        int a2;
    public:
        int a3;
        void fa( );
};
class B:public A{
    private:
        int b1;
    protected:
        int b2;
    public:
        int b3;
        void fb( );
};
class C:protected B {
    public:
        int c;
        void fc( );
};
```

多级派生时各成员在不同类中的访问属性如表12-2所示。

表 12-2　多级派生时各成员在不同类中的访问属性

成员	a1	a2	a3	fa( )	b1	b2	b3	fb( )	c	fc( )
A	private	protected	public	public						
B	×	protected	public	public	private	protected	public	public		
C	×	protected	protected	protected	×	protected	protected	protected	public	public

12.4　派生类的构造函数和析构函数

12.4.1　派生类的构造函数

派生类不能继承基类的构造函数，但可以调用基类的构造函数。在设计派生类的构造函数时，不仅要考虑派生类新增数据成员的初始化，还应当考虑继承过来的基类的数据成员的初始化。也就是说，在执行派生类的构造函数时，需要使派生类的数据成员和基类的数据成员同时都被初始化。

解决办法：在执行派生类的构造函数时，调用基类的构造函数。也就是说，基类的数据成员仍由基类的构造函数完成初始化，而派生类的新增数据成员由派生类的构造函数负责初始化。

派生类的构造函数的一般形式如下：

```
派生类名::派生类名(<总参数表>): <基类名1>(<参数表1>), …, <基类名n>(<参数表n>),
                              <子对象名1>(<参数表n+ 1>), …,
                              <子对象名m>(<参数表n+ m>){
    <派生类构造函数体>
}
```

下面分 4 种情况来讨论派生类的构造函数的具体实现。

1. 简单派生类的构造函数

简单派生类是指只有一个基类，而且只有一级派生，且派生类的数据成员中不包含其他类的对象（子对象）。

在例 12.1 中，UnderGraduate 类就是一个简单派生类，其构造函数的定义如下：

```
UnderGraduate(string id, string name, char gender, string major):Student(id, name, gender){
    m_major = major;
}
```

UnderGraduate 类的构造函数在初始化列表中调用基类的构造函数，完成基类数据成员的初始化，而在派生类的构造函数的函数体中完成派生类新增数据成员的初始化。派生类的构造函数有 4 个参数，前 3 个参数按名称传给基类构造函数，完成基类成员的初始化。

例 12.4　简单派生类的构造函数的应用。

```
#include <iostream>
using namespace std;
class Point {
    public:
        Point(int x, int y){
            m_x = x;
            m_y = y;
            cout << "Point constructed.\n";
        }
        void print( ){
           cout << "Point:(" << m_x << ", " << m_y << ")" << endl;
          }
```

```
    private:
        int m_x;
        int m_y;
};
class Circle : public Point {
    public:
        Circle(int x, int y, int radius):Point(x,y){          // 派生类构造函数
            m_radius = radius;
            cout << "Circle constructed.\n";
        }
        void print( ){                                         // 重写基类的同名函数
            Point::print( );                                   // 调用基类的同名函数
            cout << "radius = " << m_radius << endl;
            cout << "area = " << 3.14159 * m_radius * m_radius << endl;
        }
    private:
            int m_radius;
};
int main( ){
    Circle c(1, 2, 3);
    c.print( );
    return 0;
}
```

运行结果：

```
Point constructed.
Circle constructed.
Point:(1,2)
radius = 3
area = 28.2743
```

说明：

（1）从运行结果看，先调用基类的构造函数，再执行派生类的构造函数的函数体。

（2）派生类的构造函数中参数表的参数x、y传递给基类的构造函数，完成基类数据成员的初始化，而参数radius赋值给派生类的新增成员。

（3）派生类重写了基类的print( )函数，在调用基类的同名函数时要加基类的类名和作用域运算符“::”，否则print( )函数就形成递归调用了。

2. 含有子对象的派生类的构造函数

一个类的数据成员如果是另一个类的对象，就称为子对象（成员对象）。包含子对象的类叫作封闭类（enclosed class）。

包含子对象的派生类的构造函数不仅要负责基类的数据成员和派生类新增的普通数据成员的初始化，还要实现子对象的数据成员的初始化，方法是在派生类的构造函数的初始化列表中调用子对象的构造函数，实现子对象的数据成员的初始化。

派生类的构造函数的执行次序如下：

（1）调用基类的构造函数，对基类的数据成员初始化；

（2）调用子对象的构造函数，对子对象的数据成员初始化；

（3）执行派生类的构造函数体，对派生类的数据成员初始化。

例 12.5 包含子对象的派生类的构造函数的应用。

```
#include <iostream>
#include <string>
using namespace std;
```

```
class Engine {                                          // 汽车发动机类
    private:
        string m_model;                                 // 型号
        int m_power;                                    // 功率(马力)
    public:
        Engine(const string& model, int power)          // 构造函数
              : m_model(model), m_power(power){ }
        void printInfo( )const{                         // 输出发动机信息
             cout << "Engine:" << m_model << "," << m_power << "hp" << endl;
        }
};
class Vehicle {                                         // 基类Vehicle
    protected:
        string m_brand;                                 // 品牌
    public:
        Vehicle(const string& b) : m_brand(b) { }
        void printInfo( ) const {
             cout << "Brand: " << m_brand << endl;
        }
};
class Car:public Vehicle {                              // 派生类Car
    public:
        Car(const string& b, const string& m, int p, int s) : Vehicle(b), engine(m, p) {
            seatCount = s;
        }
        void printInfo( ) const {                       // 输出汽车信息
             Vehicle::printInfo( );
             engine.Engine::printInfo( );
             cout << "Seat Count: " << seatCount << endl;
        }
    private:
        int seatCount;                                  // 座位数
        Engine engine;                                  // 发动机
};
int main( ) {
    Car car("A8", "V8", 605, 4);
    car.printInfo( );
    return 0;
}
```

运行结果：

```
Brand: A8
Engine: V8, 605hp
Seat Count: 4
```

说明：

(1)本例中，首先定义了一个汽车发动机(Engine)类，数据成员有型号(m_model)和功率(m_power)，同时为Engine类定义了构造函数和输出发动机信息的函数。

(2)作为基类的交通工具(Vehicle)类，它有一个string类型的成员变量m_brand(品牌)。派生类Car继承了Vehicle类，增加了两个数据成员，即seatCount(座位数)和engine(发动机)，并定义了构造函数和输出Car类对象信息的函数。

(3)派生类的构造函数的总参数表中的参数，包括基类的构造函数的参数表和子对象的参数表中的参数。派生类的构造函数的初始化列表中的基类的构造函数和子对象名及其参数的次序可以是任意的，编译器根据相同的参数名(而不是根据参数的顺序)来确立参数的传递关系。但是习惯上一般先写基类的构造函数，且总参数表中参数的排列次序与引用参数的次序一致，以提高程序的可读性。若有多个子对象，则子对象的定义顺序与构造函数中子对象的引用次序

也要保持一致（若不一致，有些编译器可能发出警告）。

3. 多级派生类的构造函数

一个类可以派生出派生类，派生类还可以继续派生，形成多级派生的层次结构。根据以上讨论，不难写出在多级派生情况下派生类的构造函数。

例 12.6 多级派生类的构造函数。

```
#include <iostream>
#include <string>
using namespace std;
class Vehicle{                              // 基类Vehicle
    protected:
        string m_name;                      // 名称
    public:
        Vehicle(const string& name):m_name(name){ }
        void printInfo( ) const {
              cout << "Name: " << m_name << endl;
        }
};
class Car : public Vehicle {                // 派生类Car
    public:
        Car(const string& n, const string& m, double p): Vehicle(n) {
            m_model = m;
            m_price = p;
        }
        void printInfo( ) const {  // 输出汽车信息
             Vehicle::printInfo( );
             cout << "Model: " << m_model << endl;
             cout << "Price: " << m_price << endl;
        }
    private:
        string m_model;                     // 型号
        double m_price;                     // 价格
};
class ElectricCar : public Car {   // 派生类ElectricCar，继承自Car类
    private:
        int batteryCapacity;                // 电池容量
    public:
        ElectricCar(const string& n, const string& m, double p, int bc)
            : Car(n, m, p) {
            batteryCapacity = bc;
        }
        void printInfo( ) const {
            Car::printInfo( );
            cout << "Battery Capacity: " << batteryCapacity << " kWh" << endl;
        }
};
int main( ) {
    ElectricCar e_car("Robot", "SU7", 210000, 74);
    e_car.printInfo( );
    return 0;
}
```

运行结果：

```
Name: Robot
Model: SU7
Price: 210000
Battery Capacity: 74 kWh
```

例 12.6 中，基类是交通工具（Vehicle）类，Vehicle类派生出汽车（Car）类，Car类派生出

电动汽车（ElectricCar）类，形成多级派生的层次结构。这三个类的构造函数如下：

```
Vehicle(const string& name)
Car(const string& n, const string& m, double p): Vehicle(n)
ElectricCar(const string& n, const string& m, double p, int bc): Car(n, m, p)
```

可以看出，在多级派生的情况下，派生类的构造函数只负责给直接基类和自身的数据成员进行初始化。

4. 派生类的构造函数的特殊形式

若基类中没有定义构造函数，或定义了无参构造函数，则在定义派生类的构造函数时不用写基类的构造函数。调用派生类的构造函数时，系统会自动调用基类的默认构造函数。

如果在基类或子对象所属的类中定义了有参构造函数，就必须显式地定义派生类的构造函数，并在派生类的构造函数的参数初始化列表中写出基类或子对象所属的类的构造函数及其参数表。

若基类或子对象所属的类中既定义了无参构造函数，又定义了有参构造函数，则在定义派生类的构造函数时，既可以包含基类或子对象所属的类的构造函数及其参数，也可以不包含基类或子对象所属的类的构造函数。在调用派生类的构造函数时，系统根据构造函数的内容确定调用基类或子对象所属的类的有参构造函数还是无参构造函数。

若派生类没有新增数据成员，则派生类的构造函数的函数体可以为空，即构造函数是空函数，此时，派生类的构造函数的作用只是将参数传递给基类的构造函数，使系统在执行派生类的构造函数时调用基类的构造函数。

12.4.2　派生类的析构函数

在定义派生类时，派生类不能继承基类的析构函数，需要通过派生类的析构函数去调用基类的析构函数。在派生类中可以根据需要定义自己的析构函数，用来对派生类中新增加的成员进行清理工作。基类成员的清理工作仍然由基类的析构函数负责。在执行派生类的析构函数时，系统会自动调用基类的析构函数和子对象的析构函数，对基类成员和子对象进行清理。

派生类的析构函数的执行顺序正好与构造函数相反：先执行派生类自己的析构函数，对派生类新增加的成员进行清理，然后调用子对象的析构函数，对子对象进行清理，最后调用基类的析构函数，对基类成员进行清理。

例 12.7　派生类的构造函数与析构函数的执行顺序。

```
#include <iostream>
class Base {                          //基类Base
    public:
        Base( ){
            std::cout << "Base Constructor\n";
        }
        ~Base( ){
            std::cout << "Base Destructor\n";
        }
};
class SubObject{                      //子对象类SubObject
    public:
        SubObject( ){
            std::cout << "SubObject Constructor\n";
        }
        ~SubObject( ) {
           std::cout << "SubObject Destructor\n";
        }
```

```
};
// 派生类Derived，包含一个SubObject类型的成员(子对象)
class Derived : public Base {
    SubObject member;       // 派生类的子对象
    public:
        Derived( ){
            std::cout << "Derived Constructor\n";
        }
        ~Derived( ){
           std::cout << "Derived Destructor\n";
        }
};
int main( ) {
    std::cout << "Creating Derived object...\n";
    Derived obj;
    std::cout << "Destroying Derived object...\n";
    return 0;
}
```

运行结果：

```
Creating Derived object...
Base Constructor
SubObject Constructor
Derived Constructor
Destroying Derived object...
Derived Destructor
SubObject Destructor
Base Destructor
```

这个示例程序包含一个基类和一个派生类，派生类中包含一个子对象，用来展示构造函数和析构函数的调用顺序。

从输出结果可以看出，构造函数的调用顺序是先调用基类的构造函数，然后调用子对象（按照声明顺序）的构造函数，最后调用派生类的构造函数。析构函数的调用顺序则相反，先调用派生类的析构函数，然后调用子对象（按照声明顺序的逆序）的析构函数，最后调用基类的析构函数。

12.5 多重继承

多重继承是指一个派生类有两个或两个以上的直接基类（direct class）。此时派生类要从两个或两个以上基类中继承所需的属性和方法。这种继承方式有时候更符合实际情况，例如沙发床同时继承了沙发和床的一些特征，高校里的“双肩挑”人员既从事专业技术工作，又兼任管理岗位的职务。

12.5.1 多重继承派生类的声明方式

多重继承派生类的声明方式与12.2.1节讨论的声明派生类的语法形式一样，只是基类的个数不止一个。例如，假设派生类C是从基类A和B派生而来的，其声明形式如下：

```
class C : public A, protected B {
    …… // 派生类类体
}
```

其中，多重继承派生类C继承类A的方式是public，继承类B的方式是protected。

12.5.2　多重继承派生类的构造函数

多重继承派生类的构造函数的形式与单继承时构造函数的形式基本相同，二者之间的差异是前者构造函数的初始化列表中包含多个基类的构造函数。例如：

```
派生类构造函数(总参数表): 基类1的构造函数(参数列表1), …, 基类n的构造函数(参数列表n){
    派生类新增数据成员的初始化
}
```

其中，基类的构造函数的排列顺序为任意。调用基类的构造函数时，按声明派生类时基类的出现顺序调用。

例 12.8 多重继承派生类的构造函数。

问题描述：假设有一个员工（Employee）类和一个学生（Student）类，用多重继承的方式声明一个派生类——实习生（Intern）类。

员工类数据成员：name（姓名）、age（年龄）和salary（工资）；

学生类数据成员：name（姓名）、age（年龄）和score（成绩）；

实习生类新增数据成员：mentor（指导老师）。

每个类均包含两个成员函数：构造函数和输出信息函数。

```
#include <iostream>
#include <string>
using namespace std;
class Employee {                            // 基类Employee
   protected:
       string name;                         // 姓名
       int age;                             // 年龄
       double salary;                       // 工资
   public:
       Employee(string n, int a, double s) : name(n), age(a), salary(s){ }
       void printEmployeeInfo( ) {
           cout << "Name:" << name << ", Age:" << age << ", Salary:$" << salary << endl;
       }
};
class Student {                             // 基类Student
   protected:
       string name;                         // 姓名
       int age;                             // 年龄
       double score;                        // 成绩
   public:
       Student(string n, int a, double s) : name(n), age(a), score(s){ }
       void printStudentInfo( ) {
            cout << "Name:" << name << ", Age:" << age << ", Score:" << score << endl;
       }
};
class Intern : public Employee, public Student {   // 派生类Intern
   private:
        string mentor;                      // 指导教师
   public:
       Intern(string n, int a, double sa, double sc, string m)
             : Employee(n, a, sa), Student(n, a, sc), mentor(m) { }
       void printInternInfo( ) {
            printEmployeeInfo( );
            printStudentInfo( );
            cout << "Mentor: " << mentor << endl;
```

```
        }
};
int main( ){
    Intern intern("Li Xiangyang", 21, 1200.0, 92.5, "Teacher Zhang");
    intern.printInternInfo( );
    return 0;
}
```

运行结果：

```
Name: Li Xiangyang, Age: 21, Salary: $1200
Name: Li Xiangyang, Age: 21, Score: 92.5
Mentor: Teacher Zhang
```

说明：此例中，Intern类通过多重继承同时获得了Employee类和Student类的属性与方法。Intern类的构造函数需要传递所有必要的信息来初始化它的基类成员变量以及它自己的mentor成员变量。printInternInfo( )函数展示了如何调用基类的方法来显示实习生的全部信息。

12.5.3 多重继承产生的二义性问题

多重继承能够有效地描述和解决一些较为复杂的实际问题，提高了编写程序的灵活性，但与此同时，也增加了程序的复杂性，导致维护和编写程序变得较为困难，最常见的问题就是因继承同名成员而产生的二义性。

二义性是指在派生类中对基类成员的访问本应该是唯一的，但在多重继承的情况下可能出现对基类中某个成员的访问不唯一的情况，这时就称对基类成员的访问产生了二义性。

在例 12.8 中，程序的输出结果显然不尽完美，相同的数据如姓名、年龄等被输出了两次。实际上由于基类的数据成员的访问属性为protected，所以在派生类Intern中可以直接引用，成员函数printInternInfo( )可修改如下：

```
void printInternInfo( ) {
   cout << "Name:" << name << endl;
   cout << "Age:" << age << endl;
   cout << "Salary:" << salary << endl;
   cout << "Score:" << score << endl;
   cout << "Mentor: " << mentor << endl;
}
```

这里就出现了对基类成员引用的二义性问题，编译时会提示错误，因为系统不能确定name、age是从哪个基类继承过来的，解决办法是在同名的基类成员名前加上基类名和作用域运算符“::”，如Student::name。

多重继承派生类Intern的构成如图 12-5 所示。

同理，若将例 12.8 中三个类的信息输出成员函数名都改为print( )，则在派生类Intern中会出现三个同名的成员函数，当要引用从基类继承过来的同名的成员函数时，同样会出现二义性，解决办法仍然是在同名的基类成员函数名前加上基类名和作用域运算符“::”，如intern.Student::print( );。而使用派生类对象直接引用同名的成员函数时，编译器不会提示错误，如intern.print( );，系统默认使用派生类新增的同名成员函数。

系统对于同名成员的操作规则是基类的同名成员在派生类中被屏蔽为不可见的成员，即派生类新增的同名成员覆盖了基类的同名成员（同名覆盖），当使用同名成员时，系统默认使用在派生类中新增的同名成员。

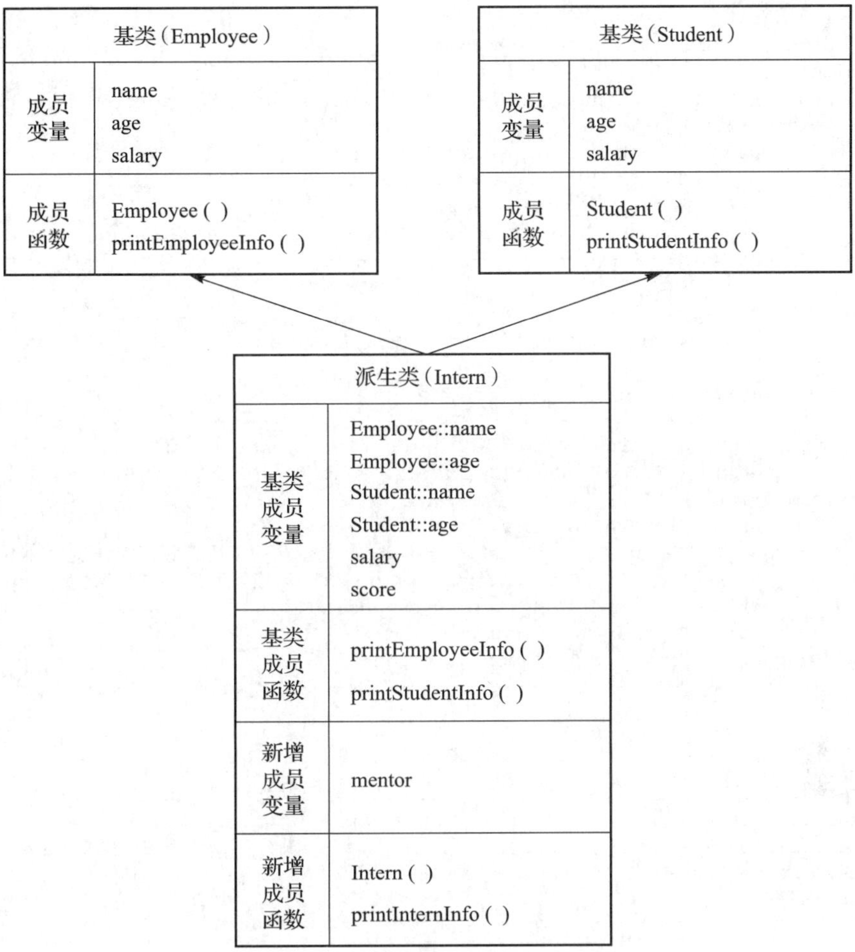

图 12-5　多重继承派生类Intern的构成

例 12.9　多重继承的二义性问题的处理。

```
#include <iostream>
#include <string>
using namespace std;
class Employee {                          // 基类Employee
    protected:
        string name;                      // 姓名
        int age;                          // 年龄
        double salary;                    // 工资
    public:
        Employee(string n, int a, double s) : name(n), age(a), salary(s) { }
        void print( ) {
            cout << "Employee information: " << endl;
            cout << "Name: " << name << endl;
            cout << "Age: " << age << endl;
            cout << "Salary: $" << salary << endl;
            cout << "--------------------------------" << endl;
        }
};
class Student{                            // 基类Student
    protected:
        string name;                      // 姓名
```

```
        int age;                        // 年龄
        double score;                   // 成绩
    public:
        Student(string n, int a, double s) : name(n), age(a), score(s) {}
        void print( ) {
            cout << "Student information:" << endl;
            cout << "Name: " << name << endl;
            cout << "Age: " << age << endl;
            cout << "Score: " << score << endl;
            cout << "--------------------------------" << endl;
        }
};
class Intern : public Employee, public Student {   // 派生类 Intern
    private:
        string mentor;                  // 指导教师
    public:
        Intern(string n, int a, double sa, double sc, string m) :
        Employee(n, a, sa), Student(n, a, sc), mentor(m) { }
        void print( ) {                 //同名覆盖
            cout << "Intern information:" << endl;
            cout << "Name: " << Student::name << endl; // 基类同名成员名前加基类名和作用域运算符"::"
            cout << "Age:" << Student::age << endl;  // 基类同名成员名前加基类名和作用域运算符"::"
            cout << "Salary: $" << salary << endl;
            cout << "Score: " << score << endl;
            cout << "Mentor: " << mentor << endl;
            cout << "--------------------------------" << endl;
        }
};
int main( ){
    Intern intern("Li Xiangyang", 21, 1200.0, 92.5, "Teacher Zhang");
    intern.print( );                            // 默认调用新增同名成员函数
    intern.Employee::print( );                  // 基类同名成员名前加基类名和作用域运算符"::"
    intern.Student::print( );
    return 0;
}
```

运行结果：

```
Intern information:
Name:Li Xiangyang
Age: 21
Salary: $1200
Score: 92.5
Mentor: Teacher Zhang
--------------------------
Employee information:
Name: Li Xiangyang
Age: 21
Salary: $1200
--------------------------
Student information:
Name: Li Xiangyang
Age: 21
Score: 92.5
--------------------------
```

12.5.4 虚基类

在例 12.9 中，除了二义性问题之外，还存在另一个问题，派生类Intern中出现了重复的数据成员（name、age），即数据冗余问题。既然两个基类有相同的数据成员，就可以将相同的属性抽象出来，用一个类来描述（Person类）。因此，例 12.9 中的类结构可进一步优化，如图 12-6 所示。

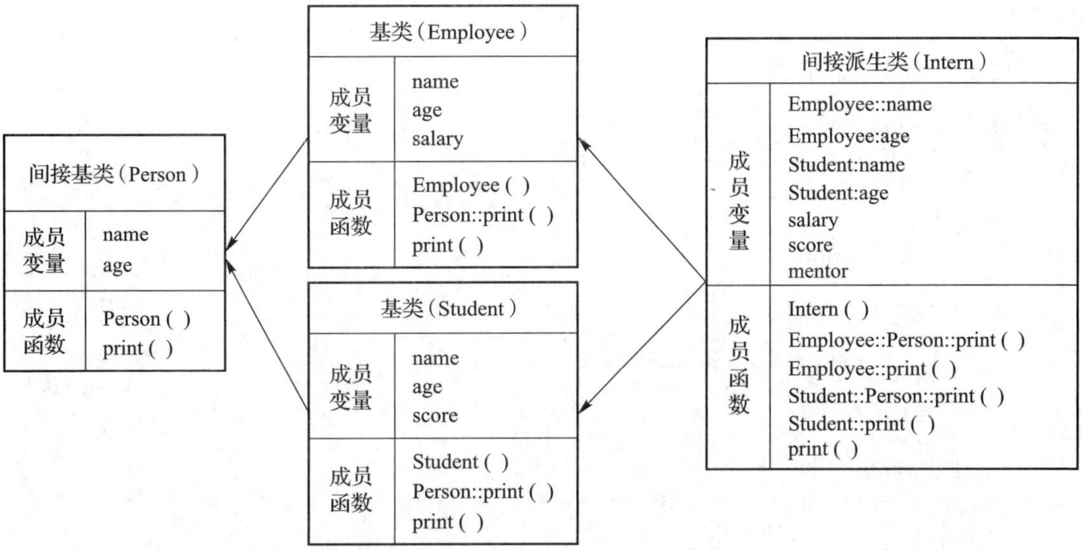

图 12-6 例 12.9 中的类优化后的结构

从图 12-6 可以看出，这样的类结构设计更加合理，但间接派生类Intern中包含两份间接基类Person的成员，在引用这些成员时，必须在派生类的同名成员名前加直接基类的类名以避免二义性，而且数据冗余问题依然存在。

理想情况是在间接派生类中只保留间接基类的一份成员，C++语言使用虚基类来实现在继承间接公共基类时在间接派生类中只保留间接基类的一份成员。

1. 虚基类的定义方法

声明虚基类的一般形式如下：

```
class 派生类名: virtual 继承方式 基类名
```

说明：虚基类并不是在声明基类时声明的，而是在声明派生类并指定继承方式时声明的。因此，一个基类可以在生成一个派生类时作为虚基类，而在生成另一个派生类时不作为虚基类。

```
class A {                           // 声明基类A
    ……
};
class B : virtual public A {        // 声明A类是B类的虚基类
    ……
};
class C : virtual public A {        // 声明A类是C类的虚基类
    ……
};
```

这样声明之后，当基类通过多条派生路径被一个派生类继承时，该派生类只继承该基类一次。为了保证虚基类在派生类中只被继承一次，应保证该基类在所有直接派生类中均声明为虚基类，否则仍然会出现对基类的多次继承。

2. 虚基类的初始化

如果在虚基类中定义了有参构造函数，则在其所有派生类（包括直接派生类和间接派生类）中，均要求在派生类的构造函数的初始化列表中对虚基类进行初始化。但C++语言规定，只有最后一级的派生类负责对虚基类的构造函数的调用，所以虚基类的构造函数只执行一次。这一点与前面介绍多级派生时，派生类的构造函数在构造函数的初始化列表中只对直接基类初始化不同。

例 12.10 虚基类的应用。

```
#include <iostream>
#include <string>
using namespace std;
class Person {                                    // 间接基类Person
    protected:
        string name;                              // 姓名
        int age;                                  // 年龄
    public:
        Person(string n, int a) : name(n), age(a) {
            cout << "Person: constructor executed.\n";
        }
        void print( ){
           cout << "Person information: " << endl;
           cout << "Name: " << name << endl;
           cout << "Age: " << age << endl;
        }
        ~Person( ){
           cout << "Person: destructor executed.\n";
        }
};
class Employee : virtual public Person {  // 声明Person类为Employee类的虚基类
    protected:
        double salary;                            // 工资
    public:
        Employee(string n, int a, double s) : Person(n, a), salary(s) {
           cout << "Employee: constructor executed.\n";
        }
        void print( ){
           cout << "Employee information: " << endl;
           Person::print( );
           cout << "Salary: $" << salary << endl;
           cout << "-----------------------------" << endl;
        }
        ~Employee( ) {
           cout << "Employee: destructor executed.\n";
        }
};
class Student : virtual public Person {    // 声明Person类为Student类的虚基类
    protected:
        double score;                             // 成绩
    public:
        Student(string n, int a, double s) :  Person(n, a), score(s) {
              cout <<  "Student: constructor executed.\n";
        }
        void print( ) {
             cout << "Student information:" << endl;
             Person::print( );
             cout << "Score: " << score << endl;
             cout << "-----------------------------" << endl;
        }
        ~Student( ){
              cout << "Student: destructor executed.\n";
        }
};
class Intern : public Employee, public Student {  // 间接派生类Intern
```

```
    private:
        string mentor;      // 指导教师
    public:
        Intern(string n, int a, double sa, double sc, string m)
            :Person(n, a), Employee(n, a, sa), Student(n, a, sc), mentor(m) {
            cout << "Intern: constructor executed.\n";
        }
        void print( ){       //同名覆盖
            cout << "Intern information: " << endl;
            cout << "Name: " << name << endl;                  // 只继承间接基类一次
            cout << "Age: " << age << endl;                    // 只继承间接基类一次
            cout << "Salary: $" << salary << endl;
            cout << "Score: " << score << endl;
            cout << "Mentor: " << mentor << endl;
            cout << "------------------------------" << endl;
        }
        ~Intern( ){
            cout << "Intern: destructor executed.\n";
        }
};
int main( ) {
    Intern intern("Li Xiangyang", 21, 1200.0, 92.5, "Teacher Zhang");
    intern.print( );                           // 默认调用新增同名成员函数
    intern.Employee::print( );                 // 基类同名成员名前加基类名和作用域运算符“::”
    intern.Student::print( );                  // 基类同名成员名前加基类名和作用域运算符“::”
    intern.Person::print( );                   // 间接派生类只继承间接基类一次
    return 0;
}
```

运行结果：

```
Person: constructor executed.
Employee: constructor executed.
Student: constructor executed.
Intern: constructor executed.
Intern information:
Name: Li Xiangyang
Age: 21
Salary: $1200
Score: 92.5
Mentor: Teacher Zhang
------------------------------
Employee information:
Person information:
Name: Li Xiangyang
Age: 21
Salary: $1200
------------------------------
Student information:
Person information:
Name: Li Xiangyang
Age: 21
Score: 92.5
------------------------------
Person information:
Name: Li Xiangyang
Age: 21
Intern: destructor executed.
Student: destructor executed.
Employee: destructor executed.
Person: destructor executed.
```

说明：

（1）例 12.10 中消除了二义性问题，Person类的构造函数只执行了一次，而且在间接派生类Intern中只继承了虚基类一次。图 12-7 是使用虚基类后间接派生类Intern的构成。

间接派生类（Intern）	
成员变量	name age salary score mentor
成员函数	~Intern ( ) Person::print ( ) Employee::print ( ) Student::print ( ) print ( )

图 12-7　使用虚基类后间接派生类Intern的构成

（2）从运行结果看，基类的构造函数只执行了一次，且构造函数的执行次序是先执行间接基类Person的构造函数，再执行直接基类的构造函数（按声明派生类时的排列次序），最后执行间接派生类Intern的构造函数，而析构函数的执行次序与构造函数的执行次序正好相反，执行结果符合预期。

多重继承通常被认为是一种复杂的设计选择，它使得类的关系变得比较复杂，造成代码更难理解和维护。因此，许多专业人员不提倡在程序中使用多重继承，只在比较简单的情况和不易出现二义性的情况或实在必要时（问题具有明显的多重继承特征）才使用多重继承，能用单继承解决的问题就不使用多重继承。

12.6　基类与派生类的转换

由前面章节的学习可知，不同数据类型的数据之间在一定条件下可以进行类型转换。例如，基本数据类型之间，基本数据类型与用户自定义类型之间，在一定条件下是可以进行转换的。这种不同数据类型的数据之间的自动转换和赋值称为赋值兼容。

基类与派生类之间存在明显的紧密联系，那么基类与派生类对象之间是否存在赋值兼容关系呢？也就是说，基类对象能否转换为派生类对象或派生类对象能否转换为基类对象？

在公有继承方式下，派生类较好地保留了基类的特征，即它继承了基类除了构造函数和析构函数外的所有成员，且基类的非私有成员在派生类的访问属性保持不变，且在派生类外可调用基类的公有成员函数来访问基类的私有成员，所以公有派生类具有基类的全部功能，所有基类能实现的功能，公有派生类均能实现。

在公有继承的情况下，基类对象与派生类对象之间是赋值兼容的，可以相互转换。

假设有如下基类与派生类：

```
class Base {
    protected:
        int a;
```

```
    public:
        Base(int a){
            this->a = a;
        }
        void print( ){
            cout << "Base:\n";
            cout << "a = " << a << endl;
        }
};
class Derived : public Base {
    protected:
        int b;
    public:
        Derived(int a, int b) : Base(a) {
            this->b = b;
        }
        void print( ){
            cout << "Derived:\n";
            cout << "a = " << a << endl;
            cout << "b = " << b << endl;
        }
};
Base objB(10);                    // 定义基类Base的对象objB
Derived objD(20,30);              // 定义派生类Derived的对象objD
```

基类和派生类之间的转换（向上转换）遵循三条赋值兼容规则。

1. 派生类对象可以向基类对象赋值

可以用（公有派生类）子类对象对其基类对象赋值。例如：

```
objB = objD;                      // 用派生类对象objD给基类对象objB赋值
objB.print( );                    // 输出Base:a = 20
```

注意：系统在赋值时舍弃了派生类的新增成员b，语句objB.print( );调用的是基类的成员函数，但对象objB的成员值已改变，所以输出“Base:a = 20”。赋值只是对数据成员赋值，对成员函数不存在赋值操作。公有派生类对象赋值给基类对象如图 12-8 所示。

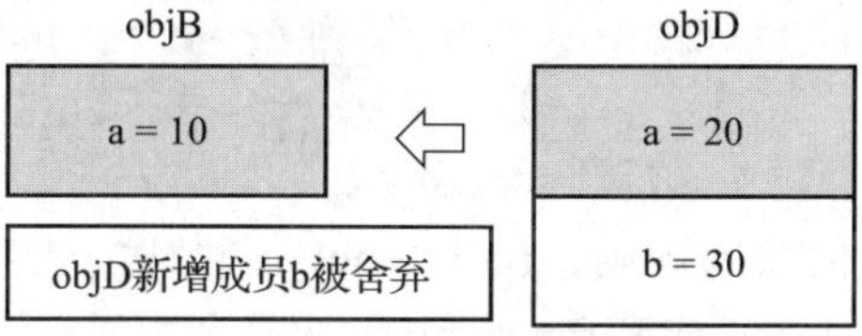

图 12-8　公有派生类对象赋值给基类对象

只能用公有派生类对象对其基类对象赋值，而不能用基类对象对其派生类对象赋值，因为基类对象不包含派生类的新增成员，无法完成对派生类新增成员的赋值。

2. 派生类对象可以替代基类对象向基类对象的引用进行赋值或初始化

1）派生类对象给基类的引用初始化

例如：

```
Base &ref = objD;                          // 派生类对象给基类的引用初始化
cout << "&ref:" << &ref << endl;           // 输出&efr:0x71feac
cout << "&objD:" << &objD << endl;         // 输出&objD:0x71feac
ref.print( );                              // 输出Base:a = 20
```

说明：基类的引用ref只是派生类对象objD中基类部分的别名，从输出结果看，ref与objD中基类部分共享同一段存储单元，ref与objD具有相同的起始地址（0x71feac），而语句ref.

print( );调用的是基类的成员函数，但输出值是派生类中基类成员的值。派生类对象给基类的引用初始化如图 12-9 所示。

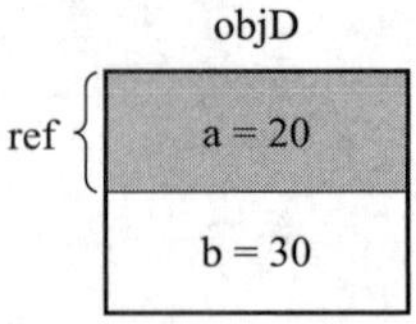

图 12-9　派生类对象给基类的引用初始化

2) 派生类对象给基类的引用赋值

例如：

```
Base &r = objB;                              // 定义基类对象的引用
r = objD;                                    // 派生类对象给基类的引用赋值
cout << "&r:" << &r << endl;                 // 输出&r:0x71feb0
cout << "&objD:" << &objD << endl;           // 输出&objD:0x71fea8
r.print( );                                  // 输出Base:a = 20
```

注意：基类的引用 r 并不是派生类对象 objD 的别名，也不与 objD 共享同一段存储单元，但是 C++ 语言允许用派生类对象给基类的引用赋值，语句 r.print( );调用的是基类的成员函数，输出派生类中基类成员的值。

3. 派生类对象的地址可以赋值给基类对象的指针变量，即基类的指针可以指向派生类对象

例如：

```
Base *ptr = &objD;                   // 定义基类的指针变量，用派生类对象来初始化
ptr->print( );                       // 输出Base:a = 20
```

说明：基类的指针可以指向派生类的对象，用指针调用成员函数时是调用基类的成员函数，输出的结果是派生类中基类成员的值。

基类的指针或引用一般是作为函数的参数，例如：

```
void func(Base &r){
    cout << r.print;
}
```

根据基类与派生类的赋值兼容规则，调用 func( ) 函数时，实参可以是基类对象，也可以是派生类对象。例如，func(objB); 或者 func(objD); 均是合法的。

例 12.11　基类与派生类的转换。

```
#include <iostream>
using namespace std;
class Base {
    protected:
        int a;
    public:
        Base(int a){
            this->a = a;
        }
        void print( ) const {
            cout << "Base: ";
            cout << "a = " << a << endl;
        }
};
```

```
class Derived : public Base {
    protected:
        int b;
    public:
        Derived(int a, int b) : Base(a) {
            this->b = b;
        }
        void print( ) const {
            cout << "Derived:" ;
            cout << " a = " << a;
            cout << " b = " << b << endl;
        }
};
void func(Base* ptr){           // 基类的指针作函数形参
    ptr->print( );              // 通过指针调用成员函数
}
int main( ){
    Base objB(10);              // 定义基类对象 objB
    Derived objD(20, 30);       // 定义公有派生类对象 objD
    func(&objB);                // 基数对象的地址 &objB 作函数实参
    func(&objD);                // 派生类对象的地址 &objD 作函数实参
    objD.print( );              // 派生类对象调用派生类的成员函数
    return 0;
}
```

运行结果：

```
Base: a = 10
Base: a = 20
Derived: a = 20 b = 30
```

说明：

（1）func( )函数是一个通用函数，其形参是基类对象的指针，既可以接收基类对象的地址，也可以接收派生类对象的地址。通过语句ptr->print( );，func( )函数以统一的形式处理不同类型的对象，从而实现了程序的通用性。

（2）用指向基类对象的指针变量指向派生类对象是合法的、安全的，编译上不会出现错误。然而，从输出结果（Base: a = 20）来看，指向基类对象的指针变量仅能访问派生类中的基类成员，无法访问派生类对象的新增成员。相比之下，使用派生类对象调用print( )函数时，可以正常输出派生类对象的信息（Derived: a = 20 b = 30）。

（3）若想通过指向基类对象的指针调用派生类对象的成员函数以操作派生类的新增成员，就需要用到第 13 章将要学习的虚函数（virtual function）和动态多态的知识。

12.7　继承与组合

在C++语言中，继承和组合（composition）是实现代码重用和对象结构设计的重要机制。它们各有特点，适用于不同的场景，二者在概念和用法上有所不同。

1. 继承

继承是面向对象编程的一个基本特性，表示一种“是”（is-a）的关系。派生类（子类）继承基类（父类）的属性和方法，并扩展其功能或重写这些方法。

假设有基类A，类B是类A的派生类，则逻辑上要求：一个B类对象也是一个A类对象。

例如，学生类派生出大学生类，大学生是学生；由交通工具类派生出汽车类，汽车是交通工具；教师类派生出教授类，教授是教师等，这些关系均满足“是”的关系。

2. 组合

组合是一种“有”（has-a或contains-a）的关系，表示一个类包含另一个类的对象作为其成员变量。假设C类中有成员变量k，k是D类的对象，则C类和D类是组合关系。通常要求：D类对象是C类对象的固有属性或组成部分。

例如，汽车有轮胎、发动机，公司有老板，研究生有导师，人有出生日期等，这些关系都满足“有”的关系。

继承是纵向的，组合是横向的，通过类的组合和继承，可以有效地组织和利用现有的类，大大减少了编码的工作量。

3. 如何分析实际问题中对象之间的关系

在分析实际问题时，首先要识别出问题中的实体或概念，将它们抽象为类，然后分析这些类之间的关系。一般来说，类与类之间有如下三种关系。

（1）没有关系。

（2）继承关系：如果一个类是另一个类的特殊类或子类，则考虑使用继承。

（3）组合（复合）关系：如果一个类包含另一个类的对象作为其成员，则考虑使用组合。

最后，综合考虑使用继承或组合的优缺点后，选择适合当前问题的类间关系。

例如，在处理几何形状的程序中，需要使用点类和圆类，请问这两个类的关系如何？

如果认为圆是点（半径为0的圆），则点类与圆类的关系是继承关系。

```
class Point {
    ……                          // 类体
};
class Circle: public Point{
    ……
    double radius;              // 新增圆的半径
};
```

如果认为圆是由圆心（点）和半径构成的，则点类与圆类的关系是组合关系。

```
class Circle {
    ……
    double r;                   // 半径
    Point center;               // 圆心
}
```

再如，在模拟家庭关系的问题中，有父亲（Father）类、母亲（Mother）类和孩子（Child）类。有人认为Child类是从Father类和Mother类多重派生而来的，这是不合适的，因为这意味着Child是一个Father和一个Mother的类型，这在逻辑上是不成立的。实际上，Child应该是一个独立的个体，只是与Father和Mother有关联，即每个孩子均有父母。所以，Child类与Father类和Mother类之间的关系选择组合关系更合理，而不是继承关系。

思考：在一个动物园管理系统中，包含动物园（Zoo）类、动物（Animal）类和鸟（Bird）类，请问这些类的关系如何？

12.8 习　题　12

一、填空题

1. 在C++语言中，________和________不能被派生类继承。
2. 一个新类从已有的类那里获得特性，这种现象称为________。
3. 派生类可以新增________中不具备的数据和操作。
4. 单继承所形成的层次关系是一个________。
5. 基类的私有成员在派生类中成为________的成员。
6. 在C++语言中，使用________，可以实现在继承间接共同基类时只保留一份成员。
7. 在一个类中以另一个类的对象作为数据成员，称为________。

二、判断题

1. 公有继承时，基类的private成员在派生类中仍是private成员。（　　）
2. 派生类中的构造函数会自动调用基类的构造函数。（　　）
3. 派生类不能添加新的成员变量或成员函数。（　　）
4. 派生类对象可以通过基类的引用或指针进行访问，但只能访问基类部分的数据。（　　）
5. 派生类的构造函数必须先调用基类的构造函数，然后才能初始化派生类的新增成员。（　　）

三、选择题

1. 下列关于继承与派生的描述中，不正确的是(　　)。
   A. 派生类可以继承基类的成员函数和成员变量
   B. 继承是面向对象编程中实现代码重用的一种手段
   C. 派生类在定义时不需要指定基类的访问属性
   D. 派生类可以访问基类的公有成员和保护成员
2. 使用派生类的主要原因是(　　)。
   A. 提高代码的复用性　　B. 提高程序的运行效率
   C. 加强类的封装性　　D. 实现数据的隐藏
3. 关于派生类成员的访问属性，下列描述中正确的是(　　)。
   A. 基类的私有成员在派生类中仍然是私有成员
   B. 基类的保护成员在派生类中变为公有成员
   C. 基类的公有成员在派生类中变为保护成员
   D. 派生类不能直接访问基类的私有成员
4. 派生类可以访问其基类的(　　)。
   A. 公有成员和保护成员　　B. 公有成员
   C. 保护成员　　D. 私有成员
5. 基类的(　　)是派生类的成员函数不能访问的。
   A. 公有成员　　B. 保护成员
   C. 公有成员和保护成员　　D. 私有成员

6. 下列有关派生类的构造函数和析构函数的叙述中，错误的是(　　)。

A. 如果基类中定义了有参构造函数，则派生类必须定义构造函数

B. 若基类没有定义构造函数，则派生类的构造函数会隐含调用基类的默认构造函数

C. 在建立派生类对象时，先调用基类的构造函数，再执行派生类的构造函数体

D. 在销毁派生类的对象时，先调用基类的析构函数，再调用派生类的析构函数

7. 在公有继承的情况下，允许派生类直接访问的基类成员包括(　　)。

A. 公有成员　　B. 公有成员和保护成员

C. 公有成员、保护成员和私有成员　　D. 保护成员

8. 下列对派生类的描述中，(　　)是错误的。

A. 一个派生类可以作为另一个派生类的基类

B. 派生类至少有一个基类

C. 派生类的成员除了它自己的成员以外，还包含它的基类成员

D. 派生类中继承的基类成员的访问属性到派生类中保持不变

9. 下列虚基类的声明中正确的是(　　)。

A. class virtual B:public A　　B. class B:virtual public A

C. class B:public A virtual　　D. virtual class B:public A

10. 在C++语言中，设置虚基类的目的是(　　)。

A. 简化程序　　B. 消除二义性

C. 提高运行效率　　D. 减少目标代码

11. 假设class Y:public X，即Y类是X类的派生类，则定义一个Y类的对象和删除一个Y类的对象时，调用构造函数和析构函数的次序分别为(　　)。

A. X, Y; Y, X　　B. X, Y; X, Y

C. Y, X; X, Y　　D. Y, X; Y, X

12. (假设在公有继承的情况下)以下说法中不正确的是(　　)。

A. 可以将基类对象赋值给派生类对象

B. 可以将派生类对象的地址赋值给指向基类对象的指针

C. 可以将派生类对象赋值给基类的引用

D. 可以将派生类对象赋值给基类对象

四、简答题

1. 在protected继承方式下，基类成员在派生类中的访问属性如何？

2. 什么是多重继承引起的二义性问题？如何处理二义性问题？

3. 什么是赋值兼容？基类与派生类对象之间的赋值兼容具体表现在哪些方面？

五、编程题

1. 定义一个哺乳动物(Mammal)类，再由此派生出狗(Dog)类，定义一个Dog类的对象，观察基类与派生类的构造函数和析构函数的调用顺序。

2. 定义一个基类Building，含有保护成员floors、rooms和square，分别用来表示一座楼的层数、房间数以及它的总面积。定义Building类的派生类House，含有私有成员bedrooms、balcony，分别用来表示卧室与阳台的数量。另外，定义Building类的派生类Office，含有私有成员phones和meeting_rooms，分别用来表示电话与会议室的数目。这两个派生类都含有构造函数和show()函数，分别用于对数据成员进行初始化和显示出这些数据。

3. 定义一个汽车(Automobile)类，包含数据成员品牌、颜色、车重、马力；定义小客车

（Car）类继承Automobile类，增加数据成员座位数；定义小货车（Wagon）类继承Automobile类，增加数据成员载重量；定义客货两用车（StationWagon）类继承Car类和Wagon类。分析类之间的关系，完成各类的设计和定义，并在各类中提供构造函数、输入和输出信息函数。

4. 定义一个车（Vehicle）基类，具有maxSpeed、weight等成员变量，run( )、stop( )等成员函数，由此派生出自行车（Bicycle）类、汽车（Motorcar）类。自行车（Bicycle）类有高度（height）等属性，汽车（Motorcar）类有座位数（seatNum）等属性。从Bicycle类和Motorcar类派生出摩托车（MotorCycle）类。分析类之间的关系，完成各类的设计和定义。在继承过程中，注意把Vehicle类设置为虚基类。

5. 设计一个Car类，它有一个私有成员变量engine，该变量是另一个Engine类的对象。Engine类应该包含至少两个属性：power（功率）和fuelType（燃料类型）。在Car类中，提供函数来设置和获取变量engine的属性。

第13章 多态与虚函数

多态是面向对象程序设计的特征之一，是C++语言中的一个重要概念。利用多态可以设计和实现一个易于扩展的系统，对多态的支持体现了C++语言对程序通用性的追求。本章介绍多态的概念和分类，虚函数及动态多态的实现方法与机制，纯虚函数和抽象类，并通过案例说明多态的应用，旨在为后续深入学习C++语言的高级知识打下坚实的基础。

学习目标

- 掌握多态的概念和分类；
- 掌握虚函数及动态多态的实现方法；
- 了解动态多态的实现机制；
- 理解抽象类的概念与设计方法；
- 能编写有一定规模的多态程序。

13.1 多态的概念和分类

13.1.1 多态的概念

多态这个词来源于希腊语，是多种形态的意思。在C++语言中，多态是指向同一类的不同的对象发送同一个消息，不同的对象在接收到相同的消息时会产生不同的行为。这里的发送消息是指对类成员函数的调用，而不同的行为是指不同的函数实现（调用不同的函数）。也就是说，每个对象都可以用自己的方式去响应相同的消息。多态机制使程序员可以用同一种形式实现不同的功能，达到行为标识统一的目的，体现了C++语言对程序通用性的追求。

在现实生活中有许多多态的例子。例如，在Windows环境下，用鼠标双击一个文件对象（双击就是向对象发送一个消息），而不同文件在接到相同命令后的反应是不同的。如果文件是一个可执行文件，则会执行此程序；如果文件是一个文本文件，则启动文本编辑器并打开该文件；如果文件是音频文件，则打开播放器播放音乐。

再如，商品交易时，卖家请求支付，不同的买家可能会使用不同的支付方式，如现金支付、信用卡支付、支付宝支付、微信支付等，即不同的买家收到支付请求时做出了不同的行为。

由前已知，函数重载机制支持用一个函数名实现不同的功能，而运算符重载机制支持同一个运算符实现不同的操作，这都是C++语言多态的体现。

基类可以派生出多个派生类，这些派生类和基类一起构成了类的“家族”。C++语言允许派生类重写基类的同名成员函数，因此通过继承而产生的相关的不同派生类中，与基类的成员函数同名的成员函数在不同的派生类中可以有不同的含义。也可以说，多态是一个接口对应多种方法。多态提供了基于类族的通用操作接口，提升了程序的灵活性和通用性。

13.1.2　多态的分类

在C++语言中，多态分为两类：静态多态和动态多态。

静态多态又称编译时多态，是指在程序编译过程中确定同名操作的具体操作对象。静态多态是通过函数重载和模板实现的。函数重载（第 5 章介绍过）允许在同一作用域内存在多个同名函数，但这些函数的参数表必须不同。编译器根据函数调用时提供的参数类型和参数数量来确定应该调用哪个函数。运算符重载（属于函数重载，第 11 章介绍过）是编译器根据运算符作用的操作数的数据类型来确定应该调用哪个运算符函数。模板（将在第 15 章介绍）是另一种实现静态多态的方式，它允许编写与数据类型无关的代码，通过模板参数来生成特定类型的函数或类。利用函数模板，编译器可以根据模板实参的具体情况确定要定义的是哪个函数，并生成相应的函数实例。利用类模板，编译器可以根据模板实参的具体情况确定要定义的是哪个类的对象，并生成相应的类的对象。

动态多态又称运行时多态，是指在程序运行过程中才能动态地确定操作所针对的具体对象。动态多态是通过继承和虚函数来实现的。它允许在程序运行时才确定调用哪个函数。当使用基类的指针（或引用）调用虚函数时，若基类的指针指向的是基类对象，则调用基类的虚函数，若基类的指针指向的是派生类的对象，则调用的是派生类中重写的虚函数，而不是基类的虚函数。这种机制使得程序更加灵活和可扩展，使得同一段代码能够处理多种数据类型的对象，而不需要用户在编写代码时就知道对象的具体类型。

确定操作的具体对象的过程称为关联（binding，也称绑定），指的是把一个函数名与函数操作的对象绑定在一起，建立关联。若关联在编译和连接时进行，则称为静态关联（static binding），又称早期关联（early binding），静态关联支持的多态为静态多态。若关联在程序运行时进行，则称为动态关联（dynamic binding），又称滞后关联（late binding），动态关联支持的多态为动态多态。

13.2　虚函数的定义与使用

13.2.1　虚函数的定义

在第 12 章的许多案例中，派生类中定义了与基类中的函数首部完全相同的成员函数，但功能不同，即派生类中重写了基类的成员函数。默认情况下，编译器按照同名覆盖的原则决定调用的是哪个函数，即派生类对象调用同名函数时，调用的是派生类重写的函数，而要调用基类的同名函数，就需要加上基类的类名和作用域运算符“::”。这种使用方式比较烦琐，C++语言使用虚函数来解决这个问题。

以关键字virtual定义的成员函数称为虚函数。虚函数是动态关联的基础，它允许在派生类中重新定义与基类的成员函数同名的函数，并且可以通过基类指针或引用来访问基类和派生类中的同名函数，从而实现动态多态。

定义虚函数的形式如下：

```
virtual 返回类型 函数名(参数表) {
    ......
};
```

说明：

（1）若虚函数的定义形式为类内声明，类外定义，关键字virtual就只能用在类内声明中，类外定义不能使用virtual。

（2）虚函数具有继承性，若基类中声明了虚函数，则不管该函数被公有继承了多少次，在派生类中仍是虚函数，无须额外声明。

在派生类中重新定义虚函数时，要求函数原型相同，但函数体不同。

（3）虚函数仅允许是非静态的公有成员函数，并且不能是构造函数、友元函数、内联函数和静态成员函数。

（4）要实现动态多态，只能通过基类的指针或引用来调用虚函数。如果通过对象名来调用虚函数，则无法实现动态多态，因为此时关联操作在编译时就可以确定。

13.2.2 虚函数的应用

通过类的公有继承和虚函数可以实现运行时多态，其具体形式有如下两种。

形式一：派生类的指针赋值给基类的指针变量。通过基类的指针变量调用基类或派生类中的同名虚函数时，若该指针指向一个基类对象，则被调用的是基类的虚函数；若该指针指向一个派生类对象，则被调用的是派生类的虚函数。

例 13.1 虚函数的应用示例（使用基类的指针变量）。

```
#include <iostream>
using namespace std;
class Base {
    public:
        virtual void show( ) {
            cout << "Base:show( )." << endl;
        }
};
class Derived: public Base {
    public:
        virtual void show( ){
            cout << "Derived:show( )." << endl;
        }
};
int main( ) {
    Base objBase;
    Derived objDerived;
    Base *ptr = &objBase;            // 定义基类的指针指向基类对象
    ptr->show( );                    // 调用基类的虚函数，输出Base:show( ).
    ptr = &objDerived;               // 基类的指针指向派生类对象
    ptr->show( );                    // 调用派生类的虚函数，输出Derived:show( ).
    return 0 ;
}
```

说明：

（1）从输出结果看，当基类的指针变量指向基类对象时，调用的是基类的虚函数，而当基类的指针变量指向派生类对象时，调用的是派生类的虚函数。

（2）同一条语句ptr->show( );实现了不同的操作，这种形式上统一但运行结果不同，体现了虚函数show( )的作用。

（3）与例 12.11 比较，例 12.11 中成员函数print( )不是虚函数，所以当基类的指针变量指向派生类对象时，调用的是基类的print( )函数，无法访问派生类对象的新增成员。

形式二：派生类的对象赋值给基类的引用。通过基类的引用调用基类或派生类中的同名虚函数时，若该引用是一个基类对象的引用，则被调用的是基类的虚函数；若该引用是一个派生类对象的引用，则被调用的是派生类的虚函数。

例 13.2 虚函数的应用示例（使用基类对象的引用）。

```
#include <iostream>
using namespace std;
class Base {
    public:
        virtual void show( ) {
            cout << "Base:show( )." << endl;
        }
};
class Derived: public Base {
    public:
        virtual void show( ) {
            cout << "Derived:show( )." << endl;
        }
};
void func(Base& ref){
    ref.show( );                        // 通过引用调用虚函数
}
int main( ) {
    Base objBase;
    Derived objDerived;
    func(objBase);                      // 基类对象作实参
    func(objDerived);                   // 派生类对象作实参
    return 0 ;
}
```

程序运行结果与例 13.1 完全相同。当引用是基类对象的引用时，调用的是基类的虚函数；当引用是派生类对象的引用时，调用的是派生类的虚函数。

由虚函数实现的动态多态就是同一类族中不同类的对象，对同一函数的调用作出不同的响应。

13.2.3　使用虚函数实现动态多态的一般步骤

公有继承是实现动态多态的基础。使用虚函数实现动态多态一般需要经过如下 4 个步骤，缺一不可。

（1）在基类中用关键字virtual声明成员函数为虚函数。若虚函数是类内声明，类外定义，则在类外定义虚函数时，不必再加virtual。

（2）在派生类中重新定义此函数，要求函数名、函数类型、函数的参数个数和函数的参数数据类型全部与基类的虚函数相同，并且根据派生类的需要重新定义函数体。

C++语言规定，当一个成员函数被声明为虚函数后，其派生类中的相同原型的函数自动成为虚函数。因此，在派生类中重新声明该虚函数时，可以加virtual，也可以不加，但习惯上一般在每一级派生类中声明该函数时都加virtual，使程序更加清晰。

如果在派生类中没有对基类的虚函数重新定义，则派生类简单地继承其直接基类的虚函数（继承是为了可以在下一级派生类中实现重写）。

（3）定义一个指向基类对象的指针变量，并使它指向同一类族中需要调用该函数的对象，或者声明基类的引用，并用需要调用该函数的对象给基类的引用赋值或初始化。

（4）通过该指针变量（或引用）调用前面声明的虚函数，此时调用的就是指针变量指向（或引用）的对象的虚函数。

通过虚函数与指向基类对象的指针变量（或引用）的配合使用，就能方便地调用同一类族中不同类的同名函数，实现动态多态。

注意： 通过对象调用虚函数实现的是静态多态。

13.2.4 虚析构函数

由前已知，析构函数的作用是在对象销毁之前做必要的清理工作。当派生类对象从内存中销毁时，一般先调用派生类的析构函数，再调用基类的析构函数。

如果用new运算符建立了派生类的临时对象，若其基类中有析构函数，并且用一个基类的指针变量指向该派生类对象，则在程序中用delete运算符销毁该派生类对象时，会有不符合规则的情况发生。请看下面的例 13.3。

例 13.3 动态派生类对象的析构。

```
#include <iostream>
using namespace std;
class Base {
    public:
        Base( ){
            cout << "Executing Base constructor." << endl;
        }
        ~Base( ){
             cout << "Executing Base destructor." << endl;
        }
};
class Derived: public Base {
    public:
        Derived( ){
            cout << "Executing Derived constructor." << endl;
        }
        ~Derived( ){
             cout << "Executing Derived destructor." << endl;
        }
};
int main( ) {
    Base *ptr = new Derived;        // 基类的指针变量指向动态派生类对象
    delete ptr;                     // 释放ptr所指对象的内存
    return 0 ;
}
```

运行结果：

```
Executing Base constructor.
Executing Derived constructor.
Executing Base destructor.
```

从运行结果看，构造函数的执行不符合预期，程序在释放派生类对象时，只执行了基类的析构函数，而没有执行派生类的析构函数（可能会造成内存泄漏）。

C++语言提供的解决办法是将析构函数声明为虚析构函数，即在声明基类的析构函数时在前面加关键字 virtual。例如：

```
virtual ~Base( ){
    cout << "Executing Base destructor." << endl;
}
```

再次执行程序，运行结果为：

```
Executing Base constructor.
Executing Derived constructor.
Executing Derived destructor.
Executing Base destructor.
```

可以看到，程序先调用了派生类的析构函数，然后调用了基类的析构函数，运行结果符合预期。

说明：

（1）当基类的析构函数为虚函数时，无论指针指向的是同一类族中哪一个类的对象，系统都会采用动态关联调用相应的析构函数，对该对象进行清理工作。

（2）当基类的析构函数为虚函数时，由该基类所派生的所有派生类的析构函数都自动成为虚函数，尽管派生类的析构函数与基类的析构函数的函数名不相同。

13.3　多态的实现原理

C++语言使用虚函数实现动态多态要满足如下三个条件：

（1）使用公有继承（赋值兼容原则是实现多态的基础）；

（2）派生类重写基类的虚函数；

（3）使用基类的指针变量（或引用）指向派生类对象。

当通过基类的指针或引用调用一个虚函数[如 ptr->show( );]时，程序编译时，系统不能确定调用的是基类还是派生类的虚函数，要等到程序运行时才可以确定。这是如何实现的呢？

1. *虚函数表*

C++语言是通过虚函数表（virtual function table）来实现动态绑定的。请观察下面的例 13.4。

例 13.4　虚函数表的示例。

```
#include <iostream>
using namespace std;
class Base {
    public:
        virtual void print( ) {
            cout << "Base a = " << a << endl;
        };
        int a{10};                      // 使用C++11 标准初始化
};
class Derived: public Base {
    public:
        virtual void print( ) {
            cout << "Derived b = " << b << endl;
```

```
        };
        int b{20};
};
int main( ){
    Base *p = new Derived;
    p->print( );
    cout << "Base: " << sizeof(Base) << endl;
    cout << "Derived: " << sizeof(Derived) << endl;
    return 0;
}
```

运行结果：

```
Derived b = 20
Base: 8
Derived: 12
```

这是一个动态多态的示例，从运行结果看，系统为基类对象和派生类对象分配的内存分别是8字节和12字节，均比预期的内存多了4字节（如果将关键字virtual去掉，则分别为4字节和8字节），这4字节是实现多态的关键，它存放的是一个指针（void* vfptr），位于对象内存空间的最前端，用来存放虚函数表的地址。

虚函数表是C++语言中用来实现动态多态的一种机制。如果一个类中存在虚函数，编译器就会为这个类生成一个虚函数表，用来存放该类中全部虚函数的地址（指针数组），该表被该类的所有对象共享，在程序运行时被载入内存。而对于这个类的每个对象，编译器都会为其生成一个不可见的指针成员变量，这个指针就是虚函数表指针（vfptr），位于该对象的内存空间的开头，存放虚函数表的地址（指向虚函数表）。

假设基类包含虚函数，则基类对象就包含一个虚函数表指针，指向基类的虚函数表，派生类对象同样包含一个隐含的虚函数表指针，指向派生类的虚函数表。如果派生类提供了基类的虚函数的新定义，该派生类的虚函数表将保存新函数的地址；如果派生类没有重新定义基类的虚函数，则派生类的虚函数表保存原始的基类的虚函数的地址。下面通过示例说明多态的实现原理。

例 13.5 多态的实现原理。

```
#include <iostream>
using namespace std;
class Base {
    public:
        virtual void func1( ){
            cout << "Base ...func1\n";
        };
        virtual void func2( ){
            cout << "Base ...func2\n";
        };
};
class Derived: public Base {
    public:
        virtual void func1( ){
            cout << "Derived ...func1\n";          //重写基类的虚函数
        };
};
int main( ){
    Base objBase, *ptr = nullptr;
    Derived objDerived;
    ptr = &objBase;
```

```
    ptr->func1( );
    ptr = &objDerived;
    ptr->func1( );
    ptr->func2( );
    return 0;
}
```

运行结果：

```
Base ...func1
Derived ...func1
Base ...func2
```

从运行结果看，当基类的指针变量指向基类对象时，则调用基类的虚函数，当基类的指针变量指向派生类对象时，则调用派生类的虚函数。若派生类没有重写基类的虚函数，尽管指针指向的是派生类对象，但执行的仍是从基类继承过来的基类的虚函数[Base …func2( )]。

假设基类与派生类还有其他成员，则基类与派生类的虚函数表如图 13-1 所示。

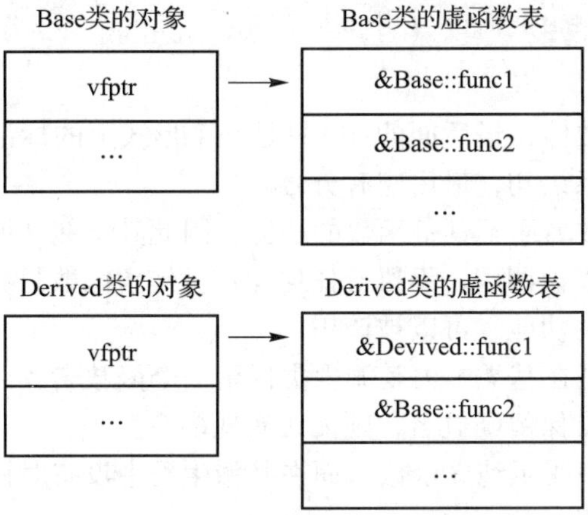

图 13-1　基类与派生类的虚函数表

程序中 ptr->func1( );语句的执行流程如下：

（1）当基类的指针变量 ptr 指向基类（Base）对象时，ptr 获取指向基类的虚函数表的指针，当 ptr 指向派生类（Derived）对象时，ptr 获取指向派生类的虚函数表的指针。

（2）在虚函数表中，根据虚函数名，查找要调用的虚函数的地址。

（3）根据找到的虚函数地址调用虚函数，从而实现动态多态。

2. 多态机制的优缺点

多态机制使程序的组织结构（代码逻辑）清晰，易于阅读、扩展和维护（符合开闭原则，对扩展开放，对修改封闭），可以有效地提高程序的开发效率，但是以降低程序的性能为代价。说明如下。

（1）空间开销：虚函数表、每个对象增加的隐含指针都是空间上的额外开销。

（2）时间开销：调用虚函数比调用非虚函数慢。首先，必须使用虚函数表指针 *vfptr 获取相应的虚函数表的地址；其次，必须对虚函数表进行索引，以找到要调用的虚函数；最后，调用该函数。因此，程序必须执行三个操作才能执行要调用的函数，而不是普通间接函数调用的两个操作或直接函数调用的一个操作。对于现代计算机，这些增加的时间开销通常是微不足道的。

13.4 纯虚函数与抽象类

在多态程序中，一般并不使用基类的虚函数，所以往往不对基类的虚函数给出有意义的实现，而是在派生类中根据问题的具体要求给出虚函数的具体实现。基类的虚函数只是为派生类保留一个对外接口，具体实现由派生类完成。这种没有具体实现的虚函数称为纯虚函数。

1. 纯虚函数

纯虚函数是一种没有函数体的特殊的虚函数，其函数体用=0代替。

声明纯虚函数的一般形式如下：

```
virtual 函数类型 函数名 (参数表列) = 0;
```

说明如下。

(1)纯虚函数没有函数体，最后面的=0只是一个形式上的标记，告诉编译器这是纯虚函数。纯虚函数的声明是一条语句，最后应有分号。

(2)纯虚函数只有函数名而不具备函数的功能，因此其不能被调用。这与空函数不同，空函数的函数体为空，但可以被调用，不执行任何操作。纯虚函数只有当在派生类中对此函数提供定义后，它才具备函数的功能，可以被调用。

(3)纯虚函数的作用是在基类中为其派生类保留一个函数名，以便派生类根据需要对它进行定义。如果在基类中没有保留函数名，则无法实现多态。

(4)如果在一个类中声明了纯虚函数，而在其派生类中没有对该函数进行定义，则该纯虚函数在派生类中仍然为纯虚函数。

2. 抽象类

抽象类(abstract class)是指包含纯虚函数的类，作为基类使用，也称抽象基类。

抽象类的特点：抽象类只能作为基类在派生新类时使用；不能创建抽象类的对象，但是可以定义抽象类的指针或引用，指向由抽象类派生出来的派生类的对象，然后通过指针或引用来调用虚函数，从而实现动态多态。

抽象类的作用是为一个类族提供共同的基类，或者说，为一个类族提供一个公共接口。

注意： 如果派生类没有全部实现基类所有纯虚函数的定义，则派生类也是抽象类。

假设A类是抽象类，其使用示例如下：

```
A obj;              // 错，不能创建对象
A* ptrA;            // 对，可以定义抽象类的指针变量
ptrA = new A;       // 错，不能创建动态对象
```

实际上，现实生活中的很多类都具备抽象类的特征。例如，动物类、植物类、人类、鱼类、形状类、交通工具类等均可定义为抽象类，只描述对象的共同特征和行为，而不用描述对象的具体特征和行为。

例 13.6 抽象类的应用。

```
#include <iostream>
// 抽象基类Shape
```

```
class Shape {
    public:
        virtual void draw( ) const = 0;             // 纯虚函数
        virtual ~Shape( ){ }                        // 虚析构函数
};
// 圆形类
class Circle : public Shape {
    public:
        void draw( )const override{                 // 显式说明这是覆盖操作
            std::cout << "Drawing Circle." << std::endl;
        }
};
// 矩形类
class Rectangle : public Shape {
    public:
        void draw( ) const override {
            std::cout << "Drawing Rectangle." << std::endl;
        }
};
// 三角形类
class Triangle : public Shape {
    public:
        void draw( ) const override {
            std::cout << "Drawing Triangle." << std::endl;
        }
};
// 绘图函数，接收一个形状指针列表
void drawShapes(Shape* shapes[], int n) {
    for(int i = 0; i < n; ++i) {
       shapes[i]->draw( );
    }
}
int main( ){
    Shape *shape[3];                                // 定义基类的指针数组
    shape[0] = new Circle;
    shape[1] = new Rectangle;
    shape[2] = new Triangle;
    drawShapes(shape, 3);                           // 调用绘图函数，完成绘制
    return 0;
}
```

运行结果：

```
Drawing Circle.
Drawing Rectangle.
Drawing Triangle.
```

说明：本例用来模拟绘制各种形状。程序首先定义一个抽象基类Shape，其中包含绘制不同形状（圆形、矩形和三角形）行为的虚函数的声明。其次，为每种形状分别派生了一个派生类（Circle类、Rectangle类、Triangle类），并在这些派生类中重写绘制函数以提供具体的实现。在main( )函数中，定义了一个基类的指针数组shape，数组的每个元素都指向一个派生类对象。最后，通过基类的指针变量调用虚函数，实现对每种形状的绘制。

13.5 习 题 13

一、填空题

1. 在C++语言中，多态分为________和________。
2. 通过基类的指针变量或引用调用虚函数，实现的关联方式为________。
3. 当使用delete运算符销毁一个对象时，为确保析构函数被正确执行应使用________。
4. 通过函数重载实现的多态属于________。
5. 抽象类中至少要有一个________函数。

二、判断题

1. 虚函数是C++语言实现多态的唯一方式。 (　　)
2. 静态成员函数不能是虚函数。 (　　)
3. 构造函数不能是虚函数。 (　　)
4. 抽象类的派生类可能仍然是抽象类。 (　　)
5. 抽象类的派生类一定可以定义对象。 (　　)
6. 抽象类不能实例化，但可以包含成员函数的具体实现。 (　　)
7. 多态只能通过继承和虚函数来实现。 (　　)

三、选择题

1. (　　)机制不能实现多态。

A. 函数重载　　B. 虚函数　　C. 虚基类　　D. 运算符重载

2. 多态是指(　　)。

A. 不同的对象调用不同名称的函数　　B. 不同的对象调用相同名称的函数
C. 一个对象调用不同名称的函数　　D. 一个对象调用不同名称的对象

3. 下列关键字中能用于声明虚函数的是(　　)。

A. override　　B. virtual　　C. const　　D. typedef

4. 关于虚函数，正确的描述是(　　)。

A. 构造函数不能是虚函数　　B. 析构函数不能是虚函数
C. 虚函数可以是友元函数　　D. 虚函数是静态成员函数

5. 下列关于虚函数的描述中，(　　)是正确的。

A. 虚函数可能是一个static型的成员函数
B. 虚函数是一个非成员函数
C. 在基类中说明了虚函数后，派生类中与其对应的函数不必说明为虚函数
D. 派生类的虚函数与基类的虚函数具有不同的参数个数和参数数据类型

6. 下列关于纯虚函数的描述中，正确的是(　　)。

A. 纯虚函数是已经实现了的函数
B. 纯虚函数在基类中定义，并在派生类中实现
C. 纯虚函数的声明以=0结尾
D. 纯虚函数不能被继承

7. 当一个类的某个函数被说明为virtual时，该函数在该类的所有派生类中(　　)。

A. 都是虚函数　　B. 只有被重新说明时才是虚函数

C. 只有被声明为virtual时才是虚函数　　D. 都不是虚函数

8. 下面有关抽象类的说法中不正确的是(　　)。

A. 抽象类是可以定义对象的

B. 抽象类通常作为基类使用

C. 抽象类处于继承层次结构的较上层

D. 抽象类提供一组派生类操作的通用接口

9. 如果使用动态多态，那么调用虚函数的是(　　)。

A. 基类的指针变量或引用　　B. 对象名

C. 基类对象　　D. 派生类名

10. 如果在基类中将show( )函数声明为不带返回值的纯虚函数，则正确的写法是(　　)。

A. virtual show( )=0;　　B. virtual void show( );

C. virtual void show( )=0;　　D. void show( )=0 virtual;

11. 以下不属于实现动态关联的必要条件的是(　　)。

A. 操作虚函数的是基类的指针变量或引用

B. 要有虚函数的支持

C. 派生类重写了基类的虚函数

D. 操作虚函数的是基类对象

12. 要确保在销毁派生类对象时正确调用析构函数，基类的析构函数应该(　　)。

A. 声明为纯虚函数　　B. 声明为虚函数

C. 声明为内联函数　　D. 不需要特别声明

四、简答题

1. C++语言的多态主要体现在哪两个方面?

2. 什么是虚函数？它的作用是什么？

五、编程题

1. 声明抽象基类Shape，由它派生出三个派生类：Circle类、Rectangle类、Triangle类。用一个printArea( )函数分别输出以上三种图形的面积，三个图形的数据在定义对象时给定。

2. 改写题目1中的程序，用虚函数分别计算三种图形的面积，并求它们之和。要求使用基类的指针数组，使它的每个元素指向一个派生类对象。

3. 有一个交通工具(Vehicle)类，将它作为基类派生出小汽车类Car、卡车类Truck和轮船类Boat，定义这些类，并定义一个虚函数来显示各类对象的信息。

4. 定义猫科动物(Animal)类，由其派生出猫(Cat)类和豹(Leopard)类，它们都包含虚函数sound( )，要求根据不同的派生类对象调用各自重写后的sound( )函数。

5. 某学校教师每月工资的计算公式如下：教师每月工资=固定工资+课时补贴。教授的固定工资为5 000元，每课时补贴50元；副教授的固定工资为3 000元，每课时补贴30元；讲师的固定工资为2 000元，每课时补贴20元。定义教师抽象类，派生出不同职称的教师类，编写程序求若干教师的月工资。

第 14 章 输入/输出流

第 3 章初步介绍了如何使用istream类的对象cin和ostream类的对象cout进行流式输入/输出，第 11 章又介绍了重载运算符“>>”和“<<”来实现对类对象的输入/输出操作。实际上，C++语言提供了专门用于输入/输出的I/O类库，它提供了一组丰富的类和函数来支持对数据的读写操作，为不同场景下的数据输入/输出提供了完整的解决方案。本章详细介绍C++语言的I/O类库及其使用方法，包括输入/输出流的概念、标准I/O流、文件流和字符串流。熟练掌握C++语言中I/O类库的使用，对编写C++程序非常重要。

学习目标

- 理解输入/输出流的概念，了解I/O类库的结构；
- 掌握标准I/O流及其使用；
- 掌握文件流及其使用；
- 了解字符串流及其使用；
- 能熟练运用输入/输出流类及其函数实现数据的输入/输出。

14.1 输入/输出流的概念

在C++语言中，输入/输出（I/O）流是一个核心概念，它提供了一种高效、灵活的方式来处理数据的输入和输出操作。输入/输出流并非由C++语言本身定义的，而是在编译器提供的I/O类库中实现的。

输入/输出是数据传输过程，其中输入是指数据从程序外部传送到内存中（读数据），而输出是指数据（程序处理的结果）从内存传送到输出终端（写数据）。数据就像流水一样从一个位置流向另一个位置，C++语言将这种数据流抽象为“流”，它代表了一组有序的数据项，这些数据项以字节为单位，按照一定的顺序从源端流向目的端。“流”中的内容可以是ASCII码字符、二进制形式的数据，以及图形图像、数字音频、视频或其他形式的信息。

计算机系统在内存中为每个数据流开辟一个内存缓冲区，用来存放流中的数据。“流”与内存缓冲区相对应，或者说，内存缓冲区中的数据就是“流”。

以标准设备文件（如stdin、stdout）为输入/输出对象的“流”称为标准I/O流，以外存文件为输入/输出对象的“流”称为文件流，以内存中指定空间为输入/输出对象的“流”称为字符串流，以内存缓冲区为输入/输出对象的“流”称为缓冲区流。从“流”中获取数据称为提取操作，而向“流”中添加数据称为插入操作。

在C++语言中，根据不同的输入/输出场景，“流”被封装成各种类，这些类提供了丰富的成员函数和操作符，用于执行数据的读写操作。它们共同构成了I/O类库，其层次结构如图 14-1 所示。

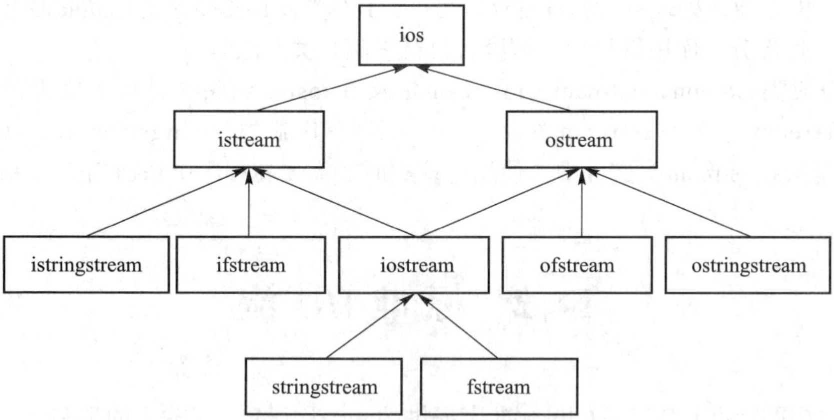

图 14-1　I/O类库的层次结构

ios类是所有流类的基类，提供了输入/输出所需的公共接口，如设置数据流格式、错误状态恢复、设置文件的输入/输出模式等。它是一个抽象类，不能直接用于实例化对象。I/O类库中的类如下。

（1）istream类：派生自ios类，用于输入操作，提供了从输入流（如标准输入、文件输入等）读取数据的功能。它重载了“>>”运算符，使得用户可以直接使用语句cin >> variable;的形式读取数据。此外，它还提供了如get()、getline()等成员函数，用于读取单个字符或一行文本。

（2）ostream类：派生自ios类，用于输出操作，提供了向输出流（如标准输出、文件输出等）写入数据的功能。它重载了“<<”运算符，使得用户可以直接使用语句cout << value;的形式输出数据。此外，它还提供了如put()、write()等成员函数用于输出单个字符或字符串。

（3）iostream类：继承自istream类和ostream类，通过组合这两个类，iostream类支持同时进行输入和输出操作。它通常不直接实例化成对象，而是通过预定义对象cin和cout来使用。

（4）ifstream类：派生自istream类，专门用于从文件中读取数据。它继承了istream类的所有输入功能，并提供了打开文件的构造函数，使得用户可以方便地打开文件进行读取操作。

（5）ofstream类：派生自ostream类，专门用于向文件中写入数据。它继承了ostream类的所有输出功能，并提供了打开文件的构造函数，使得用户可以方便地打开文件进行写入操作。

（6）fstream类：派生自iostream类，结合了ifstream类和ofstream类的功能，支持同时读写文件，这使得fstream类在需要同时进行文件读写操作时非常有用。

（7）stringstream类：派生自iostream类，它结合了istringstream类（用于输入）和ostringstream类（用于输出）的功能，支持同时对字符串进行输入和输出操作。stringstream类内部封装了一个字符串缓冲区，程序员可以像操作文件流一样向这个缓冲区读写数据。

（8）istringstream类：继承自istream类，因此具有所有输入流的功能，专门用于从字符串中读取数据。

（9）ostringstream类：继承自ostream类，因此具有所有输出流的功能，专门用于向字符串中写入数据。

I/O类库通过层次化的类结构，为C++语言提供了强大而灵活的输入/输出功能。从基本的ios类开始，通过继承和组合，C++语言派生出了一系列专门用于不同输入/输出场景的类，使得程序员可以方便地处理各种I/O需求。另外，I/O类库还提供了专门负责处理缓冲区的类库streambuf，这部分类库用得较少，请读者自行参阅相关文献学习。

标准I/O流类istream、ostream、iostream定义在iostream头文件中，文件流类ifstream、ofstream、fstream定义在fstream头文件中，字符串流类istringstream、ostringstream、stringstream定义在sstream头文件中。使用这些类时，需要在程序中添加相应的头文件。

14.2 标准I/O流

C++语言中的标准I/O流是C++标准库提供的一组用于输入/输出的类和函数，它支持从标准输入设备（如键盘）读取数据，以及向标准输出设备（如屏幕）写入数据。

第3章“基本输入/输出”已经对标准I/O流的基本操作进行了讲解，本节将作更详细的介绍。

14.2.1 系统预定义流对象

标准I/O流的一系列功能是由istream和ostream类提供的。

标准输入流是从标准输入设备（键盘）流向程序的数据。系统预定义了istream类的对象cin，用于处理标准输入。

标准输出流是流向标准输出设备（屏幕）的数据。系统预定义了ostream类的对象cout、cerr、clog，用于处理标准输出。其中，cout用于处理标准输出（屏幕输出），cerr、clog用于处理标准错误信息（输出到标准错误输出stderr）。

cin、cout在第3章已讲解过，这里不再赘述。cerr与clog的用法相同，默认输出设备都是屏幕。cerr在输出错误信息时不经过缓冲区，直接向屏幕输出相关信息，而clog中的信息存放在缓冲区中，缓冲区满后或遇到标识符endl时才向屏幕输出。

14.2.2 标准输出流操作

1. 使用“输出流对象<<”格式输出数据

ostream类重载了插入运算符“<<”，因此输出流对象可以与“<<”运算符结合使用来输出各种类型的数据。例如：

```
cout << "C++" << 100 << endl;
```

对于用户自定义类型，用户可以通过运算符重载，以同样的语句形式实现用户自定义类型数据的输出。

用“输出流对象<<”格式输出基本类型的数据时，不必考虑数据的具体类型是什么，系统会自动判断数据的类型，并根据其类型选择调用与之匹配的运算符重载函数。

例 14.1 输入三角形的三条边的边长a、b、c，求三角形的面积。

```
#include <iostream>
#include <cmath>
int main( ) {
    double a, b, c;
    std::cout << "Please enter the three sides of the triangle: ";
    std::cin >> a >> b >> c;
    bool tag = (a <= 0 || b <= 0 || c <= 0 || (a + b) <= c || (b + c) <= a || (c + a) <= b);
    if(tag == true) {
        std::cerr << "Error: The given sides cannot form a triangle.\n";
    } else {
        double s = (a + b + c) / 2;
        double area = sqrt(s * (s - a) * (s - b) * (s - c));
        std::cout << "The area of the triangle is: " << area << std::endl;
    }
    return 0;
}
```

运行结果：

```
Please enter the three sides of the triangle: 1 2 3↙          // 第1次运行，输入
Error: The given sides cannot form a triangle.
Please enter the three sides of the triangle: 3 4 5↙          // 第2次运行，输入
The area of the triangle is: 6
```

2. 使用输出流成员函数输出数据

ostream类还提供了成员函数用于数据的输出，put( )和write( )函数是两个常用的成员函数。

1) put( )函数

函数原型：

```
ostream& put(char c);
```

功能：用于向输出流中写入一个字符。

例如：

```
cout.put('\n');               // 输出一个换行符
cout.put('#');                // 输出一个#
```

2) write( )函数

函数原型：

```
ostream& write(const char* s, streamsize n);
```

功能：用于向输出流中写入一个字符串的前n个字符。

说明：streamsize是long long型的别名；当n大于字符串长度时，输出全部字符串的内容。

例如：

```
const char* str = "Hello, World!";
std::cout.write(str, 5);             // 输出Hello
```

3. 输出数据的格式控制

控制数据输出格式有两种方法，一种方法是使用流操纵符，第3章已讨论过，这里不再赘述，另一种方法是通过ostream类的成员函数，使用流对象调用它们来控制数据的输出格式。使用这些成员函数需包含头文件iomanip。表 14-1 给出了ostream类用于格式控制的成员函数。

表 14-1　ostream类用于格式控制的成员函数

成员函数	格式	作用
precision(int p)	cout.precision(p);	设置浮点数的精度为p位小数。如果不特别指定，则默认为6位小数
width(int w)	cout.width(w);	设置下一个输出项的字段宽度为w个字符。如果输出项的长度小于w，则默认使用空格填充；可以通过fill( )成员函数设置填充字符
fill(char c)	cout.fill(c);	设置用于填充的字符为c。默认填充字符为空格。与width( )函数结合使用，可以控制字段按指定宽度输出时的填充字符
setf(flags)	cout.setf(flags);	根据flags的值设置“流”的格式标志。flags是ios_base类中定义的格式标志的位或组合
unsetf(flags)	cout.unsetf(flags);	清除“流”的格式标志中flags指定的位。与setf( )函数相反，用于关闭特定的格式设置

例 14.2　使用ostream类的成员函数控制输出格式。

```
#include <iostream>
#include <iomanip>
using namespace std;
void fun1( ){
    int a = 158;
    // 设置整数的输出宽度为10，并用'*'填充空白处，右对齐
    cout.width(10);
    cout.fill('*');                     // 设置填充字符为'*'
    cout.setf(ios::right);
    cout << a << endl;                  // 输出: *******158
    // 恢复默认设置
    cout.unsetf(ios::right);
    cout.width(0);                      // 重置宽度
    cout.fill(' ');                     // 重置填充字符为空格
    cout << a << endl;                  // 输出: 158
    cout.setf(ios::showbase);           // 设置显示基数符号(0x或0)
    cout.unsetf(ios::dec);              // 终止十进制的格式设置
    cout.setf(ios::hex);                // 设置以十六进制输出
    cout << a << endl;                  // 输出: 0x9e
    cout.unsetf(ios::hex);              // 终止十六进制的格式设置
}
void fun2( ) {
    double x = 3.1415926535;
    // 设置双精度数的输出格式，固定小数点表示，小数点后保留8位小数
    cout.setf(ios::fixed);              // 设置固定小数点表示
    cout.precision(8);
    cout << x << endl;                  // 输出: 3.14159265
    // 恢复默认设置
    cout.unsetf(ios::fixed);
    cout.precision(6);                  // 重置精度为默认的6位小数
    cout << x << endl;                  // 输出: 3.14159
    const char *pt = "China";           // pt指向字符串"China"
    cout.width(10);                     // 指定字段宽度为10，只起作用一次
    cout.fill('#');                     // 设置填充字符为'#'
    cout << pt << endl;                 // 输出: #####China
}
int main( ) {
    fun1( );
    fun2( );
    return 0;
}
```

14.2.3 标准输入流操作

1. 使用“输入流对象 >>”格式输入数据

istream类重载了流提取运算符“>>”，该运算符与系统预定义的输入流对象cin配合使用，可以从输入流中提取数据到指定的变量中，用于输入各种类型的数据。

默认情况下，流提取符“>>”在从输入流中提取数据时，会跳过输入流中的空格、制表符（按Tab键）、换行符等空白字符。

注意：只有在用户输入完数据并按回车键后，该行数据才会被送入缓冲区，形成输入流，此时提取运算符“>>”才能从中提取数据。

在遇到无效字符或文件结束符（在Windows系统下，通常是按Ctrl+Z组合键）时，输入流对象cin会进入出错状态，即无法正常提取数据。此时，对输入流的所有操作都将终止。在这种情况下，cin语句的逻辑值会被视为false（0）。如果输入流处于正常状态，则cin语句的逻辑值为true（非0）。根据cin对象的这一特性，它常被用作循环结束的条件。

例 14.3 测试cin的值，判断流对象是否处于正常状态。

```
#include <iostream>
using namespace std;
int main( ) {
    float grade;
    cout << "Enter grade: ";
    while(cin >> grade){                         // 遇到非法输入时结束循环
        if(grade >= 85){
            cout << grade << " good!" << endl;
        }
        if(grade < 60){
            cout << grade << " fail!" << endl;
        }
        cout << "Enter grade:";
    }
    cout << "The end." << endl;
    return 0;
}
```

运行结果：

```
Enter grade: 55↙            // 第 1 次输入
55 fail!
Enter grade: 92↙            // 第 2 次输入
92 good!
Enter grade: 80↙            // 第 3 次输入
Enter grade: ^Z↙            // 第 4 次输入，^Z 为文件结束标志，循环终止
The end.
```

说明：循环使用cin >> grade作为循环条件，当遇到非法字符时，例如用户输入非数字或按Ctrl+Z组合键，循环终止。

2. 使用输入流成员函数输入数据

istream类还提供了成员函数用于数据的输入。下面介绍istream类用于输入数据的常用成员函数，包括函数原型、功能及用法。

1）get( )函数

get( )成员函数有多种重载形式，分为单字符输入函数和字符串输入函数。

（1）单字符输入函数。

函数原型一：

```
int get( );
```

调用形式如下：

```
char c = cin.get( );
```

功能：从输入流中提取一个字符，并将其存储在指定的字符变量c中。若遇到输入流中的文件结束符，则函数返回值为文件结束标志（end if file，EOF）。

例 14.4 使用get( )函数逐个字符输入字符串。

```
#include <iostream>
int main( ){
    char c;
    std::cout << "Enter a sentence:" << std::endl;
    while((c = std::cin.get( ))!=EOF){
         std::cout.put(c);
    }
    return 0;
}
```

运行结果：

```
Enter a sentence:
I am a student.↙
I am a student.
^Z↙
```

函数原型二：

```
istream& get (char& c);
```

调用形式如下：

```
cin.get(c);
```

功能：从输入流中提取一个字符，并将其存储在指定的字符变量c中。如果读取成功，则函数返回true（非0）；如果读取失败（例如，遇到文件结束符），则函数返回false（0）。

例如，将例14.4中的循环条件改为std::cin.get(c)，程序功能不变。

（2）字符串输入函数。

函数原型：

```
istream& get (char* s, streamsize n);
istream& get (char* s, streamsize n, char delim);
```

调用形式如下：

```
cin.get(s,n); cin.get(s,n,delim);
```

功能：从输入流中读取最多n−1个字符，并将它们存储在指定的字符数组s中。如果在读取n−1个字符之前遇到指定的终止符delim，则提前结束读取。如果读取成功，则函数返回true（非0）；如果读取失败（例如，遇到文件结束符），则函数返回false（0）。函数原型的第一种形式中默认的终止符为换行符'\n'。

注意：终止符不是字符串的内容，它仍留在输入流中。

例 14.5 使用get( )函数输入以'\n'为终止符的字符串。

```
#include <iostream>
```

```
int main( ) {
    char str[128];
    std::cout << "Enter a sentence:" << std::endl;
    std::cin.get(str, 128);
    std::cout << str << std::endl;
    char c = std::cin.get( );
    std::cout << static_cast<int>(c) << "\n";
    return 0;
}
```

运行结果：

```
Enter a sentence:
One by one please.↙
One by one please.
10
```

说明：在输入字符串时，终止符'\n'（换行符）并不会从输入流中被取走，因此下一个读取操作中cin.get( )函数读取的正好是换行符'\n'，其ASCII码值为10。请读者尝试将终止符改为'#'，运行程序，然后观察并分析运行结果。

2）getline( )函数

getline( )函数的作用是从输入流中读取一行字符，其用法与get( )函数的字符串输入函数的重载形式类似。

函数原型：

```
istream& getline(char* s, streamsize n);
istream& getline(char* s, streamsize n, char delim);
```

说明：getline( )函数与get( )函数的字符串输入函数的重载形式在用法上相似，但两者在处理终止符时有所不同。get( )函数在读取数据时，如果遇到终止符，不会从输入流中提取该字符，而是将其作为要从输入流中提取的下一个字符保留在输入序列中。getline( )函数在读取数据时，如果遇到换行符'\n'或指定的终止符，不会将该字符读入目标数组中，但会从输入流中读取并移除它。

例 14.6 使用getline( )函数输入字符串。

```
#include <iostream>
int main( ) {
    char buf[16];
    std::cout << "Enter a sentence:" << std::endl;
    if(!std::cin.getline(buf, 16)) {
        std::cout << "Error.\n";
    }
    std::cout << buf << std::endl;
    std::cin.clear( );                          // 清除cin内部的错误标记
    char c = std::cin.get( );                   // 读取下一个字符
    std::cout << static_cast<int>(c) << "\n";   // 输出字符的ASCII码值
    return 0;
}
```

运行结果：

```
Enter a sentence:
It's time for supper↙
Error.
It's time for s
117
```

说明：getline( )函数的返回值类型为istream&，因此getline( )函数的调用语句可以用作条件判断，本例中将其用于检测读取数据是否出错的标志。

当输入的字符数多于要读取的字符数时，getline( )函数只读取n-1个字符到字符数组中，并自动在数组结尾添加空字符'\0'（本例中读取前15个字符）。此时cin处于错误状态，尽管输入流中还有剩余字符，也无法被正常读取。std::cin.clear( );语句调用istream类的成员函数clear( )来清除cin内部的错误标记，清除错误标记之后cin又可以正常读取数据。

std::cin.get( );语句读取的是字符'u'，其ASCII码值为117。

注意：

（1）如果去掉std::cin.clear( );语句，则std::cin.get( );语句无法正常读取，输出结果为-1，表示读取失败（遇到文件结束标志）。

（2）使用get( )函数或getline( )函数输入字符串时，要注意前一个输入语句对执行结果的影响。例如：

```
char buf[32];
int n;
std::cin >> n;
std::cin.getline(buf, 32);
```

若输入20↙，则后续无法继续输入字符串。这是因为第一次输入时的回车符（'\n'）还留在输入流中，而get( )或getline( )函数默认以'\n'为终止符，因此提前结束了第二次输入。

解决办法：使用cin.get( )函数将输入流中的回车符取走，后续就可以正常输入了。以下代码常用来清除输入流中多余的字符。

```
while(std::cin.get( ) != '\n') {
    continue;
}
```

3）read( )函数

read( )成员函数用于从输入流中提取指定数量的字符，并将其存储在指定的字符数组中。

函数原型：

```
istream& read(char* s, streamsize n);
```

说明：read( )函数与不带终止符的get( )或getline( )函数的用法相似，即参数的含义相同。不同之处在于，read( )函数不识别终止符，它会持续读取数据，直到达到n个字符为止（如果需要实现字符串的正确终止，那么实际上会设置读取n-1个字符，字符数组的最后一个位置用于存储空字符'\0'）。

read( )函数在读取数据时是按字节进行的，对读取的字节序列不作任何处理。即使遇到空白符（如换行符'\n'），read( )函数也不会停止读取。

例 14.7 使用read( )函数输入字符串。

```
#include <iostream>
int main( ){
    char buf[32] = {'\0'};
    std::cout << "Enter a sentence:" << std::endl;
    std::cin.read(buf, 30);
    std::cout << buf << '\n';
    return 0;
}
```

运行结果：

```
Enter a sentence:
Keyboard input↙
Screen output!↙
Keyboard input
Screen output!
```

说明：程序从输入流中读取 29 个字符到字符数组 buf 中，读取时遇到回车符也不终止读取，数组 buf 中包含回车符，所以结果分两行输出。若输入的字符个数多于要读取的字符个数，则多余的字符仍留在输入流中等待下一次读取。

14.2.4 istream 类的其他成员函数

1. eof( ) 函数

eof( ) 函数用来检查输入流是否已到达文件结束标志。如果是，则返回 true；否则返回 false。

函数原型：

```
bool eof( ) const;
```

例 14.8 从键盘输入一段文字，按输入的文字原样输出。

```
#include <iostream>
int main( ) {
    char ch;
    std::cout << "Enter characters and press Ctrl+Z to end the input:" << std::endl;
    while(!std::cin.eof( )){ // 循环，直到输入结束
        std::cin.get(ch);    // 从标准输入读取一个字符
        std::cout << ch;     // 输出字符
    }
    return 0;
}
```

运行结果：

```
Enter characters and press Ctrl+Z to end the input:
How are you doing?↙
How are you doing?
I'm doing great.↙
I'm doing great.
^Z↙
```

说明：在实际使用中，通常不需要显式检查文件结束标志，因为当输入遇到文件结束标志时会自动结束，用法见例 14.3 和例 14.4。

2. ignore( ) 函数

ignore( ) 函数用来跳过输入流中的 *n* 个字符，或在遇到指定的终止符时提前结束（此时跳过包括终止符在内的若干字符）。

函数原型：

```
istream& ignore(streamsize n = 1, int delim = EOF);
```

例如：

```
char buf[128];
cin.ignore(5, 'a');        // 跳过输入流中的 5 个字符，遇到'a'后就不再跳了
cin.getline(buf,20);      // 若输入please enter a sentence，则buf的内容为se enter a sentence
```

```
cin.ignore( );            // 默认跳过1个字符，相当于cin.ignore(1,EOF)
```

说明：ignore( )函数会识别并跳过输入流中的任何字符，包括空格符、换行符等，直到达到指定的字符数或遇到指定的终止符时为止。

例 14.9 将以mm.dd.yyyy格式输入的日期转换为以yyyy-mm-dd格式输出。

```
#include <iostream>
#include <iomanip>
using namespace std;
int main( ){
    cout << "Enter date(mm.dd.yyyy): ";
    int year, month, day;
    cin >> month;
    cin.ignore(1, '.');              // 使用ignore( )函数跳过mm.dd.yyyy中的'.'
    cin >> day;
    cin.ignore(1, '.');              // 再次使用ignore( )函数跳过'.'
    cin >> year;
    cout << "New format:" << setfill('0');
    cout << setw(4) << year << "-" << setw(2) << month << "-" << setw(2) << day << endl;
    return 0;
}
```

运行结果：

```
Enter date(mm.dd.yyyy): 08.25.2024↙
New format:2024-08-25
```

3. peek( )函数

peek( )函数用来查看输入流中的下一个字符，不提取它，而是返回其ASCII码值（如果输入流未结束），或者在输入流结束时返回文件结束标志。

函数原型：

```
int peek( );
```

例 14.10 从键盘输入一段文字，输出其中的数字字符。

```
#include <iostream>
int main( ){
    char ch;
    std::cout << "Please enter a sentence:" << std::endl;
    int peekedChar;
    while((peekedChar = std::cin.peek( )) != EOF) {
        // 使用peek( )函数检查下一个字符是不是数字
        if(std::isdigit(static_cast<unsigned char>(std::cin.peek( )))) {
            ch = std::cin.get( );          // 提取数字字符
            std::cout << ch;
        } else {                           // 如果不是数字，则忽略该字符
            std::cin.ignore(1);
        }
    }
    return 0;
}
```

运行结果：

```
Please enter a sentence:
1 color 2 pink 3 peach↙
123
^Z↙
```

14.3 文 件 流

14.3.1 文件的概念

到目前为止，本章的例子都有从键盘输入数据，程序的处理结果在屏幕上显示出来。这样的输入/输出方式，每次运行程序都需要重新输入数据，然后才能在屏幕上显示结果，输入/输出的数据不能永久保存供反复使用。C++语言通过文件解决了这个问题，它允许用户将输入/输出的数据存储在外部介质中，实现数据的永久保存和重复使用。

文件是存储在外部介质上的数据集合，具有文件名称、大小、类型等基本属性。操作系统以文件为单位对数据进行管理。要向外部存储介质存取数据，必须先创建一个文件（以文件名标识），然后才能使用该文件进行数据的输入/输出。

在C++程序中，常用的文件有两大类：一类是程序文件（program file），另一类是数据文件（data file）。程序中输入和输出的对象主要是数据文件。

根据文件中数据的组织形式，数据文件可分为ASCII文件和二进制文件。从数据存储的角度看，所有的文件本质上都是由一个个字节组成的，归根结底都是由 0、1 组成的字符串。

ASCII文件，也称文本文件，是以ASCII码形式存储的文件。在这种文件中，每个字节存放一个ASCII码，代表一个字符。因此，ASCII文件打开后能够直接以文本形式显示其内容，具有较高的兼容性。ASCII文件的优点是便于阅读和编辑，使用比较方便。然而，当文件中存储的是非文本信息（如纯数值）时，需要在数据之间人为地添加分隔符，这增加了存储空间的开销。另外，在传输大容量的文件时，由于需要进行数据格式转换，速度较慢，效率不高。

二进制文件是把内存中的数据按照其在内存中的存储形式原样输出到外部介质上存放。这种文件可能包含许多不可见字符，打开后用户看到的是乱码，因为二进制文件直接以二进制形式存储数据，系统不对其进行任何转换。二进制文件的优点是存储效率高，节省存储空间，便于对数据进行随机访问，而且不需要在数据之间添加分隔符。但是，二进制文件的缺点是数据兼容性差，在不同系统或程序间交换数据时，读取方必须了解写入方使用的数据类型和写入格式，这使得二进制文件在使用时不够直观，难以直接判定数据的内容。

14.3.2 文件流类

文件流是以外存文件为输入/输出对象的数据流。输出文件流是从内存流向外存文件的数据，输入文件流是从外存文件流向内存的数据。每个文件流都有一个内存缓冲区与之对应。

C++语言的I/O类库中定义了三个类，专门用于外存文件的输入/输出操作，统称为文件流类。

（1）ifstream类，它是从istream类派生的，继承了istream类的全部成员函数，并增加了对外存文件的支持，用来从外存文件输入数据。

（2）ofstream类，它是从ostream类派生的，继承了ostream类的全部成员函数，并增加了对外存文件的支持，用来向外存文件输出数据。

（3）fstream类，它是从iostream类派生的，用来支持对外存文件的输入/输出。

以上类的定义在头文件fstream中，因此使用这些类时需包含头文件fstream。

C++语言是通过流对象进行输入/输出的。使用文件流时，必须定义一个文件流类的对象，通过文件流对象将数据从内存输出到外存文件，或者通过文件流对象从外存文件将数据输入内存。

对标准I/O流，流对象cin和cout已在iostream类中被事先定义且自动与标准设备关联，所以用户不需自己定义流对象。在使用外存文件时，由于文件类型、文件名等情况各异，文件流对象无法事先统一定义，必须由用户自己定义。

文件流对象是用文件流类定义的，例如：

```
ofstream fout;              // 定义一个输出文件流对象
ifstream fin;               // 定义一个输入文件流对象
```

定义了一个文件流对象后，如何指定它与一个外存文件关联呢？这通常是通过调用文件流对象的成员函数来实现的。例如，使用open( )成员函数或者在定义文件流对象时直接指定文件名。

14.3.3 文件的打开与关闭

在C++程序中，要使用一个文件，必须先打开该文件才能进行读写操作，读写完成后需要关闭文件。C++语言的文件流类提供了相应的成员函数来实现文件的打开、读写、关闭等基本操作。

1. 打开文件

打开文件是指在文件读写之前进行必要的准备工作，这样做主要有如下两个目的。

(1)为文件流对象和指定的外存文件建立关联，使文件流能够流向指定的外存文件。

(2)指定文件的使用模式(如只读、只写、读/写等)。

打开文件可以通过两种方式实现。

方式一：通过文件流类的成员函数open( )打开文件。

成员函数open( )的一般形式如下：

```
void open (const char* filename, openmode mode);
```

filename参数是指向文件名的指针。

mode参数是文件的打开模式标记，它标识了如何使用文件。这些标记可以单独使用，也可以组合使用。表14-2列出了各种模式标记单独使用或组合使用时的作用。

表14-2 各种模式标记单独使用或组合使用时的作用

模式标记	适用对象	作用
ios::in	ifstream fstream	打开文件用于读数据，若文件不存在，则打开错误
ios:out	ofstream fstream	打开文件用于写入数据，若文件不存在，则新建文件；若文件已存在，则清除文件的原有内容
ios::app	ofstream fstream	打开文件，在尾部添加数据；若文件不存在，则新建文件
ios::ate	ifstream	打开一个已有的文件，将文件指针指向文件末尾；若文件不存在，则打开错误
ios::trunc	ofstream	单独使用，与ios::out模式标记的作用相同

续表

模式标记	适用对象	作用
ios::binary	ifstream ofstream fstream	以二进制方式打开文件，如果不指定此模式，则标记默认为以文本模式打开文件；如果文件不存在，则打开失败
ios::in|ios::out	fstream	打开已有文件，可读可写，文件打开时，内容保持不变，若文件不存在则出错
ios::in | ios::binary	ifstream fstream	以二进制模式打开文件，可以读取文件内容，若文件不存在则出错
ios::out|ios::binary	ofstream fstream	以二进制模式打开文件，可以向文件写入数据

说明：

（1）可以用位或运算符“|”对打开模式进行组合。

（2）如果文件本身是ASCII文件，以文本模式打开比较方便操作；否则，以二进制模式打开比较方便操作。

（3）外存中的文件名可以包括路径，如“d:\\demo\\test.txt”，如果路径缺省，则默认文件路径为当前文件夹。

成员函数open( )的调用形式如下：

```
文件流对象.open(外存文件名,打开模式标记);
```

例如：

```
ofstream fout;                          // 定义ofstream类对象fout
fout.open("test.txt", ios::out);        // 使文件流对象与文件test.txt建立关联
```

方式二：通过文件流类的构造函数打开文件。

文件流类定义了有参构造函数，其中包含打开外存文件的功能。用户可以在定义文件流对象时指定参数，调用文件流类的构造函数来实现打开文件的功能。例如，ofstream类的构造函数的常用形式如下：

```
ofstream(const char *filename, openmode mode);
```

使用ofstream类的构造函数打开文件，例如：

```
ofstream fout("test.txt", ios::out);          // 定义文件流对象的同时打开文件test.txt
```

说明：

（1）每个打开的文件都有一个文件指针。文件指针用来标识文件操作的当前位置。指针在哪里，读写操作就在哪里进行。对于输入文件，有一个读指针；对于输出文件，有一个写指针；对于输入/输出文件，有一个读/写指针。

（2）使用文件流对象调用open( )函数或者通过文件流类的构造函数打开文件时，如果文件打开成功，则文件流对象的逻辑值为true，否则为false。因此，可以通过判断文件流对象的逻辑值来测试文件打开是否成功。例如：

```
ifstream fin("test.txt");                // 定义输入流对象，默认以ios::in模式打开文本文件
if(!fin){
    std::cerr << "Error:file open failed." << std::endl;
    exit(1);
}
```

2. 关闭文件

关闭文件是指关闭当前与文件流对象关联的文件，将其与文件流对象解除关联。文件关闭后，就不能再通过该文件的文件流对象对该文件进行输入或输出操作。此时，可以将文件流对象与其他外存文件建立关联，并且通过该文件流对象对新的文件进行输入或输出操作。

关闭文件需要使用文件流的成员函数close( )，函数原型如下：

```
void close( );
```

例如：

```
fout.open("test.txt", ios::out);
fout.close( );        // 将与输出文件流对象所关联的外存文件关闭
```

注意：

（1）如果文件流对象当前未与任何文件关联，则调用close( )函数会失败。

（2）当文件流对象被销毁时，与该对象关联的任何打开的文件都会自动关闭。

14.3.4 对文本文件的操作

ASCII文件（纯文本文件）是指文件的每个字节中均以ASCII码形式存放数据，通常情况下，一个字节存放一个ASCII字符。除了存储文件的有效字符信息（包括能用ASCII码字符表示的回车、换行等信息）外，不能存储其他任何信息。在Windows系统中，文本文件的扩展名为.txt。

对文本文件的读写操作可以使用以下两种方法。

（1）用流插入运算符“<<”和流提取运算符“>>”读写文件。

（2）用文件流的成员函数［put( )、get( )、getline( )等］读写文件。

1. 用流插入运算符“<<”和流提取运算符“>>”读写文件

根据I/O类库的继承层次关系，文件流对象也可以分别使用流插入运算符“<<”和流提取运算符“>>”来输入、输出数据，实现文件的读写。

例 14.11 文本文件的读写。

问题描述：从键盘输入一行文本，保存到外存文件file1.txt中，然后从文件file1.txt读取文本，在屏幕上输出。

```
#include <iostream>
#include <fstream>
#include <cstdlib>                    // 为了引入exit( )函数
using namespace std;
const char *filename = "text.txt";
void readTxt( ){
     char str[1024];
     ifstream fin(filename, ios::in);
     if(!fin){
          cerr << "文件打开失败！" << endl;
          exit(1);
     }
     fin >> str;                      // 从文件中读取字符串
     cout << "文件读取成功，内容为：";
     cout << str;
     fin.close( );
}
void writeTxt( ){
```

```
        char str[1024];
        ofstream fout(filename, ios::out);
        if(!fout){
            cerr << "文件打开失败! " << endl;
            exit(1);
        }
        cout << "请输入一行文本:";
        cin.getline(str, 1024);
        fout << str;                      // 将文本写入文件
        cout << "文件写入成功" << endl;
        fout.close( );
    }
    int main( ) {
        writeTxt( );                      // 从键盘输入文本,写入文件
        readTxt( );                       // 从文件中读取文本,在屏幕输出
        return 0;
    }
```

运行结果:

```
请输入一行文本:algorithm↙
文件写入成功
文件读取成功,内容为:algorithm
```

说明:本例首先调用writeTxt( )函数,从标准输入读取一行文本,然后将其写入text.txt文件中。接着,readTxt( )函数被调用,它从text.txt文件中读取文本,并将其输出到标准输出设备。如果文件打开失败,那么程序输出错误信息并退出。

注意: 若输入的文本中含空格等空白符,则读入时只能读取第一个单词,这是由于语句fin >> str;在读取文本时遇到空白符会结束读取。这时就需要用文件流类的成员函数来实现从文件中读取数据的任务。

2. 使用文件流类的成员函数读写文件

文件流类继承了istream类和ostream类的成员函数[get( )、put( )、getline( )等],这些函数可以实现对文本文件的读写。例14.11中程序对文本文件读取时,遇到空白符会结束读取,修改此程序,使用文件流类的成员函数来完成读写。

例 14.12 使用文件流类的成员函数修改例14.11,完成文件读写[修改readTxt( )和writeTxt( )函数]。

```
    void readTxt( ){
        char c;
        ifstream fin(filename, ios::in);
        if(!fin){
            cerr << "文件打开失败! " << endl;
            exit(1);
        }
        cout << "文件读取成功,内容为:\n";
        while(fin.get(c)){          // 使用get( )函数循环读入文本,遇到用户按Ctrl+Z组合键时结束
            cout << c;
        }
        fin.close( );
    }
    void writeTxt( ){
        char str[1024];
        ofstream fout(filename, ios::out);
        if(!fout){
            cerr << "文件打开失败! " << endl;
```

```
        exit(1);
    }
    cout << "请输入一段文本(以Ctrl+Z结束):\n";
    while(cin.getline(str, 1024)){              // 使用getline( )函数输入整行文本，包括空格符
        fout << str << endl;                    // 每行结束时输出一个换行符
    }
    cout << "文件写入成功" << endl;
    fout.close( );
}
```

运行结果：

```
请输入一段文本(以Ctrl+Z结束):
Who wants to try?↙
Let me try!↙
^Z↙
文件写入成功
文件读取成功，内容为:
Who wants to try?
Let me try!
```

例 14.13 有一批整数，存储在文件data.txt中，求它们中的最大值。

```
#include <iostream>
#include <fstream>
#include <cstdlib>                          // 为了引入exit( )函数
#include <climits>                          // 为了引入常量INT_MIN
int main( ){
    int num, maxVal = INT_MIN;
    std::ifstream fin("data.txt", std::ios::in);
    if(!fin){
        std::cerr << "文件打开失败! " << std::endl;
        exit(1);
    }
    while(fin >> num){                      // 每次从文件中读取一个整数
        if(num > maxVal){
            maxVal = num;
        }
    }
    std::cout << "max = " << maxVal << std::endl;
    fin.close( );
    return 0;
}
```

假设data.txt的内容为12 5 8 0 9 315 11，程序运行结果如下：

```
max = 315
```

14.3.5 对二进制文件的操作

二进制文件不是以ASCII码的形式存放数据的，而是将数据以内存中的存储形式不加转换地直接传送到外存文件中，存放的是二进制的字节信息。因此，二进制文件又称内存数据的映像文件。对二进制文件的操作也需要先打开文件，并且在用完后关闭文件。

打开二进制文件时，要使用文件打开模式标记ios::binary。二进制文件除了可以作为输入文件或输出文件外，还可以作为既能输入又能输出的文件。

文件流类继承了istream类和ostream类的成员函数read( )和write( )，这两个函数以字节为单位读写数据，主要用于实现对二进制文件的读写。尽管这两个函数在14.2节已介绍过，但在标准I/O场景中，实际上这两个函数并不常用。

1．read( ) 函数

一般形式如下：

```
istream& read(char* s, streamsize n);
```

作用：从文件读指针的当前位置读取 n 字节的内容，存储到内存地址 s 处，然后将文件读指针向后移动 n 字节（以 ios::in 方式打开文件时，文件读指针初始指向文件开头）。

例如，语句 fin.read(s, 32);，fin 为输入文件流对象，read( ) 函数从 fin 所关联的外存文件中读指针的当前位置读入 32 字节的内容（遇到文件结束标志时结束），并存储在字符指针 s 指向的一段内存空间中。

2．write( ) 函数

一般形式如下：

```
ostream& write(const char* s, streamsize n);
```

作用：将内存地址 s 处的 n 字节的内容，写入文件写指针的当前位置，然后将文件写指针向后移动 n 字节（以 ios::out 方式打开文件时，文件写指针初始时指向文件开头；以 ios::app 方式打开文件时，文件写指针初始时指向文件尾部）。

例如，语句 fout.write(s, 32);，fout 为输出文件流对象，write( ) 函数将字符指针 s 指向的存储单元开始的 32 字节的内容，不加转换地写入与 fout 关联的外存文件中写指针当前标记的位置。

例 14.14　输入 n 个学生的信息，存入文件 student.dat 中，然后将文件 student.dat 中的学生信息在屏幕上输出。

```
#include <bits/stdc++.h>                              // 使用万能头文件
using namespace std;
class Student {
    private:
        int m_id;
        char m_name[32];
        float m_score;
    public:
        Student(int id = 0, const char *name = " ", float score = 60);
        friend istream & operator>>(istream &, Student &s);
        friend ostream & operator<<(ostream &, const Student &s);
};
Student::Student(int id, const char *name, float score) {
    m_id = id;
    // 确保m_name数组不会溢出
    if(strlen(name) < sizeof(m_name)) {
         strcpy(m_name, name);
    }else{
         strncpy(m_name, name, sizeof(m_name) - 1);  // 溢出时只复制一部分
         m_name[sizeof(m_name) - 1] = '\0';           // 确保字符串以'\0'结尾
    }
    m_score = score;
}
istream & operator>>(istream &in, Student &s) {
    in >> s.m_id >> s.m_name >> s.m_score;
    return in;
}
ostream & operator<<(ostream &out, const Student &s) {
    out << "id = " << s.m_id << endl;
    out << "name = " << s.m_name << endl;
    out << "score = " << s.m_score << endl;
    return out;
}
```

```
// 从二进制文件中读取学生信息
void readBin( ){
    Student s;
    ifstream fin("student.dat", ios::in | ios::binary);
    if(!fin) {
       cerr << "文件打开失败! " << endl;
       exit(1);
    }
    cout << "文件student.dat中的学生信息如下: " << endl;
    while(fin.read((char*)&s, sizeof(Student))) {
       cout << s;
    }
    fin.close( );
}
// 将学生信息写入二进制文件
void writeBin( ){
    int n;
    cout << "请输入学生人数: ";
    cin >> n;
    Student s;
    ofstream fout("student.dat", ios::out | ios::binary);
    if(!fout){
       cerr << "文件打开失败! " << endl;
       exit(1);
    }
    cout << "请输入学生信息(学号, 姓名, 成绩): " << endl;
    for(int i = 0; i < n; ++i) {
        cin >> s;
        fout.write((char*)&s, sizeof(Student));
    }
    fout.close( );
    cout << "学生信息保存完毕." << endl;
}
int main( ) {
    writeBin( );
    readBin( );
    return 0;
}
```

运行结果:

```
请输入学生人数: 3↙
请输入学生信息(学号, 姓名, 成绩):
20240101 Limei 87↙
20240105 Zhangli 90↙
20240102 Duming 68↙
学生信息保存完毕.
文件student.dat中的学生信息如下:
id = 20240101
name = Limei
score = 87
id = 20240105
name = Zhangli
score = 90
id = 20240102
name = Duming
score = 68
```

说明:

(1)在main( )函数中，程序先写入学生信息，然后读取并显示它们，用来演示文件的写入和读取操作。

（2）Student类的构造函数中加入了对学生姓名长度的检查，以防止潜在的缓冲区溢出问题。当使用strcpy( )函数时，最好确保目标数组的大小足以容纳源字符串，否则会发生缓冲区溢出。本例中，由于m_name的大小是固定的（32 个字符），如果输入的姓名长度超过 31 个字符（需要为结尾的'\0'字符留出空间），就会发生缓冲区溢出。

14. 3. 6　用于文件流状态检测与错误处理的成员函数

在C++语言中，用于文件流状态检测与错误处理的成员函数大部分属于ios类，ifstream类、ofstream类和fstream类都继承自ios类，因此它们都可以使用这些函数。以下是用于文件流状态检测与错误处理常用的成员函数。

1. good( )函数

函数原型：

```
bool good( ) const;
```

作用：检查文件流状态是否良好。如果文件流状态良好（没有错误发生），则返回true；否则返回false。

2. bad( )函数

函数原型：

```
bool bad( ) const;
```

作用：检查文件流是否因为致命错误（如无法打开文件）而操作失败。如果是，则返回true；否则返回false。

3. fail( )函数

函数原型：

```
bool fail( ) const;
```

作用：检查文件流是否因为格式不匹配或非致命输入/输出错误而操作失败。如果是，则返回true；否则返回false。

4. clear( )函数

函数原型：

```
void clear(ios_base::iostate state = ios_base::goodbit);
```

作用：设置文件流的状态标志。如果用户不提供参数，则系统重置所有错误标志，使文件流状态变为良好。

例 14.6 中已用过此函数。

5. is_open( )函数

函数原型：

```
bool is_open( ) const;
```

作用：检查文件是否已打开。如果文件已成功打开，则返回true；否则返回false。

例 14.15　is_open( )函数的应用。

```
#include <iostream>
#include <fstream>
int main( ) {
    std::ifstream file("example.txt");
```

```
    if(file.is_open( )) {
        // 文件成功打开，可以进行后续操作
        std::cout << "文件打开成功" << std::endl;
        // … 进行文件读取等操作 …
        file.close( ); // 操作完成后关闭文件
    } else {
        // 文件打开失败
        std::cout << "无法打开文件" << std::endl;
    }
    return 0;
}
```

14.3.7 文件的随机读写

在C++语言中，每个打开的文件都有一个文件位置指针（标记），用来指示文件的当前操作位置。C++程序通过移动文件位置指针来实现文件的随机读写。文件流类提供了有关文件位置指针的成员函数。

1. 输入定位

ifstream类提供了tellg( )和seekg( )函数，用于在输入文件中移动文件位置指针，这两个函数的声明如下：

```
streampos tellg( );
istream& seekg(streampos pos);
istream& seekg(streamoff off, ios::seekdir way);
```

说明：

（1）tellg( )函数返回当前输入文件流的读取位置（文件位置指针）。streampos用于存储一个非负值，表示从文件流起点到当前文件位置指针之间的距离（以字节为单位）。因此，可以将streampos视为一种大范围的整数型。

（2）seekg( )函数用于移动输入文件流的文件位置指针。pos表示绝对位置，off表示相对于way指定的位置的偏移量。streamoff是一种数据类型，是一个有符号类型，取值可以是正数、零或负数，用来表示从某个基准点（如文件流的开始位置、当前位置或结束位置）向前或向后的偏移量。

（3）ios::seekdir是枚举类型，表示偏移的基准位置，取值有三个。

①ios::beg = 0，文件开头（beg是begin的缩写），默认值；

②ios::cur = 1，文件指针的当前位置（cur是current的缩写）；

③ios::end = 2，文件末尾。

例如：

```
ifstream fin("test.txt");
fin.tellg( );                       // 获取当前文件位置指针
fin.seekg(32);                      // 将输入文件位置指针移动到第 32 字节的位置
fin.seekg(-32, ios::cur);           // 将输入文件位置指针从当前位置后移 32 字节
file.seekg(0, ios::end);            // 移动输入文件位置指针到文件末尾
```

2. 输出定位

ofstream类提供了tellp( )和seekp( )函数，用于在输出文件中移动文件位置指针，这两个函数的声明如下：

```
streampos tellp( );
ostream& seekp(streampos pos);
ostream& seekp(streamoff off, ios::seekdir way);
```

说明：tellp( )函数返回当前输出文件流的写入位置，seekp( )函数用于移动输出文件流的文件位置指针。它们的用法与tellg( )函数和seekg( )函数分别相同。这些函数名的最后一个字母是g(get)或p(put)，分别代表输入或输出文件。

例 14.16 求例 14.14 中生成的学生信息表中的学生人数，并输出第 2 位学生的信息。

```
// Student类定义与例 14.14 相同
int main( ) {
    Student s;                                          // 用于临时存储从文件中读取的学生信息
    int size = sizeof(Student);                         // 学生对象大小
    ifstream fin("student.dat", ios::in | ios::binary);
    if(fin.is_open( )) {
        fin.seekg(0, ios::end);                         // 移动到文件末尾
        streampos length = fin.tellg( );                // 获取文件长度
        cout << "学生人数:" << length / size << endl;    // 输出学生人数
        fin.seekg(size, ios::beg);                      // 文件位置指针移到第 2 位学生处
        fin.read((char*)&s, size);                      // 读取学生信息
        cout << "第 2 位同学的信息如下:\n";
        cout << s;                                      // 输出学生信息
        fin.close( );
    }
    return 0;
}
```

运行结果：

```
学生人数:3
第 2 位同学的信息如下:
id = 20240105
name = Zhangli
score = 90
```

例 14.17 将例 14.14 中生成的学生信息表中的第 2 位学生的成绩修改为 98 分，并输出修改后的学生信息。

```
// Student类及readBin( )函数的定义与例 14.14 相同
int main( ){
    float score;
    int size = sizeof(Student);                        // 学生对象大小
    ofstream fout("student.dat", ios::in | ios::binary);
    if(fout.is_open( )) {
        cout << "文件打开时,文件位置指针位置:" << fout.tellp( ) << endl;
        fout.seekp(2*size-4, ios::beg);                // 文件位置指针移动到第 2 位学生成绩处
        cout << "输入新成绩:";
        cin >> score;
        fout.write((char*)&score,4);                   // 写入学生成绩
        fout.close( );
    }
    readBin( );
    return 0;
}
```

运行结果：

```
文件打开时,文件位置指针位置:0
输入新成绩:98↙
文件student.dat中的学生信息如下:
id = 20240101
name = Limei
score = 87
id = 20240105
```

```
name = Zhangli
score = 98
id = 20240102
name = Duming
score = 68
```

说明：例 14.16、例 14.17 可以合并，使用fstream流类定义文件流对象fio，并使它可以同时对文件进行读写操作，请读者自行尝试。

14.4 字符串流

字符串流是以字符串（string对象）为输入/输出对象的数据流，这些数据的传输是在内存中完成的，因此字符串流也被称为内存流。

C++语言的I/O类库中定义了三个类：istringstream类、ostringstream类、stringstream类。它们都定义在sstream头文件中，专门用于处理字符串流。这三个类是从istream类和ostream类派生出来的，所以它们可以使用istream类和ostream类的成员函数。

字符串流类新增了一个非常有用的成员函数str( )，其重载形式如下：

```
string str( ) const;                // 返回一个字符串对象，内容为当前字符串流的内容
void str(const string& s);          // 将s设置为字符串流的内容，丢弃字符串流中以前的内容
```

1. istringstream类

istringstream类继承自istream类，因此具有所有输入流类的功能，专门用于从字符串中读取数据。可以通过“>>”运算符从istringstream对象中提取各种类型的数据，“>>”运算符常用于从数字字符串中提取数据。其常用的构造函数的形式如下：

```
istringstream(openmode = ios_base::in);
istringstream(const string& str,openmode = ios_base::in);
```

第一种形式用来定义一个输入流对象，第二种形式用给定的字符串str来初始化输入流对象。

例 14.18 从字符串流读取数据（将字符串转换为数值）。

```
#include <iostream>
#include <string>
#include <sstream>
using namespace std;
int main( ){
    string numstring = "32 240 2 1450";
    istringstream iss(numstring);
    cout << "Original string:" << iss.str( ) << endl;
    cout << "Conversion results:\n";
    int val;
    while(iss >> val) {
        cout << val << '\n';
    }
    return 0;
}
```

运行结果：

```
Original string:32 240 2 1450
Conversion results:
```

```
32
240
2
1450
```

说明：本程序定义了一个istringstream对象iss，并使用numstring初始化，然后用iss.str( )函数把输入字符串流对象转换为string对象输出。最后使用while循环和“>>”运算符从iss对象中逐个读取整数，并将它们输出到屏幕上。循环多次，直到字符串流中的所有整数都被读取并输出。

2．ostringstream类

ostringstream类继承自ostream类，因此其具有所有输出流类的功能，专门用于向字符串中写入数据。可以通过“<<”运算符向ostringstream对象写入各种类型的数据，“<<”运算符经常结合I/O操纵符使用，用来生成格式化的字符串输出。其常用的构造函数的形式如下：

```
ostringstream(openmode = ios_base::out);
ostringstream(const string& str,openmode = ios_base::out);
```

第一种形式用来定义一个输出流对象，第二种形式用给定的字符串str来初始化输出流对象。

例 14.19　向字符串流写入不同类型的数据（实现信息连接）。

```
#include <iostream>
#include <string>
#include <sstream>
int main( ){
    std::ostringstream oss;
    oss << "One hundred and one: " << 101;          // 将不同类型的数据写入字符串流
    std::string s = oss.str( );                     // 转换为字符串
    std::cout << s << '\n';
    return 0;
}
```

运行结果：

```
One hundred and one: 101
```

3．stringstream类

stringstream类继承自iostream类，因此其具有所有输入/输出流的功能，专门用于读写字符串中的数据。可以通过“>>”运算符和“<<”运算符读写字符串流中的数据。除了数据类型转换外，stringstream类还提供了其他强大的字符串处理功能。例如，可以使用它进行去除字符串中的空格符、分割字符串、拼接字符串等操作。其常用的构造函数的形式如下：

```
stringstream(openmode = ios_base::in | ios_base::out);
stringstream(const string& str,openmode = ios_base::in | ios_base::out);
```

第一种形式用来定义一个输入/输出流对象，第二种形式用给定的字符串str来初始化输入/输出流对象。

例 14.20　输入/输出字符串流的应用。

```
#include <iostream>
#include <string>
#include <sstream>                          // 为了引入std::stringstream
int main( ){
    std::stringstream ss;
```

```
    ss << 10 << ' ' << 20 << ' ' << 30;        // 将10 20 30存入字符串流对象ss
    int a, b, c;
    ss >> a >> b >> c;                         // 从字符串流对象ss中读取数据
    std::cout << "a = " << a << '\n';
    std::cout << "b = " << b << '\n';
    std::cout << "c = " << c << '\n';
    return 0;
}
```

运行结果:

```
a = 10
b = 20
c = 30
```

总的来说，字符串流类为C++程序员提供了强大而灵活的字符串处理功能，无论是在数据类型转换场景、字符串处理场景还是在格式化输出字符串场景，其都有着广泛的应用。

例 14.21 字符串分割。

问题描述：从键盘输入一行英文，假设单词之间用空格符分隔，要求分离所有单词并输出。

```
#include <iostream>
#include <string>
#include <sstream>
int main( ) {
    std::string str, word;
    std::getline(std::cin, str);
    std::istringstream iss(str);
    while(iss >> word )
        std::cout << word << std::endl;
    return 0;
}
```

运行结果:

```
The quick brown fox jumps over the lazy dog↙
The
quick
brown
fox
jumps
over
the
lazy
dog
```

14.5 习 题 14

一、填空题

1. 头文件iostream中定义了4个标准流对象，分别是________，________，________，________。

2. 在I/O类库中，抽象基类直接派生了两个类，它们是________和________。

3．C++语言中的输入/输出流可以分为标准I/O流、文件流和________。

4．在C++语言中，根据文件内容的数据格式，文件分为两类：________和________。

5．返回文件读指针位置的函数分别为________、________。

二、判断题

1．要利用C++流类实现输入/输出的各种格式控制，必须在程序中包含头文件iomanip。（　　）

2．从“流”中获取数据的操作称为插入操作，向“流”中添加数据的操作称为提取操作。（　　）

3．iostream类属于C++语言的预定义的流对象。（　　）

4．使用输入/输出操纵符setw，可以控制输出内容的输出宽度。（　　）

5．C++语言中的文本文件以ASCII码形式存储数据。（　　）

6．istream类提供的成员函数getline()，默认以'\0'作为结束符。（　　）

三、选择题

1．cout、cerr、clog是(　　)对象，cout处理标准输出，cerr和clog都处理标准出错信息。

A．istream类　　B．ostream类

C．cerr类　　D．clog类

2．以下不能作为输出流对象的是(　　)。

A．内存　　B．屏幕

C．键盘　　D．文件

3．在C++语言中，打开一个文件，就是将文件与一个(　　)建立关联，关闭一个文件，就是取消这种关联。

A．类　　B．流对象

C．输入设备　　D．结构

4．以下叙述中不正确的是(　　)。

A．在C++语言中，随机读写方式不适用于文本文件

B．在C++语言中，对二进制文件的访问速度比文本文件快

C．使用open()函数打开的文件使用完毕后，必须使用close()函数将其关闭

D．在C++语言中，文本文件以ASCII码形式存储数据

5．下列关于文件流的描述中，正确的是(　　)。

A．若输出流对象要打开的文件不存在，那么将建立一个新文件

B．文件流类只能完成针对外存文件的输入/输出

C．建立一个文件流对象时，必须同时打开一个文件

D．若输入流对象要打开的文件不存在，那么将建立一个新文件

6．在进行完任何C++输入/输出流的操作后，都可以用C++输入/输出流的相关成员函数检测流的状态，其中只能用于检测输入流状态的函数是(　　)。

A．fail()　　B．eof()

C．bad()　　D．good()

7．下列有关C++输入/输出流的叙述中，错误的是(　　)。

A．C++语言中的操作符setw设置的输出宽度永久有效

B．C++语言中的操作符endl可以实现输出以回车换行

C．处理文件输入/输出时，需要包含头文件fstream

D．进行输入操作时，eof( )函数用于检测是否到达文件尾

8．seekp(sizeof(int), ios::cur) 函数中的cur代表(　　)。

A．文件末尾　　　　B．文件开始

C．文件当前位置　　　　D．以上都不对

9．读取二进制文件的函数的调用形式为istream& read(char *buffer, int len);，其中buffer代表(　　)。

A．一个文件指针，指向待读取的文件

B．一个内存块的字节数

C．一个内存块的首地址，代表所读入数据的存放地址

D．一个整数型变量，代表待读取数据的字节数

10．要求打开文件D:\file.dat，并能够写入数据，正确的语句是(　　)。

A． ifstream infile("D:\\file.dat", ios::in);

B． ifstream infile("D:\\file.dat", ios::out);

C． ofstream outfile("D:\\file.dat", ios::in);

D． fstream infile("D:\\file.dat", ios::in | ios::out);

四、简答题

1．C++语言中的输入/输出包括哪三方面的内容?

2．在C++语言中，打开文件有哪些方式?

3．关闭文件的含义是什么？如何关闭文件?

五、编程题

1．按指定格式输入/输出数据：①输入一个整数，以左对齐方式输出整数，字符宽度为12，并分别以八进制、十进制、十六进制形式输出该整数。②输入一个双精度浮点数，分别以指数格式和定点格式输出该数，小数点后保留3位。

2．有ASCII文件f.txt，内容为若干用空格符分隔的整数。将文件内容显示到屏幕上。

3．将两个文本文件合并成一个文件。

4．将一个C++源程序文件的每行前加上行号与一个空格符。

5．一个文本文件中有若干行整数数据，同行整数间用空格符隔开，要求实现：①采用文件流读写机制读取文件中的数据；②采用字符串流对象提取每一个整数；③输出每一行中所有整数的累加和。

第15章 模板

C++语言中将逻辑上功能与形式相似的函数或类的共性抽象出来，用统一的形式加以描述，可以表示为函数模板(function template)和类模板。这两种机制强调编写的代码与数据类型无关，即将数据类型参数化，无须针对每种数据类型重写代码，这种特性极大地提高了代码的可复用性和灵活性。本章介绍函数模板与类模板的基本概念、定义及应用。

学习目标

- 理解函数模板与类模板的概念；
- 掌握函数模板的定义、实例化及应用；
- 掌握类模板的定义、实例化及应用。

15.1 模板的概念

在工业生产中，人们广泛使用模具来批量生产各种零部件或产品，使用模具可以大大提高生产效率。可以将这些模具看作各种零件或产品的模板(template)。

到目前为止，不论是面向过程编程还是面向对象编程，程序设计的核心任务是编写函数或类。这些函数或类所操作的对象都需要指定具体的数据类型，当数据类型发生变化时，函数或类的代码往往也需要做相应的修改，代码对不同的数据类型不通用。例如，函数void print(int *arr, int n)用来输出有n个元素的整数型数组，但当数组类型变为double型时，此函数必须修改为void print(double *arr, int n)，仅仅因为数据类型发生改变，几乎相同的代码要重写一遍，这显然不利于程序的扩充和维护。

为此，C++语言提供了模板机制，用于定义数据类型不同而数据对象的逻辑结构相同的通用行为。模板是数据类型参数化的函数或类，是生成函数和类的框架，与类和函数的声明必须显式指定数据类型不同，模板使用数据类型形参。使用函数模板或类模板时，编译器根据实参的类型，生成相应的函数或类。

这意味着，对于每种不同的参数类型组合，编译器都可能生成一个新的函数实例或类实例，这种方式可以提高代码的复用性和灵活性。例如，上述print( )函数可定义为模板形式void print(T *arr, int n)，T是参数化的数据类型。调用print( )函数可处理任意类型的数据，编译器根据实参的类型推导T的类型，并生成对应的函数实例，用以完成函数的具体任务。

与模具类似，用户通过模板可批量生成逻辑结构相同、处理的数据类型不同的函数或类，这进一步强化了C++语言的代码共享能力。有了模板机制，程序设计人员就可以专注于逻辑代码的设计，而不用考虑具体的数据类型，有助于程序设计人员快速构建类型安全的函数集合或类库集合，提高软件开发的效率。

数据类型参数化的函数称为函数模板，数据类型参数化的类称为类模板。在编译时，编译器根据使用模板时提供的实参的数据类型生成具体函数或类的过程称为模板实例化。函数模板生成的实例称为模板函数，类模板生成的实例称为模板类。

15.2 函数模板

函数模板是对函数的抽象，是对函数功能框架的描述。它实际上是建立一个通用函数，函数的返回值类型和形参的数据类型不具体指定，用一个虚拟类型来代表。

15.2.1 定义函数模板

定义函数模板的一般形式如下：

```
template < typename T >
   // 通用函数的定义
```

或者

```
template < class T >
   // 通用函数的定义
```

类型参数可以不止一个，可以根据需要确定其个数。例如：

```
template < class T1, typename T2, …>
```

说明：

（1）template是声明模板的关键字，是模板的标志。

（2）< class T1, typename T2, …>是模板类型参数列表，参数用关键字class或typename声明，不可为空。class和typename在此场景下可以互换，没有区别。为了提高可读性，通常函数模板类型参数使用typename声明，而类模板类型参数使用class声明。

（3）通用函数模板的定义与普通函数的定义类似，只是在函数体内部可以使用模板类型参数列表中的类型参数来声明变量或进行其他操作。

（4）凡是函数体相同但参数数据类型不同的函数，都可以考虑使用函数模板来代替，这样就不必为每种数据类型都定义一个单独的函数，只需在模板中定义一次函数即可。

例 15.1 定义一个通用的交换函数模板。

```
#include <iostream>
using namespace std;
// 定义一个通用的交换函数模板
template <typename T>
void mySwap(T& a, T& b) {
    T temp = a;
    a = b;
    b = temp;
```

```
}
int main( ){
    int x = 10, y = 20;
    cout << "交换前: x = " << x << ", y = " << y << endl;
    mySwap(x, y);             // 系统自动根据x、y的类型推导出T的类型为int
    cout << "交换后: x = " << x << ", y = " << y << endl;
    double a = 3.14159, b = 2.71828;
    cout << "交换前: a = " << a << ", b = " << b << endl;
    mySwap(a, b);             // 系统自动根据a、b的类型推导出T的类型为double
    cout << "交换后: a = " << a << ", b = " << b << endl;
    return 0;
}
```

运行结果：

```
交换前: x = 10, y = 20
交换后: x = 20, y = 10
交换前: a = 3.14159, b = 2.71828
交换后: a = 2.71828, b = 3.14159
```

说明：在这个例子中，定义了函数模板mySwap，它接收两个引用参数，以便能够修改原始变量的值。程序中分别用整数和浮点数调用了mySwap( )函数，编译器会自动根据参数的数据类型实例化出对应的函数版本。

例如，编译器在编译到mySwap(x,y)时，若找不到mySwap( )函数的定义，就用实参x、y的数据类型int去替换mySwap模板中的类型参数T，生成如下函数：

```
void mySwap(int& x, int& y){
    int temp = x;
    x = y;
    y = temp;
}
```

同理，编译器在编译到mySwap(a, b)时，会用double型替换类型参数T，生成另一个函数：

```
void mySwap(double& a, double& b){
    double temp = a;
    a = b;
    b = temp;
}
```

在使用函数模板时，系统会根据实参的数据类型替换模板中的虚拟类型参数，从而生成具有不同功能的函数版本，这个过程就是函数模板的实例化。

上述使用函数模板的方式是系统根据实参的数据类型自动推导出类型参数T的类型。另一种使用函数模板的方式是显式指定参数类型，例如，mySwap<int>(x, y);，这种方式与类模板的使用方式一致，更加直观好用。

15.2.2　函数模板的应用

初学者往往觉得编写函数模板有些令人困惑，但实际上，只要按照以下步骤进行，编写函数模板就会变得很简单。首先编写一个普通函数；其次将函数内需要参数化的数据类型名用类型参数（如T）替代；最后在函数声明前加上函数模板首部，即template <typename T>。

例 15.2　冒泡排序函数模板。

```
#include <iostream>
// 定义一个通用的交换函数模板，用于交换两个相同数据类型变量的值
template <typename T>
```

```
void mySwap(T& a, T& b) {
    T temp = a;
    a = b;
    b = temp;
}
// 定义一个通用的打印数组元素的函数模板，用于打印任意数据类型的数组
template <typename T>
void printArr(T *arr, int n){
    for(int i = 0; i < n; ++i) {
        std::cout << arr[i] << "  ";
    }
    std::cout << std::endl;
}
// 定义一个通用的冒泡排序函数模板，用于对任意数据类型的数组进行排序
template <typename T>
void bubbleSort(T* arr, int n) {
    bool flag = true;                           // 用于标记数组是否已排好序
    for(int i = 0; i < n - 1 && flag; ++i) {
        flag = false;                           // 若没有发生元素交换，则置flag为false，结束排序
        for(int j = 0; j < n - 1 - i; ++j) {
            if(arr[j] > arr[j + 1]) {
                mySwap(arr[j], arr[j + 1]);     // 交换元素
                flag = true;                    // 发生元素交换，置flag为true
            }
        }
    }
}
int main( ){
    int a[5] = {5, 2, 6, 9, 8};
    bubbleSort(a, 5);                   // 对整数型数组进行冒泡排序
    printArr(a, 5);                     // 打印排序后的整数型数组
    double b[4] = {2.718, 2.236, 3.14, 1.414};
    bubbleSort(b, 4);                   // 对浮点型数组进行冒泡排序
    printArr(b, 4);                     // 打印排序后的浮点型数组
    return 0;
}
```

运行结果：

```
2  5  6  8  9
1.414  2.236  2.718  3.14
```

说明：mySwap( )、printArr( )和bubbleSort( )函数都被定义为模板函数，它们可以处理任意数据类型的数据。本例展示了函数模板的使用，通过模板，用户可以编写与数据类型无关的函数，这些函数用于处理不同数据类型的数据，从而实现了代码重用。

15.3 类 模 板

与函数模板类似，用户可以对具有相似功能和形式的类进行抽象而形成类模板。类模板实际上是一个通用类，是类的蓝图或公式，通过类模板，用户可以定义功能相同但数据类型不同的类。类模板的数据成员、函数返回值类型及函数参数类型用一个虚拟的类型参数表示。使用类模板定义对象时，系统会用实参的数据类型取代模板中的虚拟类型，生成具体的类（模板实例化）。通过这种方式，用户可以用一套类模板的代码生成处理不同数据类型的多种类的实例。

15.3.1　类模板的定义

定义类模板的形式与定义函数模板的形式类似，必须以关键字template开头，后面是用尖括号括起来的模板参数，最后是通用类的定义。

```
template <模板参数列表>
class 类名 {
      // 通用类的定义
};
```

说明：

(1)类模板的参数列表的形式为<class T1, typename T2，…>，如前所述，参数用关键字class或typename声明，不可为空。类模板的类型参数通常使用class声明。

(2)通用类的定义与普通类的定义类似，只是类体内部相关的数据类型名用类型参数来代替。

例 15.3　定义一个动态数组类模板，实现数组元素的输入与输出。

```
// 15_3.cpp 前半部分
#include <iostream>
template <class T>
class Array {
      public:
            Array(int n){
                  m_ptr = new T[n];          // 给数组分配内存空间
                  m_size = n;
                  for(int i = 0; i < m_size; ++i) {
                        std::cin >> m_ptr[i];
                  }
            }
            ~Array( ) {                      // 析构函数
                  delete [] m_ptr;
            }
            void print( ) {
                  for(int i = 0; i < m_size; ++i) {
                        std::cout << m_ptr[i] << " ";
                  }
                  std::cout << "\n";
            }
      private:
            T* m_ptr;                        // 数组的起始地址
            int m_size;                      // 数组元素个数
};
```

如果类模板的成员函数是在类模板内声明，类模板外实现的，则其形式如下：

```
template <class 虚拟类型参数>
函数类型 类模板名<虚拟类型参数>::成员函数名(函数形参表列) {
    ……
}
```

例如，将上述动态数组类模板的构造函数改写如下：

```
template <class T>
Array<T>::Array(int n) {
     m_ptr = new T[n];
     m_size = n;
     for(int i = 0; i < m_size; ++i) {
          std::cin >> m_ptr[i];
     }
}
```

15.3.2 类模板的使用

就像类是对象的抽象，对象是类的实例一样，类模板是类的抽象，而类是类模板的具体实例。类模板是抽象的，使用时必须实例化。

如何使用类模板来定义对象，从而得到一个实际的类对象呢？

具体来说，使用类模板定义对象的一般形式如下：

```
类模板名 <实际类型名> 对象名[(参数表列)];
```

例如，使用类模板Array定义一个整数型数组a的形式如下：

```
Array <int> a(5);
```

此时，编译器会使用实参int替换类模板中的虚拟类型参数T，从而生成一个实际的整数型数组类，并据此定义对象a。

注意：与函数模板的使用方式不同，类模板没有自动进行数据类型推导的使用方式，即<实际类型名>不可省略。

给类模板Array添加main( )函数，如下：

```
// 15_3.cpp后半部分
int main( ) {
    Array <int> a(5);                    // 使用类模板定义整数型数组a
    Array <double> b(5);                 // 使用类模板定义双精度浮点型数组b
    a.print( );
    b.print( );
    return 0;
}
```

运行结果：

```
1 2 3 4 5↙
1.2 2.3 3.4 4.5 5.6↙
1 2 3 4 5
1.2 2.3 3.4 4.5 5.6
```

通过上述讨论，总结出如下定义和使用类模板的一般步骤。

(1)定义一个实际的类。

(2)将此类中准备参数化的数据类型名(如int)改为指定的虚拟类型名(如T)。

(3)在类声明前面加入一行，格式为template <class 虚拟类型参数>。例如：

```
template <class T>     // 注意本行末尾无分号
```

(4)用类模板定义对象。例如：

```
类模板名 <实际类型名> 对象名;                    // 使用默认构造函数
类模板名 <实际类型名> 对象名(实参表列);          // 使用有参构造函数
```

(5)如果在类模板外定义成员函数，则函数定义应写成类模板形式。例如：

```
template <class 虚拟类型参数>
函数类型 类模板名<虚拟类型参数>::成员函数名(函数形参表列) {
    ……
}
```

15.3.3 类模板的应用

模板机制强调编写的代码与数据类型无关。类模板常用于实现各种与特定数据类型无关的数据结构和算法，如链表、栈、队列、树、图，以及排序和搜索算法等。通过使用类模板，这些数据结构和算法能够表示与处理任何数据类型的数据。

在进行程序设计时，栈是一种常用的数据结构。用户不必为整数型、浮点型或字符型数据分别编写不同的栈类，而是可以编写一个通用的栈类模板。

栈是一种先进后出（first-in-last-out, FILO）的结构，仅允许在栈顶进行操作。栈的基本操作有入栈［push( )函数］、出栈［pop( )函数］，获取栈顶元素［getTop( )函数］，其他操作还包括初始化栈、判断栈是不是空、判断栈是否已满等。

图 15-1 演示了栈的基本操作。其中top用来指示当前操作位置（习惯上称为栈顶指针）。

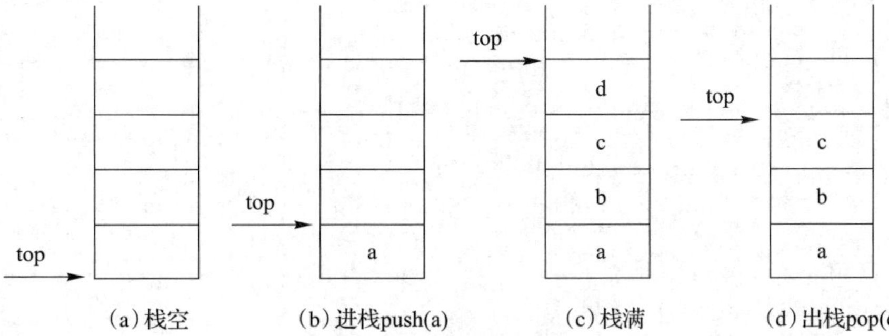

图 15-1　栈的基本操作

例 15.4 设计栈类模板，实现在栈内存放任意数据类型的数据。

分析：实现栈的一种简单的方法是使用一个数组来存储栈中的元素，再使用一个变量top记录栈顶元素的下标值，初始时，栈为空栈，置top为-1。

```
#include <iostream>
template <class T>                  // 栈类模板
class Stack {
    private:
        T* elem;                    // 栈空间的起始地址
        int top;                    // 栈顶元素的下标值
        int capacity;               // 栈的容量
    public:
        //构造函数：初始化栈
        Stack(int cap = 100, int top = -1) {
            capacity = cap;
            this->top = top;        // 初始时栈为空栈，top = -1
            elem = new T[capacity];
        }
        // 析构函数：释放栈所占用的内存
        ~Stack( ){
            delete[] elem;
        }
        // 入栈操作
        void push(const T& element) {
            if(top + 1 < capacity) {        // 确保栈未满
                elem[++top] = element;
            }
        }
        // 出栈操作
        T pop( ) {
            if(top >= 0){                   // 确保栈非空
                return elem[top--];
            } else {
```

```
                return T( );                       // 返回默认构造的T类型对象
            }
        }
        // 获取栈顶元素
        T getTop( ) const{
            if(top >= 0){                          // 确保栈非空
                return elem[top];
            }else{
                return T( );
            }
        }
        // 判断栈是不是空
        bool isEmpty( ) const{
            return top == -1;
        }
        // 遍历栈
        void traverse( ) const{
            for(int i = 0; i <= top; ++i){
                std::cout << elem[i] << " ";
            }
            std::cout << std::endl;
        }
        // 获取栈的容量
        int getCapacity( ) const {
            return capacity;
        }
        // 获取栈的当前大小
        int size( ) const {
            return top + 1;
        }
};
// 测试栈类模板
int main( ) {
    Stack<int> intStack(5);                        // 创建一个容量为 5 的整数型栈
    // 入栈操作
    intStack.push(10);
    intStack.push(20);
    intStack.push(30);
    // 遍历栈并打印元素
    std::cout << "Stack elements: ";
    intStack.traverse( );
    // 出栈操作，并打印出栈元素
    std::cout << "Pop: " << intStack.pop( ) << std::endl;
    // 遍历栈并打印元素
    std::cout << "Stack elements after pop: ";
    intStack.traverse( );
    // 获取栈顶元素
    std::cout << "Top element: " << intStack.getTop( ) << std::endl;
    // 判断栈是不是空
    std::cout << "Is stack empty? " << (intStack.isEmpty( ) ? "Yes" : "No")
              << std::endl;
    // 获取栈的容量和当前大小
    std::cout << "Capacity: " << intStack.getCapacity( );
    std::cout << ", Size: " << intStack.size( ) << std::endl;
    return 0;
}
```

运行结果：

```
Stack elements: 10 20 30
Pop: 30
Stack elements after pop: 10 20
Top element: 20
```

```
Is stack empty? No
Capacity: 5, Size: 2
```

说明：本程序定义了一个名为Stack的栈类模板，它使用动态数组来存储栈中的元素。Stack类提供了入栈、出栈、获取栈顶元素以及判断栈是不是空等操作。此外，它还提供了遍历栈、获取栈容量和获取当前栈大小的功能。在main( )函数中，程序创建了一个整数型栈intStack，并对其进行了一系列的操作来验证Stack类的正确性。

使用函数(或类)模板时，编译器根据给出的实参的数据类型从函数(或类)模板中实例化出模板函数(或类)，参与到程序中。

模板是C++语言中非常重要的内容，它与C++语言的STL联系紧密，是学好STL的基础。

15.4 习　题　15

一、填空题

1. 模板是类型________的函数或类，是生成函数和类的框架。
2. 函数模板的定义以关键字________开始，后跟模板参数列表。
3. 类模板的定义使用关键字________来声明模板参数类型。
4. 定义函数模板后，就可以使用函数模板来定义具体的________。
5. 类模板实例化时，必须为模板参数提供具体的________。
6. 使用类模板实际上是将类模板实例化为一个________。

二、判断题

1. 函数模板可以重载，即可以定义多个具有相同名称但模板参数不同的函数模板。 (　　)
2. 函数模板的实例化是由编译器在编译时自动完成的。 (　　)
3. 类模板的成员函数只能在类模板定义的内部实现，不能在外部实现。 (　　)
4. 使用类模板时，模板参数可以是基本数据类型，也可以是用户自定义类型。 (　　)
5. 函数模板和类模板都可以提高代码的复用性与可维护性。 (　　)

三、选择题

1. 下列关于模板的说法中，错误的是(　　)。

   A. 模板是一种泛型编程技术　　B. 模板可以提高代码的复用性
   C. 模板只能用于函数，不能用于类　　D. 模板参数既可以是数据类型，也可以是值

2. 下列关于函数模板的描述中，正确的是(　　)。

   A. 函数模板不能重载
   B. 函数模板的实例化是在运行时完成的
   C. 函数模板的参数类型必须显式指定，不能自动推导
   D. 函数模板可以定义多个模板参数

3. 下列有关模板的叙述中，不正确的是(　　)。

   A. 可以用int、double这样的类型修饰符来声明模板参数
   B. 函数模板的一个实例就是一个函数定义
   C. 调用模板函数时，在一定条件下可以省略模板实参

D. 模板声明中的关键字class都可以用关键字typename替代

4. 关于关键字class和typename，下列描述中正确的是(　　)。

A. 程序中的typename都可以替换为class

B. 程序中的class都可以替换为typename

C. 在模板形参表中只能用typename来声明参数的类型

D. 在模板形参表中只能用class或typename来声明参数的类型

5. 以下关于类模板的模板参数的叙述中，错误的是(　　)。

A. 模板参数可以作为数据成员的类型

B. 模板参数可以作为成员函数的返回值类型

C. 模板参数可以作为成员函数的参数类型

D. 模板参数不能作为成员函数的局部变量的类型

6. 下列关于模板的描述中，错误的是(　　)。

A. 类模板的成员函数都是模板函数　　B. 函数模板是一种类型参数化的函数

C. 满足一定条件时可以省略模板实参　　D. 模板形参只能由关键字typename声明

7. 类模板的参数(　　)。

A. 可以有多个　　B. 不能有基本数据类型

C. 可以是0个　　D. 参数不能给定初值

8. 有如下模板定义：

```
template <class T>
T times(T x, T y) {
    return x * y;
}
```

下列对times的调用中不正确的是(　　)。

A. times(3, 5)　　B. times<>(3, 5)

C. times(3, 5.5)　　D. times<int>(3, 5.5)

四、简答题

1. 什么是模板?

2. C++语言中，函数模板实例化与类模板实例化有何不同?

五、编程题

1. 函数模板问题：编写一个函数模板，用于交换两个变量的值。要求模板参数可以是任意基本数据类型(如int型、float型、double型等)。

2. 编写一个类模板Pair，用于表示一对值，并实现获取和设置这两个值的成员函数。

3. 设计一个单向链表类模板，节点数据域中的数据从小到大排列，并设计插入、删除节点的成员函数。

4. 函数模板与类模板结合问题：编写一个类模板MyArray，其中包含一个动态数组和相关的成员函数(如插入元素、删除元素、查找元素等)。同时，编写一个函数模板，用于打印MyArray对象中的所有元素。

第16章 STL编程

C++语言中的STL（标准模板库）是包含容器类模板、迭代器类模板、函数对象模板和算法函数模板的集合，这些模板都基于泛型编程原则设计，旨在为C++程序员提供一系列高效、通用的数据结构和算法，进一步深化对代码重用的支持，并显著提高C++语言的编程效率。本章将从STL编程思想入手，介绍STL的核心内容，即容器、迭代器与算法，并通过实例来演示STL的实际应用。

学习目标

- 了解STL编程思想及基本概念；
- 掌握STL中各种容器的特点及使用方法；
- 理解迭代器的概念，能够熟练使用迭代器遍历容器元素；
- 理解函数对象的概念及用法；
- 熟练使用STL的常用算法；
- 通过编程实践，加深对STL中各种组件的理解，提升使用STL解决实际问题的能力。

16.1 STL编程思想

在前面章节中反复出现了相同的概念，如循环、字符串、数组、排序等非类版本的容器和算法，用它们来编写程序效率不高且容易出错。当需要编写一个通用的类或算法时，C++语言中有没有不需要程序开发者自己编写，可直接使用的类或算法呢？幸运的是，C++语言为用户提供了完美的解决方案，即STL。

STL是一些常用的数据结构（如动态数组、链表）和算法（如排序、查找）的模板的集合。STL由惠普实验室的亚历山大·斯特潘诺夫（Alexander Stepanov）、孟戈·李（Meng Lee）和大卫·R. 马瑟（David R. Musser）设计开发，于1998年被正式纳入C++标准。STL是经过专家精心设计和测试的，运行效率很高，其缺点是本身很复杂，对初学者并不友好，因为STL中所有内容都是模板化的（比较抽象）。

STL的设计思想深刻影响了现代C++编程，其核心内容包括泛型编程、数据结构与算法的分离、迭代器的使用、多样化的容器、高效的算法以及灵活的函数对象。本节将对这些核心编程思想进行介绍。

1. 泛型编程

泛型编程是一种编程范式，它侧重于编写与数据类型无关的代码。泛型编程是STL设计的基石。通过模板，STL实现了代码与数据类型无关，使得同一套代码可以用于不同的数据类型。这种设计方法极大地提高了代码的复用性和灵活性。在STL中，无论是容器还是算法，都是通过模板来实现的。这意味着，当用户使用STL时，不需要为每种数据类型编写不同的代码，只需要使用模板，就可以在编译时自动生成适应特定数据类型的代码。

泛型编程的另一个重要优势是类型安全。由于数据类型是在编译时确定的，因此可以在编译时检查类型错误，避免了运行时类型错误的风险。此外，泛型编程还可以提高程序性能，因为编译生成的代码是针对特定数据类型的，编译器可以充分利用数据类型的特性进行优化。

2. 数据结构与算法的分离

STL的设计原则之一是数据结构与算法的分离。这意味着算法是独立于数据结构的，可以在任何支持相应操作的数据结构上运行。这种设计方式提高了代码的复用性和模块化。在STL中，算法被设计为通用的函数模板，可以接收任何支持迭代器遍历的容器作为输入，而容器提供了存储和管理数据的方法，以及支持算法操作所需的迭代器接口。

数据结构与算法的分离使得用户可以灵活地组合不同的数据结构和算法，以满足不同的需求。例如，用户可以使用std::sort()算法对std::vector（向量）、std::deque（双端队列）等容器进行排序，而不需要为每个容器类型重写排序算法。这种设计方式不仅提高了代码的复用性，还使得用户可以更容易地替换或扩展数据结构和算法。

3. 容器

在STL中，容器是一种用来存储、管理数据的对象并为存储的数据提供访问的接口。容器可以保存各种数据类型的对象，包括用户自定义类型的对象。一个容器中被存储的对象必须是同一种数据类型，称为容器的元素。

STL提供了多种容器，如std::vector、std::list（链表）、std::deque、std::map（映射表）等。每种容器都提供特定的数据存储和访问方式，以满足不同的需求。容器的设计充分考虑了运行效率和易用性。例如，std::vector支持随机访问，适合需要频繁访问容器中元素的场景；而std::list支持快速插入和删除，适合需要频繁修改容器中元素的场景。

容器的设计还体现了STL的封装和抽象思想。容器内部实现了数据的存储和管理逻辑，而对外部提供了简洁易用的接口。这种设计方式使得用户可以更加方便地使用容器，而不需要关心容器的内部实现细节。同时，容器还提供了丰富的成员函数和运算符重载，使得用户可以更加灵活地进行容器操作。

4. 迭代器

迭代器是用来访问和遍历容器中元素的类模板。迭代器类似于指针，但它是一个抽象的概念。迭代器支持多种操作，如递增、递减、比较、解引用等，通过迭代器，用户可以用统一的形式访问不同数据类型的容器元素，而不需要关心容器的具体实现。迭代器是算法和容器之间的桥梁，STL提供的算法通过迭代器遍历容器中的元素。

迭代器的实现方式主要有两种：输入迭代器和输出迭代器。输入迭代器用于读取容器内的元素，而输出迭代器用于向容器内写入元素。在STL中，不同类型的容器提供了不同类型的迭代器，以满足不同的需求。例如，std::vector提供了随机访问迭代器，支持随机访问元素；而std::list提供了双向迭代器，支持双向遍历元素。

5. 算法

STL中的算法是函数模板的集合，它提供了执行常见任务（如排序、搜索、合并等）的方法。算法的设计遵循高效和通用的原则，不依赖于容器的实现细节，算法被实现为通用的函数模板，可以应用在任何支持迭代器遍历的容器上。算法的使用简化了代码，提高了开发效率。同时，算法还提供了丰富的定制选项，如自定义操作规则、自定义比较函数等，使得用户可以更加灵活地应用算法。

6. 函数对象

函数对象（function object），也称仿函数（functor），是一种重载了运算符“( )”的对象。这使得函数对象可以像函数一样被调用，但比函数更加灵活。函数对象在STL中被广泛用于定制操作，如自定义排序准则等。通过函数对象，用户可以将操作和数据紧密地结合在一起，实现更加灵活和高效的操作。STL中的大多数算法支持使用函数对象作为参数，以达到实现某种数据操作的目的。

16.2 容　　器

STL容器是一组类模板，用来存放数据，是对数据结构的封装。这些容器能够动态地存储和管理数据，并支持多种操作，如插入、删除和查找等。根据不同的存储需求和数据结构特性，STL容器被划分为两大类：序列容器（sequence container）和关联容器。

16.2.1　序列容器

序列容器以线性方式存储数据，即容器中的元素之间存在顺序关系，但这种顺序与元素的值无关，容器不会自动对存储的元素进行排序。序列容器主要包括vector、list、deque、forward_list等。

1. vector

vector是一种长度可变的动态数组，它能够自动分配空间，并支持随机访问和顺序访问。vector适用于容器大小需要频繁变动的场景，如存储动态数据。vector的底层实现为动态数组，存储空间连续，因此支持高效的随机访问。然而，在vector中间或头部插入/删除元素的效率较低。使用vector时，需要包含头文件vector。vector的存储结构如图 16-1 所示（单端数组）。

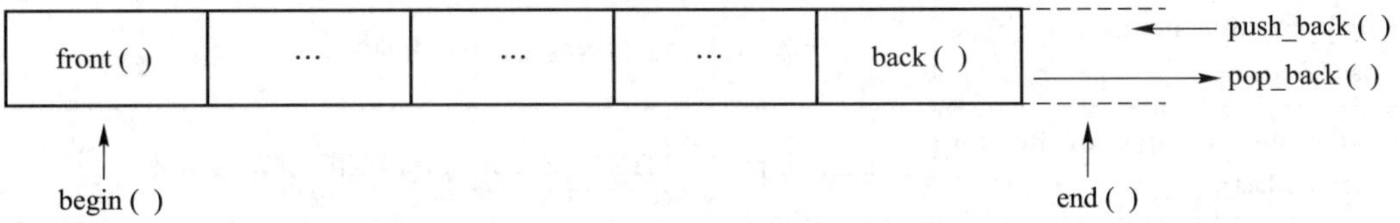

图 16-1　vector的存储结构

vector模板类提供了许多对vector对象进行操作的成员函数，包括创建vector对象、访问元素、修改向量大小、插入和删除元素、获取向量属性和交换向量内容等。vector常见的成员函数如表 16-1 所示。

表 16-1　vector常见的成员函数

成员函数	作用
vector( );	默认构造函数，创建一个空向量

续表

成员函数	作用
vector(size_type n, const T& val);	创建一个包含n个元素的向量，所有元素都被初始化为val
vector(const vector& x);	拷贝构造函数，创建一个新向量，作为x的副本
vector(iterator first, iterator last);	范围构造函数，创建一个新向量，包含[first, last)范围内的元素副本
vector& operator=(const vector& x);	赋值运算符，将x的内容赋值给当前向量
iterator begin( );	返回指向向量中第一个元素的迭代器
iterator end( );	返回指向向量中最后一个元素之后的迭代器
reverse_iterator rbegin( );	返回指向向量中最后一个元素的反向迭代器
reverse_iterator rend( );	返回指向向量中第一个元素之前的反向迭代器
size_type size( ) const;	返回向量中元素的数量
size_type capacity( ) const;	返回向量当前分配的存储单元能够容纳的元素数量
bool empty( ) const;	检查向量是不是空
void resize(size_type n, const T& val);	改变向量的大小。如果新的大小值大于当前大小值，则添加新元素（初始化为val）；如果新的大小值小于当前大小值，则删除多余的元素
reference at(size_type pos);	返回pos位置的元素的引用，进行范围检查
reference operator[ ](size_type pos);	返回pos位置的元素的引用，不进行范围检查
reference front( );	返回向量中第一个元素的引用
reference back( );	返回向量中最后一个元素的引用
void push_back(const T& value);	在向量末尾添加元素的一个副本
void pop_back( );	移除向量末尾的元素
iterator insert(iterator pos, const T& val);	在迭代器pos指向的位置插入元素的一个副本，并返回指向新插入元素的迭代器
iterator insert(iterator pos, size_type n, const T& value);	在迭代器pos指向的位置插入n个元素的副本
iterator insert(iterator pos, iterator first, iterator last);	在迭代器pos指向的位置插入[first, last)范围内的元素副本
iterator erase(iterator pos);	移除迭代器pos指向的元素，并返回指向被移除元素之后元素的迭代器
iterator erase(iterator first, iterator last);	移除[first, last)范围内的所有元素，并返回指向last之后元素的迭代器
void swap(vector& x);	交换两个向量的内容
void clear( );	移除向量中的所有元素，使向量变为空，但不改变向量的容量

例 16.1 向量基本操作，添加、访问、插入与删除元素。

```
#include <vector>
```

```
#include <iostream>
// 函数模板，用来遍历向量
template <typename T>
void printVector(const std::vector<T> &v){
    for(size_t i = 0; i < v.size( ); ++i){
        std::cout << v[i] << ' ';
    }
    std::cout << std::endl;
}
int main( ){
    std::vector<int> v;      //使用默认构造函数，创建向量
    // 尾部插入元素
    v.push_back(10);
    v.push_back(20);
    v.push_back(30);
    v.push_back(40);
    // 访问元素
    std::cout << "使用下标访问第一个元素: " << v[0] << std::endl;
    std::cout << "使用成员函数访问第一个元素: " << v.front( ) << std::endl;
    std::cout << "使用成员函数访问最后一个元素: " << v.back( ) << std::endl;
    std::cout << "元素个数: " << v.size( ) << std::endl;
    std::cout << "容器中的元素:";
    printVector(v);
    // 插入元素
    v.insert(v.begin( )+1, 15);                 // 在第二个位置插入15
    // 删除元素
    v.erase(v.begin( ) + 2);                    // 删除第三个元素(索引为2的元素)
    std::cout << "修改后的容器元素:";
    printVector(v);
    v.clear( );                                 // 清空向量
    return 0;
}
```

运行结果:

```
使用下标访问第一个元素: 10
使用成员函数访问第一个元素: 10
使用成员函数访问最后一个元素: 40
元素个数: 4
容器中的元素:10 20 30 40
修改后的容器元素:10 15 30 40
```

例 16.2 向量基本操作，初始化，在给定范围内插入与删除元素。

```
#include <vector>
#include <iostream>
// 函数模板，用来遍历向量
template <typename T>
void printVector(const std::vector<T> &v) {          // 使用for循环遍历向量中的所有元素
    for(T val : v){
        std::cout << val << ' ';
    }
    std::cout << std::endl;
}
int main( ) {
    int a[5] = {10, 20, 30, 40, 50};
    std::vector<int> v(a, a + 5);                   // 使用数组a初始化vector v
    v.pop_back( );                                  // 删除向量的最后一个元素
    std::cout << "容器中的元素:";
    printVector(v);                                 // 调用函数模板打印向量中的元素
    // 使用insert( )函数在v.begin( )+2位置插入元素，即第三个位置
    // 插入a + 1到a + 3之间的元素，即20和30
```

```
    v.insert(v.begin( ) + 2, a + 1, a + 3);
    // 使用erase( )函数删除v.begin( )位置的元素，即第一个元素
    v.erase(v.begin( ));
    std::cout << "修改后容器中的元素：";
    printVector(v);
    return 0;
}
```

运行结果：

```
容器中的元素：10 20 30 40
修改后容器中的元素：20 20 30 30 40
```

说明：本例首先初始化一个std::vector<int>类型的向量v，并用数组a初始化，然后使用printVector( )函数模板打印其内容。程序在向量的第三个位置插入两个元素（20和30），接着删除向量的第一个元素，再次使用printVector( )函数模板打印修改后的向量内容。

例 16.3 修改例16.2，使用迭代器进行操作。

```
#include <vector>
#include <iostream>
// 函数模板，使用迭代器遍历向量
template <typename T>
void printVector(const std::vector<T> &v) {
    for (auto it = v.begin( ); it != v.end( ); ++it) {
        // it为const_iterator(常量迭代器)
         std::cout << *it << ' ';
    }
    std::cout << std::endl;
}
int main( ) {
    int a[5] = {10, 20, 30, 40, 50};
    std::vector<int> v(a, a + 5);
    v.pop_back( );
    std::cout << "容器中的元素：";
    printVector(v);
    // 使用迭代器insert( )函数在指定位置插入元素
    auto it = v.begin( ) + 2;              // 获取第三个位置的迭代器
    v.insert(it, a + 1, a + 3);            // 在第三个位置插入a + 1到a + 3之间的元素
    // 使用erase( )函数删除指定位置的元素
    v.erase(v.begin( ));                   // 删除第一个元素
    std::cout << "修改后容器中的元素：";
    printVector(v);
    return 0;
}
```

说明：本例的程序使用迭代器来遍历和修改向量。printVector( )函数使用迭代器it遍历容器中的元素。这里使用关键字auto自动识别it的类型，实际上it为迭代器变量，类型为std::vector<int>::iterator。在main( )函数中，使用迭代器it指定插入元素的位置，并使用v.insert(it,a+1,a+3)在指定位置插入元素。删除元素的操作仍然使用v.erase(v.begin( ))来删除第一个元素。有关迭代器的内容将在16.3节做详细介绍。

例 16.4 输入若干英文单词（输入exit时结束），按字典顺序排列输出。

```
#include <vector>
#include <string>
#include <iostream>
#include <algorithm>
using namespace std;
```

```
// 函数模板，使用迭代器遍历向量并打印每个元素
template <typename T>
void printVector(const std::vector<T> &v) {
    for(auto it = v.begin( ); it != v.end( ); ++it) {
        cout << *it << endl;
    }
}
int main( ) {
    vector<string> v;
    string word;
    cout << "Enter words(type 'exit' to finish): " << endl;
    while(cin >> word){
        if(word == "exit"){          // 如果用户输入'exit'，则结束输入循环
          break;
        }
        v.push_back(word);
    }
    sort(v.begin( ), v.end( ));      // 使用sort( )函数对向量进行排序
    printVector(v);                  // 打印排序后的向量
    return 0;
}
```

运行结果：

```
Enter words (type 'exit' to finish):
yellow↙
purple↙
brown↙
pink↙
green↙
exit↙
brown
green
pink
purple
yellow
```

总的来说，C++语言中的vector是一种非常实用的容器，它提供了动态数组的功能，并支持数据随机访问。然而，它也有一些缺点，如可能的额外内存开销和在插入或删除元素时的性能问题。在选择使用vector时，需要权衡其优点和缺点，并根据具体的应用场景做出决策。

2. deque

deque是一种序列容器，能够自动分配内存空间，并支持数据随机访问和顺序访问。它允许在容器的前端和后端高效地插入和删除元素，适用于对序列首元素或尾元素进行频繁添加、删除和遍历的场景。deque的底层实现为双端队列，存储空间连续，支持高效的随机访问，头部和尾部的插入/删除操作的效率都很高。使用deque需包含头文件deque。

deque和vector有很多类似的地方，所有适用于vector的操作都适用于deque。但vector在头部删除或添加元素的速度很慢，在尾部添加元素的性能较好，而deque在头部或尾部增删元素都具有较好的性能（大多数情况下都能在常数时间复杂度内完成）。deque的存储结构如图 16-2 所示。

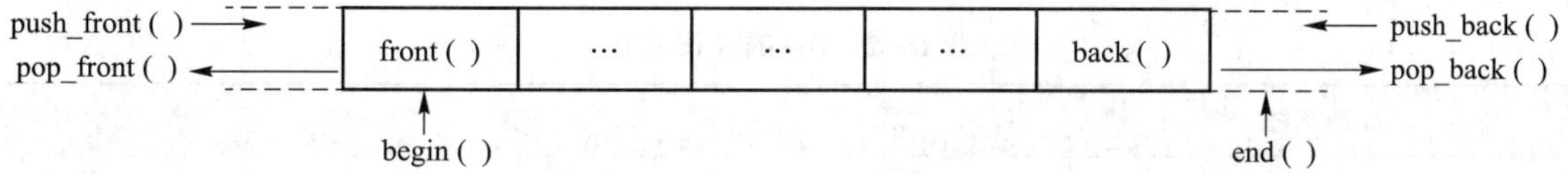

图 16-2　deque的存储结构

deque有如下两个vector没有的成员函数：

```
void push_front(const T &val);                    // 将val插入队列的头部
void pop_front( );                                // 删除队列头部的元素
```

例 16.5 使用deque实现一个简单的队列。

```
#include <iostream>
#include <deque>
// 函数模板，使用迭代器遍历队列并打印每个元素
template <typename T>
void printDeque(const std::deque<T> &dq) {
    for(auto it = dq.begin( ); it != dq.end( ); ++it){
        std::cout << *it << " ";
    }
}
int main( ) {
    std::deque<int> queue;
    // 添加元素到队列
    queue.push_back(10);
    queue.push_back(20);
    queue.push_back(30);
    std::cout << "队列中的元素：";
    printDeque(queue);                            // 遍历队列
    std::cout << "\n";
    // 从队列前端移除元素
    if(!queue.empty( )){
       queue.pop_front( );                        // 队列不空，则出队一个元素
    }
    std::cout << "移除一个元素后的队列：";
    printDeque(queue);                            // 再次遍历队列
    std::cout << "\n";
    return 0;
}
```

运行结果：

```
队列中的元素：10 20 30
移除一个元素后的队列：20 30
```

说明：在本例中，使用deque来模拟一个队列，其中使用成员函数push_back( )从队列的一端添加元素（入队），并使用pop_front( )将元素从另一端移除（出队）。

3. list

list允许使用非连续的内存空间来存储元素，这与vector、deque必须用连续的内存空间来存储元素不同。list的底层实现为双向链表，不支持数据随机访问，但任意位置的插入/删除操作的效率都很高，适用于需要对元素进行频繁添加、删除等操作的场景。使用list需包含头文件list。

list模板类提供了丰富的成员函数，这些函数的功能与vector的成员函数类似。除此之外，list还提供了独有的成员函数。list的成员函数如表16-2所示（表中只是列出了成员函数的常用形式，多数成员函数有重载形式，要深入了解STL，请查阅专门的STL手册或参考文献）。

表 16-2 list的成员函数

成员函数	作用
void push_front(const T &val)	将val插入链表的最前面
void pop_front( )	删除链表最前面的元素

续表

成员函数	作用
void unique( )	移除链表中相邻的重复元素，只保留每个重复元素组中的第一个元素
void sort( );	对list中的元素进行排序，元素类型必须支持比较操作
void remove_if (predicate pred);	从链表中移除所有使谓词pred返回true的元素。pred可以是一个返回bool型的函数或可调用对象
void reverse( );	反转链表中元素的顺序
void merge (list& x);	将链表x合并进来并清空链表x。要求链表自身与链表x都是有序的
void remove (const T& val);	删除与val相等的元素
void splice(iterator pos, list& x)	将链表x中的所有元素插入调用该函数的链表的pos位置，链表x会被清空
void splice(iterator pos, list& x, iterator first, iterator last)	将链表x中[first, last)位置的元素插入调用该函数的链表的pos位置，x中对应位置的元素将被移除

链表中的元素称为节点，链表由若干节点构成，每个节点都包括一个数据块（实际存储的数据）、一个前驱指针和一个后继指针，这些节点存储在非连续的内存空间中，并且由指针将有序的元素连接起来。链表的存储结构如图 16-3 所示。

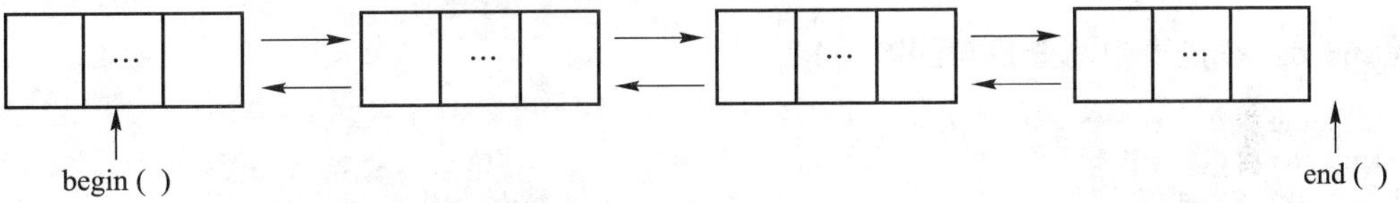

图 16-3 链表的存储结构

链表的元素没有下标，不支持随机迭代器，不能对其使用sort( )算法，但可以使用链表的成员函数sort( )来实现排序。链表支持双向迭代器，可以使用迭代器遍历链表。

例 16.6 向链表中添加元素与遍历。

```
#include <iostream>
#include <list>
// 函数模板，用来遍历链表
template <typename T>
void printList(const std::list<T> & L) {
    for(T elem : L) {
        std::cout << elem << " ";           // 类型T需支持运算符“<<”
    }
    std::cout << "\n";
}
int main( ) {
    std::list<int> my_list;
    my_list.push_back(10);                  // 向链表末尾添加元素 10
    my_list.push_back(20);                  // 向链表末尾添加元素 20
    my_list.push_front(5);                  // 向链表开头添加元素 5
    printList(my_list);                     // 遍历链表并打印元素
    return 0;
}
```

运行结果：

```
5 10 20
```

说明：程序包含一个模板函数printList( )，该函数接收一个std::list类型的引用参数，并遍历这个链表，打印出其中的所有元素。在main( )函数中，程序创建了一个std::list<int>类型的列表my_list，并向其中添加了三个整数10、20和5，然后使用printList( )函数打印my_list中的所有元素。

例 16.7 在链表的头和尾删除元素并遍历链表。

```
#include <iostream>
#include <list>
// 函数模板，使用迭代器来遍历链表
template <typename T>
void printList(const std::list<T> & L){
    for(auto it = L.begin( ); it != L.end( ); ++it){
        std::cout << *it << " ";    // 类型T需支持运算符“<<”
    }
    std::cout << "\n";
}
int main( ) {
    std::list<int> my_list = {10, 20, 30, 40, 50};
    my_list.pop_front( );           // 删除第一个元素
    my_list.pop_back( );            // 删除最后一个元素
    printList(my_list);             // 遍历链表并打印元素
    return 0;
}
```

例 16.8 在链表中间查找与删除元素。

```
#include <iostream>
#include <list>
#include <algorithm>                                    // 为了引入std::find( )
// 函数模板，使用迭代器来遍历链表
template <typename T>
void printList(const std::list<T> & L) {
    for(auto it = L.begin( ); it != L.end( ); ++it) {
        std::cout << *it << " ";                        // 类型T需支持运算符“<<”
    }
    std::cout << "\n";
}
int main( ){
    std::list<int> my_list = {10, 20, 30, 40, 50};
    std::list<int>::iterator it;                        // 定义迭代器变量
    it = std::find(my_list.begin( ), my_list.end( ), 20);  // 查找值为20的元素
    if(it != my_list.end( )){                           // 如果找到了，就删除它
        it = my_list.erase(it);
        printList(my_list);          // 遍历链表并打印元素
        // 如果想查找并确认是否删除成功，可以再次查找
        if(std::find(my_list.begin( ), my_list.end( ), 20) == my_list.end( )){
            std::cout << "Element 20 has been successfully removed." << std::endl;
        }
    }else{
        std::cout << "Element 20 not found." << std::endl;
    }
    return 0;
}
```

运行结果：

```
10 30 40 50
Element 20 has been successfully removed.
```

说明：本例使用find( )函数查找值等于给定值的元素，若找到，则返回指向元素的迭代

器，否则返回指向表尾的迭代器 my_list.end( )。

例 16.9 链表的排序、反转、合并与删除连续的重复元素。

```
#include <iostream>
#include <list>
// 函数模板，用范围for循环来遍历链表
template <typename T>
void printlist(const std::list<T> & L){
    for(T elem : L) {
         std::cout << elem << " ";              // 类型T需支持运算符“<<”
    }
    std::cout << "\n";
}
int main( ){
    std::list<int> my_list = {4, 3, 8, 5, 3, 3, 9, 1};
    // 反转
    my_list.reverse( );                         // 现在my_list是{1 9 3 3 5 8 3 4}
    // 排序
    my_list.sort( );                            // 现在my_list是{1 3 3 3 4 5 8 9}
    // 删除连续的重复元素
    my_list.unique( );                          // 现在my_list是{1 3 4 5 8 9}
    // 创建另一个list用于合并
    std::list<int> another_list = {6, 7, 2, 3};
    another_list.sort( );                       // 先排序，以便合并时保持顺序
    // 合并两个list
    my_list.merge(another_list);                // 现在my_list是{1 2 3 3 4 5 6 7 8 9}
    printlist(my_list);                         // 打印合并结果
    return 0;
}
```

4. forward_list

forward_list（单链表）是 C++11 标准库中引入的一种序列容器，它是基于单向链表实现的。forward_list 每个节点仅包含指向下一个节点的指针，所以只能向后迭代。与 list 类似，forward_list 不支持通过索引直接访问元素，访问任意元素都需要从头节点开始遍历。由于 forward_list 的每个节点少存储一个指针，因此在不需要对序列双向迭代时，forward_list 的空间利用率更高。forward_list 适合在不需要随机访问且对插入和删除操作的效率要求较高的场景中使用。单链表的存储结构如图 16-4 所示。

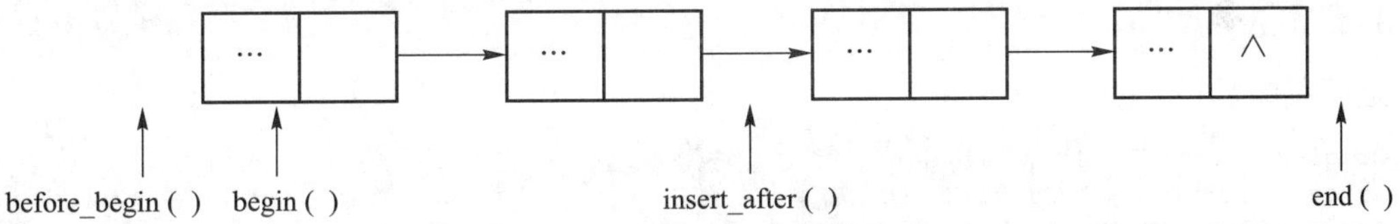

图 16-4　单链表的存储结构

forward_list 是单向链表结构，不支持 insert( ) 函数和 erase( ) 函数，但它提供了一些自己特有的成员函数，forward_list 的成员函数如表 16-3 所示。

表 16-3　forward_list 的成员函数

成员函数	作用
iterator insert_after(const_iterator pos, const T& value);	在给定位置之后插入一个新元素，并返回指向新元素的迭代器
iterator erase_after(const_iterator pos);	删除给定位置之后的元素，并返回指向被删除元素之后元素的迭代器

续表

成员函数	作用
iterator before_begin( ) const;	返回一个指向链表首元素之前的虚拟节点的迭代器
const_iterator cbefore_begin( ) const;	返回一个指向链表首元素之前的虚拟节点的常量迭代器

例 16.10 在单链表中插入与删除元素。

```
#include <iostream>
#include <forward_list>
template <typename T>
void printForward_list(const std::forward_list<T> &L){
     for(auto it = L.begin( );it != L.end( ); ++it){
          std::cout << *it << " ";
     }
     std::cout << "\n";
}
int main( ) {
     // 创建一个单链表
     std::forward_list<int> my_list = {10, 20, 30, 40, 50};
     // 显示原始单链表元素
     std::cout << "Original list: ";
     printForward_list(my_list);
     // 使用insert_after 在第二个元素后插入一个新元素 25
     std::forward_list<int>::iterator it;
     it = my_list.before_begin( );           // 获取首前迭代器
     std::advance(it, 2);                    // 将迭代器向前移动 2 个位置，指向第二个元素
     my_list.insert_after(it, 25);           // 在第二个元素后插入 25
     // 显示插入后的单链表元素
     std::cout << "After insertion: ";
     printForward_list(my_list);
     // 使用erase_after删除第三个元素后的元素(30)
     it = my_list.before_begin( );           // 再次获取首前迭代器
     std::advance(it, 3);                    // 将迭代器向前移动 3 个位置，指向第三个元素
     my_list.erase_after(it);                // 删除第三个元素后的元素
     // 显示删除后的单链表内容
     std::cout << "After deletion: ";
     printForward_list(my_list);
     return 0;
}
```

运行结果：

```
Original list: 10 20 30 40 50
After insertion: 10 20 25 30 40 50
After deletion: 10 20 25 40 50
```

说明：

（1）程序演示了如何使用std::forward_list，它首先创建一个包含整数的单链表，然后使用insert_after( )函数在指定位置后插入元素，最后使用erase_after( )函数删除指定位置后的元素。程序通过自定义的模板函数printForward_list( )来打印链表的内容。

（2）advance( )为迭代器成员函数，原型为void advance (InputIterator& it, Distance n);，作用是将迭代器前进n个元素的位置。

16.2.2　关联容器

C++语言中的关联容器是一种非常实用的数据结构，它主要用于存储键值对（key-value pairs），并允许根据键快速访问值。关联容器的内部通常通过平衡二叉树（如红黑树）或哈希表等数据结构实现，以确保支持高效的元素查找、插入和删除操作。

关联容器的内部元素是有序排列的，但不能修改容器中元素的值。

在关联容器的内部元素或键之间比较大小，默认使用“<”运算符，所以在STL中使用用户自定义类型时，需要对“<”运算符进行重载（如果使用greater<>比较器，就需重载大于运算符“>”，且注意让比较函数在比较相同元素时返回false）。

C++标准库提供了4种主要的关联容器std::map、std::set（集合）、std::multimap和std::multiset，以及它们的无序版本std::unordered_map、std::unordered_set、std::unordered_multimap和std::unordered_multiset。本节将详细探讨这些关联容器的特性和用法。

1. set与multiset

set是关联容器的一种，它不能包含重复元素，并且其中的元素是排好序的。set不能直接修改其中元素的值，因为元素被修改后，容器并不会自动重新调整元素的顺序，这会导致容器的有序性被破坏，之后在其上进行查找等操作就会得到错误的结果。因此，如果要修改set中某个元素的值，正确的做法是先删除该元素，再插入新元素。

set支持双向迭代器（不支持随机迭代器），在插入和删除元素时，需要特别注意这一点。

multiset与set类似，但它可以保存重复元素。

使用set与multiset时，应包含头文件set。

对set与multiset的操作主要包括创建对象、插入元素、删除元素、查找元素等。下面介绍set支持的基本操作，multiset支持的操作与set类似，在此不再重复讨论。

1）创建对象

set模板类重载了多个构造函数，创建set对象有如下5种方式：

```
set<T> s;                    // 创建一个空的set对象s，元素默认升序排列
set<T, op> s;                // 创建一个空的set对象s，元素按op规则排列
set<T> s(first, last);
// 创建一个set对象s，用[first, last)区间的元素为s初始化，元素默认按升序排列
set<T, op> s(first, last);
// 创建一个set对象s，用[first, last)区间的元素为s初始化，元素按op规则排列
set<T> s(s1);                // 创建一个set对象s，用另一个容器s1为s初始化
```

说明：op为排序规则，如果没有指定排序规则，则默认规则为less<T>，即容器中的元素按升序排列；若指定排序规则为greater<T>，则容器中的元素按降序排列。less<T>、greater<T>是STL中定义的函数对象，包含在头文件functional中。若T是自定义的数据类型，则用户需要自定义op，op可以是函数对象或函数指针。

例如：

```
set<int> s1;
set<int, greater<int>> s2;
set<float, less<float>> s3;
set<string, greater<string>> s4;
```

2）元素的插入与遍历

set提供成员函数insert()，用来向容器中插入元素，其包含如下三种形式：

```
insert(val);                 // 在集合中插入元素val
insert(pos, val);            // 在迭代器的pos位置插入元素val
```

```
insert(first, last); // 在集合中插入[first, last)区间的元素
```

可以使用基于范围的for循环或迭代器遍历集合，set支持双向迭代器。

例 16.11 集合的创建、向集合插入元素与遍历集合。

```
#include <iostream>
#include <set>
// 定义一个比较函数
bool cmp(int left, int right){
    return left < right;
}
// 定义一个比较类(仿函数)
class Cmp {
public:
    bool operator( )(const int& left, const int& right)const{
        return left < right;
    }
};
// 定义模板函数，用于打印集合中的元素
template <typename T, typename Cmp = std::less<T>>
void printSet(const std::set<T, Cmp>& s){
    for(const auto& elem : s) {
        std::cout << ' ' << elem;
    }
    std::cout << '\n';
}
int main( ) {
    std::set<int> first;                                    // 创建一个空的int型集合
    first.insert(1);
    first.insert(3);
    first.insert(5);
    std::cout << "First container:";
    printSet(first);

    int arr[] = {10, 20, 30, 40, 50};
    std::set<int> second(arr, arr + 5);                     // 使用数组初始化一个集合
    second.insert(25);
    std::cout << "Second container:";
    printSet(second);

    std::set<int> third(second);    // 使用second初始化third，创建一个second的副本
    std::set<int>::iterator it = third.begin( );
    third.insert(it, 55);
    std::cout << "Third container:";
    printSet(third);

    std::set<int> fourth(second.begin( ), second.end( ));   // 使用迭代器范围来初始化fourth
    fourth.insert(60);
    std::cout << "Fourth container:";
    printSet(fourth);

    std::set<int, Cmp> fifth;                               // 使用Cmp作为比较类来初始化fifth
    fifth.insert(7);
    fifth.insert(2);
    fifth.insert(9);
    std::cout << "Fifth container:";
    printSet(fifth);

    bool (*fp)(int, int) = cmp;                            // 定义一个函数指针fp，指向cmp( )函数
    std::set<int, bool(*)(int, int)> sixth(fp);    // 使用函数指针fp作为比较函数来初始化sixth
    sixth.insert(4);
```

```
    sixth.insert(8);
    sixth.insert(0);
    sixth.insert(first.begin( ), first.end( ));          // 插入first的迭代器范围内的元素
    std::cout << "Sixth container:";
    printSet(sixth);
    return 0;
}
```

运行结果：

```
First container: 1 3 5
Second container: 10 20 25 30 40 50
Third container: 10 20 25 30 40 50 55
Fourth container: 10 20 25 30 40 50 60
Fifth container: 2 7 9
Sixth container: 0 1 3 4 5 8
```

说明：本程序演示了C++语言中std::set的使用，包括如何创建set对象、插入元素、遍历并打印元素，以及如何使用自定义的比较函数和比较类来初始化set对象（有关函数对象的详细说明见 16.4.2 节）。

3）删除元素

set提供成员函数erase( )，用来删除容器中的元素，其包含如下三种形式：

```
erase(val);                     // 删除值为val的元素
erase(pos);                     // 删除迭代器pos位置的元素
erase(first, last);             // 删除[first, last)区间的元素
```

注意：对于multiset，执行erase(val)函数将删除其中所有值为val的元素。

例 16.12 在集合中删除元素与反向遍历集合。

```
#include <iostream>
#include <set>
int main( ){
    std::set<int> s;                                          // 创建一个空的整数集合s
    // 向s中插入元素
    s.insert(1);
    s.insert(8);
    s.insert(6);
    s.insert(3);
    s.insert(5);
    // 输出原始集合，使用反向迭代器从大到小遍历
    std::cout << "Original set: ";
    std::set<int>::reverse_iterator rit;                      // 定义一个反向迭代器
    for(rit = s.rbegin( ); rit != s.rend( ); ++rit) {         // 从集合的末尾开始遍历到开头
        std::cout << *rit << " ";                             // 输出当前元素
    }
    std::cout << "\n";
    // 从集合中删除元素 5 和集合的第一个元素
    s.erase(5);
    s.erase(s.begin( ));
    // 输出删除元素后的集合
    std::cout << "Set after deletion: ";
    for(auto elem : s) {                                      // 使用范围for循环遍历集合
        std::cout << elem << " ";
    }
    std::cout << "\n";
    return 0;
}
```

运行结果：

```
Original set: 8 6 5 3 1
Set after deletion: 3 6 8
```

说明：程序首先创建了一个空的整数集合s，并向其中插入了5个整数。然后，它使用反向迭代器从大到小输出集合中的元素。最后，程序从集合中删除了元素5和集合的第一个元素，并再次输出修改后的集合。

4）查找元素与统计

set提供成员函数find( )，用来在容器中查找元素，其形式如下：

```
iterator find (const value_type& val) const;
```

作用：在容器中搜索与val等值的元素，如果找到，则返回指向该元素的一个迭代器，否则返回一个尾迭代器。对于multiset，find( )函数是查找值为val的第一个元素。

成员函数count( )用于统计容器中值为val的元素的个数。对于集合，count( )函数的返回值只能是1或0，而对于multiset，count( )函数的返回值可能大于1。count( )函数的一般形式如下：

```
size_t count (const value_type& val) const;
```

例 16.13 在集合中查找元素。

```
#include <iostream>
#include <set>
int main( ){
    std::set<int> s;                                    //创建一个整数型的集合s
    // 使用循环插入5个元素到集合中，分别是10、20、30、40、50
    for(int i = 1; i <= 5; ++i) {
        s.insert(i * 10);
    }
    std::cout << "集合中值为20的元素个数：";
    std::cout << s.count(20) << std::endl;
    std::cout << "集合中元素的个数：";
    std::cout << s.size( ) << std::endl;
    std::set<int>::iterator it;                         // 定义一个迭代器it
    it = s.find(20);                                    // 查找集合中值为20的元素，并用it指向它
    s.erase (it);                                       // 删除集合中值为20的元素
    s.erase (s.find(40));                               // 直接删除集合中值为40的元素
    std::cout << "删除元素后的集合：";
    for(it =s.begin( ); it != s.end( ); ++it)          // 输出删除元素后的集合中的内容
        std::cout << ' ' << *it;
    std::cout << '\n';
    return 0;
}
```

运行结果：

```
集合中值为20的元素个数：1
集合中元素的个数：5
删除元素后的集合：10 30 50
```

说明：程序首先创建了一个整数型的集合s，使用循环向其中插入了5个整数（10，20，30，40，50）。其次，程序使用count( )函数输出集合中值为20的元素个数，由于集合中元素的唯一性，其结果应为1。再次，程序输出集合的大小，即集合中元素的个数，此时结果应为5。

接下来，程序使用find( )函数找到集合中值为20的元素，然后通过erase( )函数将其删除。程序还直接删除了集合中值为40的元素。最后，程序输出删除元素后的集合中的内容，即剩余的元素（10，30，50）。

5）自定义比较函数

在例16.11中，程序已经演示了在定义容器对象时指定比较规则，比较规则可以是比较函数，也可以是比较类（重载了函数调用运算符的类）。在默认情况下，集合是按照键值由小到大的顺序插入元素。但在许多情况下，用户需要自己编写比较函数。

（1）若元素的数据类型不是结构体或类，那么可以直接编写比较函数。

例16.14 输入若干字符串（按Ctrl+Z组合键结束），按逆字典序输出。

```
#include <iostream>
#include <set>
#include <string>
// 定义一个结构体Compare，用于定义集合中元素的比较规则
struct Compare {
   // 重载"( )"运算符，使其能够接收两个字符串参数，并返回一个布尔值
   bool operator( )(const std::string& a, const std::string& b) const {
        return a > b;
   }
};
int main( ) {
    // 创建一个使用自定义比较规则Compare的字符串集合my_set
    std::set<std::string, Compare> my_set;
    std::string str;
    // 使用循环从标准输入中读取字符串，并将其插入my_set中
    while(std::cin >> str) {
         my_set.insert(str);
    }
    // 定义一个迭代器it，用于遍历my_set
    std::set<std::string, Compare>::iterator it;
    // 使用迭代器遍历集合，并输出集合中的每个元素
    for(it = my_set.begin( ); it != my_set.end( ); ++it) {
        std::cout << *it << "\n";
    }
    return 0;
}
```

运行结果：

```
say↙
tell↙
speak↙
talk↙
^Z↙
tell
talk
speak
say
```

说明：

①程序首先定义了一个结构体Compare，用于定义集合中元素的比较规则（定义了字符串的大于关系作为比较规则），然后，创建了一个使用这种自定义比较规则的字符串集合my_set。

②程序执行循环语句，从标准输入中读取字符串，并将这些字符串插入my_set中。由于集合会自动根据比较规则对元素进行排序，因此插入的字符串会按照"大于"关系进行

排序。

③程序使用迭代器遍历my_set，并输出其中的每个元素。由于集合中的元素已经根据自定义的比较规则进行了排序，因此输出的字符串将按照"大于"关系的逆字典序进行排列（从大到小的顺序）。

（2）若元素的数据类型是结构体或类，则直接在结构体或类内重载关系运算符。

例 16.15 有若干学生的成绩，按成绩从高到低排序输出。

```
#include <iostream>
#include <set>
#include <string>
#include <functional>                        // 包含函数对象库，用于定义比较函数对象
// 定义一个结构体Student，包含学生的姓名和分数
struct Student {
    std::string name;                        // 学生姓名
    float score;                             // 学生分数
    // 重载大于运算符，用于比较两个学生的分数
    bool operator>(const Student &s) const {
        return score > s.score;              // 如果当前对象的分数大于s的分数，则返回true
    }
} stu[ ] = {{"Li", 78}, {"Zhang", 90}, {"Sun", 85}};
int main( ) {
    // 创建一个set对象，使用自定义的比较函数对象std::greater<Student>作为比较函数
    // 根据Student结构体的">"运算符进行排序，即分数从高到低排序
    std::set<Student, std::greater<Student>> my_set;
    for(int i = 0; i < 3; ++i) {
        my_set.insert(stu[i]);               // 将Student数组中的元素插入集合中
    }
    // 遍历集合，打印学生的姓名和分数
    for(auto e:my_set){
        std::cout << e.name << ", " << e.score << "\n";
    }
    return 0;
}
```

运行结果：

```
Zhang, 90
Sun, 85
Li, 78
```

说明：程序定义了一个Student结构体，重载了大于运算符（>），用于比较两个学生的分数。然后，程序创建了一个set对象，该集合使用自定义的比较函数对象std::greater<Student>进行排序，即根据分数从高到低排序。最后，程序将Student数组中的元素插入集合中，并遍历集合，打印学生的姓名和分数。

2. map与multimap

1）pair（二元组或对组）类模板

在C++语言中，pair是一个结构体模板，它提供了将数据类型可能不同的两个值存储为一个单一实体的能力，用来表示一个二元组或键值对。pair是定义在头文件utility中的。

pair类模板的定义大致如下：

```
template <class T1, class T2>
struct pair {
    T1 first;
    T2 second;
    pair( );                                 // 默认构造函数
```

```
    pair(const T1& a, const T2& b);                    // 构造函数
    pair(const pair& p);                               // 拷贝构造函数
    pair& operator = (const pair& p);                  // 重载赋值运算符
    bool operator == (const T1&a, const T2& b);        // 重载相等运算符
    …
};
```

pair的使用非常广泛，特别是在需要将两个值视为一个单一实体时，例如关联容器的一些成员函数的返回值为pair对象，而map和multimap容器中的元素都是pair对象。

pair对象一般通过构造函数定义，也可以通过函数模板make_pair( )生成，使用pair是通过引用其成员first、second来完成的。

例 16.16 pair对象的定义与引用。

```
#include <iostream>
#include <utility> // 包含pair的定义
int main( ){
    // 使用构造函数直接初始化
    std::pair<int, std::string> pair1(1, "one");
    std::cout << "Pair 1: " << pair1.first << ", " << pair1.second << std::endl;
    // 使用make_pair( )函数
    auto pair2 = std::make_pair(2, "two");
    std::cout << "Pair 2: " << pair2.first << ", " << pair2.second << std::endl;
    // 使用拷贝构造函数
    std::pair<int, std::string> pair3(pair2);
    std::cout << "Pair 3: " << pair3.first << ", " << pair3.second << std::endl;
    // 使用赋值运算符
    std::pair<int, std::string> pair4;
    pair4 = pair1;
    std::cout << "Pair 4: " << pair4.first << ", " << pair4.second << std::endl;
    return 0;
}
```

运行结果：

```
Pair 1: 1, one
Pair 2: 2, two
Pair 3: 2, two
Pair 4: 1, one
```

2）map与multimap

map是基于红黑树实现的关联容器，它存储一组有序的键值对。map中的元素是按照键进行排序的，并且不允许多个元素具有相同的键（multimap允许存储具有相同键的元素）。map适用于需要根据键进行查找、插入和删除数据等操作的场景。使用map与multimap时，应包含头文件map。

map中的元素实际上是一个pair对象，包含两个数据成员：first和second。first称为键（key），每个键只能在map中出现一次；second称为该键的值（value）。例如，map<int, string> m;可以将整数映射为字符串。

map重载了运算符“[ ]”，允许使用键作为下标来获取对应的值。由于map中的元素是按照键有序排列的，所以比较函数只对map中元素的键进行比较。

注意：不能直接修改map容器中元素的键。因为map中的元素是按照键排序的，当元素的键被修改后，map并不会自动调整元素的顺序，这会导致容器的有序性被破坏，之后在其上进行查找等操作就会得到错误的结果。

由于map与set都是基于红黑树实现的关联容器，所以它们的用法相似。表16-4列出了map常用的成员函数，详细内容请查阅STL手册。

表16-4　map常用的成员函数

成员函数	作用
begin( )	返回指向第一个（最小）元素的迭代器
end( )	返回的迭代器是最后一个元素后面的位置，不是最后一个元素的迭代器
insert(element)	插入元素到map中，元素一般由make_pair（键，值）生成
erase(key/it)	删除map中指定位置或者指定键的元素
find(key)	返回键等于指定键的元素的位置迭代器，如果不存在则返回map.end( )函数
count(key)	统计键等于指定键的元素的个数，由于map中每个元素的键都不相同，因此count( )函数的结果只能是1或者0
operator[ ]	取/赋值map中的元素的指定键的对应值，类似数组的下标运算
clear( )	清除map的所有元素，size( )函数变为0
size( )	返回元素个数，即map的大小，也就是map中已有元素的个数
empty( )	判断map是不是空，等价于判断size( )函数是不是0

下面介绍map支持的基本操作，multimap支持的操作与map类似，在此不再讨论。

例16.17 map对象的定义、插入map元素与遍历。

```
#include <iostream>
#include <map>                                          // 包含map容器库
int main( ){
    std::map<int, std::string> m;                       // 定义一个空map，键类型为int，值类型为string
    // 向m中插入元素，按键由小到大排序
    m[1] = "one";                                       // 向m中添加元素，键为1，值为"one"
    m[3] = "three";                                     // 向m中添加元素，键为3，值为"three"
    m[2] = "two";                                       // 向m中添加元素，键为2，值为"two"
    // 使用迭代器遍历map
    std::map<int, std::string>::iterator it;     // 定义一个迭代器
    for(it = m.begin( ); it != m.end( ); ++it) {
        std::cout << (*it).first << ": " << (*it).second << std::endl;   // 输出键和值
    }
    return 0;
}
```

运行结果：

```
1: one
2: two
3: three
```

说明：程序演示了如何使用std::map来存储键值对，首先向map中添加三个键值对，然后使用一个迭代器遍历map，并输出每个键值对。默认情况下，map中的元素是按照键的顺序排列的，本例按整数从小到大排序。

例16.18 在map中插入元素与删除元素。

```
#include <iostream>
#include <map>                    // 包含map容器库
using namespace std;
```

```
int main( ){
    // 创建一个map，键类型为string，值类型为float，且按照键降序排列
    map<string, float, greater<string>> m;
    // 分别使用pair的构造函数和make_pair( )生成元素，并向m中插入元素
    m.insert(pair<string, float>("Li", 85.5));
    m.insert(pair<string, float>("Sun", 75));
    m.insert(make_pair("Guo", 90.5));
    m.insert(make_pair("Wang", 95));
    // 删除键为"Li"的元素
    m.erase("Li");
    // 获取m的迭代器，指向第一个元素
    map<string, float, greater<string>>::iterator it = m.begin( );
    m.erase(it);              // 删除迭代器指向的元素，即删除第一个元素
    for(auto e : m) {         // 遍历map，输出所有键值对
        cout << e.first << ": " << e.second << endl;
    }
    return 0;
}
```

运行结果：

```
Sun: 75
Guo: 90.5
```

说明：程序首先创建了一个map对象m（通过greater<string>实现按键降序排列），并向其中插入了4个键值对。其次，程序删除了键为"Li"的元素，接着删除了第一个元素（当前键最大的元素，因为map是按照降序排列的）。最后，程序遍历map，输出剩余的键值对。

例 16.19　在map中查找元素。

```
#include <iostream>
#include <map>
int main ( ) {
    std::map<char, int> m;
    std::map<char, int>::iterator it;
    m['a'] = 10;
    m['b'] = 50;
    m['c'] = 40;
    m['d'] = 20;
    it = m.find('b');
    if(it != m.end( )) {
        std::cout << it->first << ": " << it->second << "\n";         // 输出b: 50
    } else {
        std::cout << "Key-->b not found.\n";
    }
    return 0;
}
```

16.2.3　容器适配器

在C++语言中，适配器（adapter）是STL中的一组特定类，其主要作用是将一个类的接口转换成程序所需要的另一种接口形式。以现实生活中的电源适配器为例，某电源插座提供的是220 V的交流电，而为某手机充电可能需要的是5 V的直流电。这时，就需要一个充电器将220 V的交流电转换为5 V的直流电，以供手机充电使用。这个充电器就是电源适配器。同样，人们日常使用的通用串行总线（universal serial bus，USB）转接口也是适配器的一种。

在STL中，容器适配器包括stack（栈）、queue（队列）和priority_queue（优先队列）三种。它们底层封装了序列容器（如vector、deque），屏蔽了序列容器的一部分功能，同时突出或增

加了另外一些功能，以满足特定场景的需求。这样，开发者在某些场景就可以更加方便地使用这些数据结构，而不必关心它们的底层实现细节。

容器适配器都包含以下两个成员函数。

（1）push( )：在容器适配器中添加一个元素。

（2）pop( )：删除适配器中的一个元素（对于stack而言是栈顶元素，对于queue和priority_queue则是队头元素）。

需要注意的是，容器适配器没有迭代器，也不能通过下标对元素进行访问。对容器适配器的操作只能通过其成员函数来完成，因此STL中的排序、查找、变序等算法都不适用于容器适配器。

1. stack

在C++语言中，stack是一种容器适配器，它是一个后进先出（last in first out，LIFO）的线性表，插入和删除元素只能在表的一端（栈顶）进行。插入元素的一端称为栈顶（stack top），而另一端叫作栈底（stack bottom）。在stack中插入元素叫作入栈或压栈（push），删除元素叫作出栈或弹栈（pop）。stack的结构示意如图 16-5 所示。

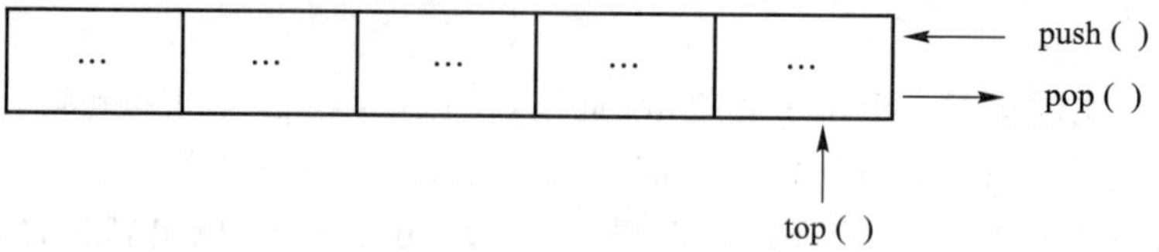

图 16-5　stack的结构示意

stack适配器默认使用deque作为其底层容器，使用stack时应包含头文件stack。

stack主要用来存储和管理那些需要按照特定顺序访问的数据，在程序设计中有广泛的应用。例如，编辑器中的撤销（undo）机制就是用stack来记录连续的操作变化，撤销操作可以取消最后一个操作，这是发生在栈顶的操作。

stack除了提供入栈、出栈操作外，还有如下常用的成员函数。

（1）top( )：返回适配器顶部（对stack而言）或队头（对queue、priority_queue而言）的元素的引用。

（2）size( )：返回栈中元素的个数。

（3）empty( )：判断栈是不是空，若为空，则返回true，否则返回false。

（4）swap( )：用来交换两个栈的元素。

例 16.20　栈的基本操作。

```
#include <iostream>
#include <stack>
int main( ) {
    std::stack<int> myStack;
    // 向栈中添加元素
    for(int i = 1; i <= 5; ++i) {
        myStack.push(i * 10);                   // 10、20、30、40、50 依次入栈
    }
    std::cout << "栈顶元素是：" << myStack.top( ) << std::endl;        // 访问栈顶元素
    myStack.pop( );                             // 移除栈顶元素
    // 再次访问栈顶元素
    std::cout << "移除一个元素后，栈顶元素是：" << myStack.top( ) << std::endl;
    if(!myStack.empty( )) {                     // 检查栈是不是空
        std::cout << "栈不为空" << std::endl;
```

```
    }
    std::cout << "栈的大小是：" << myStack.size( ) << std::endl;        // 获取栈的大小
    std::cout << "栈中元素：";
    while(myStack.empty( ) != true) {                      // 遍历栈中元素
        std::cout << myStack.top( ) << " ";
        myStack.pop( );
    }
    std::cout << "\n";
    return 0;
}
```

运行结果：

```
栈顶元素是：50
移除一个元素后，栈顶元素是：40
栈不为空
栈的大小是：4
栈中元素：40 30 20 10
```

例 16.21　栈的应用，十进制数转换为*R*进制数。

问题描述：对于输入的任意一个非负十进制整数n（$n \leqslant 1\,000\,000\,000$），打印输出与其等值的*R*进制数，其中*R*的取值为 2、8、16。

问题分析：十进制数转换为*R*进制数是用计算机实现计算的基本问题，其解决方法多种多样。其中一种简单算法是采用除*R*取余法。该算法的实现原理基于公式：$N=(N \text{ div } d)\times d+N \bmod d$（其中div表示整除运算，mod表示求余运算）。在本例中，使用栈来存储每次取余操作得到的余数。当输入的十进制数n大于 0 时，执行循环；在每次循环中，计算$n \% r$（余数），并将该余数入栈；随后更新n的值为n/r（商），以便进行下一次循环；最后，依次输出栈中的元素，即可得到对应的*R*进制数。

```
#include <iostream>
#include <stack>
#include <string>
using namespace std;
// 将一个十进制数n转换为R进制数
string decToR(int n, int r) {
    string digits = "0123456789ABCDEF";        // 支持 2 到 16 进制，包含所有可能的数字字符
    stack<char> remStack;                       // 使用栈来存储余数，以便最后逆序输出
    while(n > 0){                               // 循环，直到n为 0
        int rem = n % r ;                       // 计算n除以r的余数
        remStack.push(digits[rem]);             // 将余数对应的字符入栈
        n /= r;                                 // n更新为n除以r的商，继续下一次循环
    }
    string result = " ";                        // 初始化结果字符串
    // 当栈不为空时，循环出栈
    while(!remStack.empty( )) {
        result += remStack.top( );              // 将栈顶元素加到结果字符串的末尾
        remStack.pop( );                        // 弹出栈顶元素
    }
    return result;                              // 返回转换后的R进制数字符串
}
int main( ) {
    int n;
    int r;
    cout << "Enter a decimal number: ";
    cin >> n;
    cout << "Enter the base (2, 8, or 16): ";
    cin >> r;
    if(r != 2 && r != 8 && r != 16) {
```

```
        cout << "Invalid base.Base must be 2, 8, or 16." << endl;
        return 1;
    }
    string result = decToR(n, r);
    cout << "The number " << n << " in base " << r << " is: " << result << endl;
    return 0;
}
```

运行结果：

```
Enter a decimal number: 126↙                    // 第1次输入
Enter the base (2, 8, or 16): 2↙
The number 126 in base 2 is: 1111110
Enter a decimal number: 126↙                    // 第2次输入
Enter the base (2, 8, or 16): 16↙
The number 126 in base 16 is: 7E
```

2. queue

在C++语言中，queue是一种容器适配器，它实现了先进先出（first in first out，FIFO）的线性表。queue只允许在前端（队头）进行删除操作，而在后端（队尾）只允许进行插入操作。在queue中插入元素称为入队［使用push( )函数］，在queue中删除元素称为出队［使用pop( )函数］。queue的结构示意如图16-6所示。

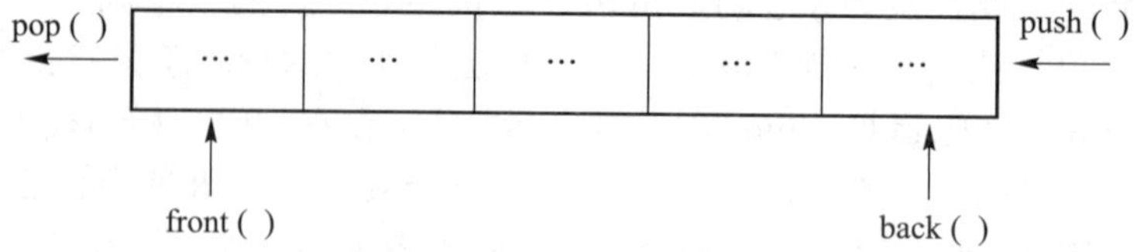

图16-6 queue的结构示意

queue是基于底层容器如deque或list实现的，默认是基于deque实现的。queue的性能特性依赖于其底层容器的性能特性。使用queue时，应包含头文件queue。

queue常用于需要按特定顺序处理元素的场景，如任务调度、缓冲处理等。

除了提供入队、出队操作外，queue还提供了如下常用的成员函数。

（1）front( )：返回队列第一个元素的引用。

（2）back( )：返回队列最后一个元素的引用。

（3）size( )：返回队列中元素的个数。

（4）empty( )：判断队列是不是空，若为空，则返回true，否则返回false。

例16.22 队列的基本操作。

```
#include <iostream>
#include <queue>
int main( ){
    std::queue<int> myQueue;
    for(int i = 1; i <= 5; ++i) {
        myQueue.push(10 * i);                   // 依次插入元素10、20、30、40、50
    }
    // 访问第一个元素
    std::cout << "Front element: " << myQueue.front( ) << std::endl;
    // 访问最后一个元素
    std::cout << "Back element: " << myQueue.back( ) << std::endl;
    myQueue.pop( );                             // 移除第一个元素
    // 访问移除后的第一个元素
    std::cout << "Front element after pop: " << myQueue.front( ) << std::endl;
```

```
    std::cout << "Elements in the queue: ";
    while(!myQueue.empty( )) {                    // 遍历队列
        std::cout << myQueue.front( ) << " ";
        myQueue.pop( );
    }
    std::cout << "\n";
    return 0;
}
```

运行结果：

```
Front element: 10
Back element: 50
Front element after pop: 20
Elements in the queue: 20 30 40 50
```

例 16.23 队列的应用。

模拟一个简单的银行排队系统，客户到达银行后会被添加到队列中等待服务。每当柜台空闲时，队列中的下一个客户就会被服务。

```
#include <iostream>
#include <queue>
#include <string>
// 定义一个简单的客户结构体
struct Customer {
    std::string name;
    int serviceTime;                                          // 服务时间(s)
};
int main( ){
    std::queue<Customer> customerQueue;                       // 创建客户队列
    // 添加客户到队列
    customerQueue.push({"Li", 50});                           // Li需要50 s的服务时间
    customerQueue.push({"Wang", 30});
    customerQueue.push({"Zhang", 100});
    // 服务队列中的客户
    while(!customerQueue.empty( )) {
        // 从队列中获取下一个客户
        Customer currentCustomer = customerQueue.front( );
        // 打印客户信息和服务时间
        std::cout << "Serving: " << currentCustomer.name << " (Service Time: "
                  << currentCustomer.serviceTime << " seconds)" << std::endl;
        customerQueue.pop( );                                 // 从队列中移除已完成服务的客户
    }
    std::cout << "All customers served." << std::endl;
    return 0;
}
```

运行结果：

```
Serving: Li (Service Time: 50 seconds)
Serving: Wang (Service Time: 30 seconds)
Serving: Zhang (Service Time: 100 seconds)
All customers served.
```

说明：程序定义了一个简单的结构体Customer，用于存储客户的姓名和所需的服务时间。其次，使用std::queue创建一个客户队列，并向队列中添加多个客户。再次，程序模拟柜台服务客户的过程，每次从队列中取出一个客户并打印相关信息。

这个程序演示了如何使用STL中的queue容器来实现一个简单的银行排队系统。用户可以根据需要修改客户类型或服务逻辑，以适应不同的应用场景。

3. priority_queue

priority_queue是STL中的一个容器适配器。它的底层实现可以基于std::vector，也可以基于std::deque，默认情况下是基于std::vector实现的，其主要特点如下。

（1）priority_queue的最大元素总是位于队列的前端，其内部不一定完全有序，但能保证最大元素总在队头。

（2）priority_queue的底层实现是一个动态数组，其长度可以根据需要自动增长和缩减。

（3）priority_queue的插入和删除操作（提取最大元素）的时间复杂度都是$O(\log n)$，其中n是队列中元素的数量。

（4）priority_queue默认的元素比较器为std::less<T>，也就是说，要插入队列的元素必须是能用"<"运算符进行比较的，而且队列保证以下条件总是成立的：对于队头元素x和任意的非队头元素y，表达式$x < y$必须为false。当然，用户也可以指定比较规则。

（5）priority_queue主要用于用户需要维护一组元素，并且经常需要访问这些元素中的最大元素（或者根据提供的比较函数，访问最"优先"的元素）的场景。要使用priority_queue，需要包含头文件queue。

除了提供入队、出队操作外，其他priority_queue常用的成员函数如下。

（1）top( )：返回priority_queue的顶部元素，即最大元素，但不删除它。

（2）empty( )：检查priority_queue是不是空，若为空，则返回true，否则返回false。

（3）size( )：返回priority_queue中元素的个数。

例 16.24 priority_queue的基本操作。

```
#include <iostream>
#include <queue>
int main( ) {
    std::priority_queue<int> pq;
    pq.push(10);
    pq.push(30);
    pq.push(20);
    pq.push(5);
    std::cout << "队列中的元素个数：" << pq.size( ) << std::endl;
    std::cout << "队列中的元素：";
    while(!pq.empty( )) {
        std::cout << pq.top( ) << " ";
        pq.pop( );
    }
    return 0;
}
```

运行结果：

```
队列中的元素个数：4
队列中的元素：30 20 10 5
```

说明：若把pq的定义改为std::priority_queue <int, std::vector<int>, std::greater<int>> pq;，则pq为小顶堆，元素的输出顺序是从小到大。

例 16.25 自定义priority_queue的比较规则。

```
#include <iostream>
#include <string>
#include <queue>
#include <vector>
using namespace std;
```

```
class Student {                            // 定义Student类
    public:
        int m_id;                          // 学号
        string m_name;                     // 姓名
        int m_score;                       // 成绩
        // 构造函数
        Student(int id, string name, int score) : m_id(id), m_name(name), m_score(score) { }
        // 重载小于运算符, 用于优先队列的比较
        bool operator<(const Student& s) const {
            return this->m_score > s.m_score;      // 实现从小到大排序
        }
};
int main( ) {
    int n;
    cout << "输入学生数量: ";
    cin >> n;
    priority_queue<Student> pq;               // 定义一个优先队列, 用于存储学生信息
    cout << "输入学生信息(学号 姓名 成绩): " << endl;
    for(int i = 0; i < n; ++i) {
        int id, score;
        string name;
        cin >> id >> name >> score;
        pq.push(Student(id, name, score));   // 将学生信息加入优先队列
    }
    cout << "按成绩从小到大输出的学生信息: " << endl;
    while(!pq.empty( )){
        Student s = pq.top( );               // 获取队头元素
        pq.pop( );                           // 弹出队尾元素
        cout << s.m_id << ", " << s.m_name << ", " << s.m_score << endl;
    }
    return 0;
}
```

运行结果:

```
输入学生数量: 3↙
输入学生信息(学号 姓名 成绩):
20240105 Li 85↙
20240103 Wang 91↙
20240101 Sun 86↙
按成绩从小到大输出的学生信息:
20240105, Li, 85
20240101, Sun, 86
20240103, Wang, 91
```

说明: 本例首先定义了一个Student类，并重载了小于运算符“<”，以便在优先队列中使用。在main( )函数中，循环输入每个学生的学号、姓名和成绩，并将这些信息存储到优先队列中。然后，程序遍历优先队列，按成绩从低到高输出学生的信息。

16.3 迭 代 器

软件设计有一个基本原则，即所有的问题都可以通过引入一个间接层来简化。这种简化在STL中就是通过迭代器来实现的。对于容器设计者来说，只要系统提供适当的迭代器，用户就可以遍历容器中的数据，容器设计者只需关注如何设计容器，而不用关心数据将被用于何种操作。对于算法设计者来说，只是通过迭代器来操作数据，只需关注算法的设计，而不必关心数

据存储在什么类型的容器中。这样就很好地实现了数据结构与算法的分离。迭代器在STL中起到了将算法和容器联系起来的作用，就像一种黏合剂。在C++语言中，STL提供的大部分算法都是通过迭代器来存取元素序列进行工作的，每一种容器都定义了其专有的迭代器，用以存取容器中的元素。

迭代器是对容器内的元素进行访问和遍历的一种抽象机制。它允许程序员在不关心容器的具体实现细节的情况下，以统一的方式访问容器内的元素。

迭代器用于指向序列容器和关联容器中的元素，有const和非const两种。用户通过const迭代器可以读取它指向的元素，而通过非const迭代器还能修改其指向的元素。

定义迭代器的一般形式如下：

```
容器类名::iterator 变量名;              // 定义非const迭代器
容器类名::const_iterator 变量名;        // 定义const迭代器
```

例如：

```
std::vector<int>::iterator it;        // 定义一个指向vector<int>的迭代器变量it
```

访问一个迭代器指向的元素与访问指针指向的元素类似，形式如下：

```
*迭代器变量名
```

在前面的例子中，程序已多次定义和使用了迭代器变量来引用容器中的元素。

STL提供了5种基本的迭代器，按功能强弱分为输入、输出、正向、双向、随机访问5种类型。所有迭代器均支持的操作如下：

```
X b(a);                 // 利用拷贝构造函数定义迭代器变量
b = a;                  // 赋值
++a, a++                // 自增运算
```

其中，X表示迭代器类型，a和b是此迭代器类型的对象。

1. 输入迭代器

输入迭代器（input iterator）是有限的迭代器类型之一，它可以执行按顺序的单次输入操作（读取数据），其支持的操作如下：

```
a == b                  // 判断两个迭代器变量是否相等
a != b                  // 判断两个迭代器变量是否不相等
*a                      // 解引用迭代器所指的元素
a->m                    // 引用迭代器所指元素的成员m
```

2. 输出迭代器

输出迭代器（output iterator）也是有限的迭代器类型之一，它可以执行顺序的单次输出操作（写入数据）。对于非常量输出迭代器，其支持的操作如下：

```
*a = t;                 // 用t给迭代器所指元素赋值
*a++ = t;               // 用t给迭代器所指元素赋值，然后迭代器a移至下一个元素
```

其中，t是迭代器指向的类型的对象。

3. 正向迭代器

正向迭代器（forward iterator）具有输入迭代器的所有功能，如果它不是const迭代器，那么它还具有输出迭代器的功能，它仅限于在一个范围内向一个方向（正向）迭代。所有标准容器都至少支持正向迭代器。

4. 双向迭代器

双向迭代器（bidirectional iterator）类似于正向迭代器，但它也支持向反向迭代。例

16.12 就使用了反向迭代器来遍历 set。双向迭代器还支持如下增减操作：

```
--a, a--              // 自减运算
*a--                  // 先解引用再自减
```

5. 随机访问迭代器

随机访问迭代器（random iterator）实现了双向迭代器的所有功能，并且支持非顺序访问：通过向迭代器应用偏移量，可以直接访问远端元素，而无须迭代当前元素与远端元素之间的所有元素。随机访问迭代器具有与标准指针类似的功能（指针是此类型的迭代器），其另外支持的操作如下：

```
a + n, n + a                 // 返回a之后第n个元素的位置
a - n                        // 返回a之前第n个元素的位置
a - b                        // 返回a、b之间的距离(元素个数)
a < b, a <= b                // 判断迭代器a是否在迭代器b的后面或二者是不是同一位置
a > b, a >= b                // 判断迭代器a是否在迭代器b的前面或二者是不是同一位置
a += n                       // 迭代器变量向前跳n个元素的位置
a -= n;                      // 迭代器变量向后跳n个元素的位置
a[n]                         // 获取索引位置n的元素
```

其中，n是整数值。

表 16-5 给出了不同容器支持的迭代器。

表 16-5　不同容器支持的迭代器

容器	支持的迭代器类型
vector/ deque	随机访问迭代器
list	双向迭代器
forward_list	正向迭代器
set/multiset	双向迭代器
map/multimap	双向迭代器
stack/ queue/ priority_queue	不支持迭代器
无序容器	正向迭代器

16.4 算　法

STL 中的算法实际上是一系列的函数模板，STL 中大约有 70 种算法，这些算法以迭代器为参数，提供了一套标准的方法来处理各类容器的元素。

16.4.1　算法概述

1. 算法头文件

STL 中的算法头文件主要由三个核心头文件组成：algorithm、numeric 和 functional。这些头文件提供了丰富的算法模板，用于在容器上执行各种操作，极大地提升了 C++ 程序的开发效率和可维护性。

algorithm 头文件是 STL 中最大的头文件，包含各种常用的算法模板，这些算法模板主要

用于序列操作，如比较、交换、查找、遍历、复制、修改、排序等。

numeric头文件相对较小，主要包含一系列在数值序列上进行数学运算的算法模板。尽管头文件名为numeric，但其中的算法模板也具有一定的灵活性，能够适用于部分非数值序列的计算，如累积、部分和等。

functional头文件定义了一些模板类，这些模板类用于声明函数对象。函数对象是支持函数调用运算符operator( )的对象，它经常与STL中的算法配合使用，特别是那些需要自定义比较或操作的算法，如函数对象模板类（less、greater）、逻辑操作（logical_and、logical_or）等。

2. 算法的分类

STL中的算法大致可以分为以下几类。

（1）非修改性序列操作：这类算法不会改变容器中的元素，而是对它们进行查询或计算。例如，find( )算法用于查找指定元素，count( )算法用于统计某个元素在容器中出现的次数，for_each( )算法用于对容器中的每个元素执行给定操作。

（2）修改性序列操作：这类算法会改变容器中的元素或它们的排列顺序。例如，copy( )算法用于将容器中的元素复制到另一个容器中，replace( )算法用于替换容器中的指定元素，remove( )算法［常与erase( )算法配合使用］用于移除容器中的指定元素。

（3）排序及其相关操作：这类算法专注于对容器中的元素进行排序或处理已排序的序列。sort( )算法是常用的排序算法之一，可以对容器中的元素进行排序，merge( )算法用于合并两个已排序的序列，unique( )算法用于移除序列中的重复元素（注意，它要求序列已经排好序）。

（4）数值操作：这类算法主要用于执行数学计算，如求和、求积等。accumulate( )算法是常用的数值算法之一，它可以对容器中的元素进行累加操作。

3. 算法的特点

（1）高度通用性：利用模板机制，可以处理支持必要操作的不同类型的数据。

（2）与容器解耦：通过迭代器使同一套算法适用于提供适当迭代器的不同容器。

（3）易于使用：具有直观的函数原型和语义，便于开发者使用。

（4）高效性：STL中的算法经过精心设计和优化，提供了高效的数据处理能力。

在正式学习STL中的算法之前，先介绍算法中常用的函数对象。

16.4.2 函数对象

1. 函数对象的概念

在C++语言中，STL中的函数对象是一个非常重要的概念，它提供了比传统函数更为灵活和强大的功能。函数对象本质上是一个重载了函数调用运算符“( )”的类，这意味着尽管其使用方式类似于函数调用，但使用函数对象实际上调用的是类实例重载的“( )”运算符，这使得对象可以像普通函数那样被调用。

例 16.26 函数对象示例。

```
#include <iostream>
// 定义一个简单的函数对象类
class Add {
    public:
        int operator( )(int x, int y) {              // 重载“( )”运算符
            return x + y;
        }
};
int main( ) {
```

```
    Add a;                                          // 创建一个Add对象
    std::cout << a(5, 10) << std::endl;             // 调用函数对象，输出15
    return 0;
}
```

说明：a是一个对象，a(5, 10)实际上是a.operator(5, 10)，语句中a看起来像是一个函数名，故称这类对象为函数对象，也就是说，一个对象可以像函数一样使用，但它可以有状态（可以持有数据成员），用于用户自定义操作逻辑。

2. 谓词

谓词（predicate）是返回布尔值的函数对象，它在STL的算法中扮演着重要角色，用于定制算法的行为（作为测试条件）。谓词可以分为一元谓词和二元谓词。

（1）一元谓词：只接收一个参数，返回一个布尔值，常用于判断单个元素是否满足某个条件，如std::find_if()算法。

（2）二元谓词：接收两个参数，返回一个布尔值，常用于定义元素之间的比较规则，如std::sort()算法的自定义排序规则。

3. 内建函数对象

STL提供了一系列内建的函数对象，这些对象封装了常见的数学运算和比较操作，使得算法的使用更加灵活和方便。主要的内建函数对象如下。

（1）算术函数对象：如std::plus、std::minus、std::multiplies等，用于执行基本的算术运算。

（2）关系函数对象：如std::less、std::greater、std::equal_to等，用于比较两个元素的大小或相等性。

（3）逻辑函数对象：如std::logical_and、std::logical_or、std::logical_not等，用于执行逻辑运算。

使用内建函数对象时，需要包含functional头文件。

4. lambda表达式与函数对象

lambda表达式是C++11 标准中引入的一种匿名函数（unnamed function），它允许用户定义一个没有名字的函数对象，并可以在需要的地方直接使用此对象。

lambda表达式的一般形式如下：

```
[ capture ] ( parameters ) -> return_type { body }
```

说明如下。

（1）[capture]：捕获列表，中括号用于向编译器表明当前是一个lambda表达式，不能省略。在中括号内部，可以注明当前 lambda表达式的函数体中可以使用哪些外部变量以及如何使用它们（按值捕获、按引用捕获等）。捕获列表有如下 5 种常用的捕获形式。

①[ ]：空捕获，表示lambda表达式不捕获任何变量。

②[var]：变量捕获，表示捕获局部变量var。

③[=]：隐式捕获，表示捕获所有局部变量。

④[&var]：引用捕获，表示以引用方式捕获局部变量var。

⑤[&]：隐式引用捕获，以引用方式捕获所有局部变量。

（2）parameters：参数列表，与普通函数的参数列表类似。

（3）return_type：函数返回值类型，可以省略，此时编译器会自动推导返回值类型。

（4）body：函数体，包含lambda表达式的实际逻辑的实现代码。

（5）若lambda表达式不需要参数，而且函数没有返回值，则可以将( )、->和返回值类型一起省略。例如，一个最简单的lambda匿名函数[ ] { }，显然，此lambda匿名函数未引入任何外部变量([ ]内为空)，也没有传递任何参数，没有返回值并且函数体为空，所以，这是一个没有任何功能的lambda匿名函数。

例 16.27 lambda表达式的基本使用。

```
#include <iostream>
#include <vector>
#include <algorithm>
int main( ) {
    std::vector<int> v = { 1, 2, 3, 4, 5 };
    // 使用lambda表达式打印容器中的元素
    std::for_each(v.begin( ), v.end( ), [ ](int n) {
          std::cout << n << " ";
    });
    std::cout << std::endl;
    return 0;
}
```

运行结果：

```
1 2 3 4 5
```

说明：程序通过std::vector初始化了一个包含5个整数的vector，并使用STL中的算法std::for_each( )结合lambda表达式遍历并打印了vector中的每个元素。整个程序展示了现代C++语言中一些常用的特性，如lambda表达式和STL中的算法，以实现简洁而高效的容器操作。

例 16.28 捕获外部变量。

```
#include <iostream>
#include <vector>
#include <algorithm>
int main( ) {
    int factor = 2;
    std::vector<int> v = { 1, 2, 3, 4, 5 };
    // 使用lambda表达式，捕获外部变量factor，对每个元素乘以factor
    std::for_each(v.begin( ), v.end( ), [factor](int &n) {
         n *= factor;
    });
    // 打印修改后的容器
    std::for_each(v.begin( ), v.end( ), [ ](int n) {
          std::cout << n << " ";
    });
    std::cout << std::endl;
    return 0;
}
```

运行结果：

```
2 4 6 8 10
```

说明：程序通过lambda表达式和std::for_each( )算法，将vector v中的每个元素都乘以2，并打印出修改后的结果。

注意：lambda表达式捕获外部变量factor后通过引用参数来修改向量中元素的值。

例 16.29 为lambda匿名函数设置函数名。

```
#include <iostream>
int main( ){
    // 为lambda匿名函数定义函数名fun
    auto fun = [ ](int a, int b) -> void {
        std::cout << a << " " << b << std::endl;
    };
    fun(10, 20);                               // 调用lambda函数，输出：10 20
    int n = 10;
    auto f = [n](int x) ->int { return x + n; };
    std::cout << f(10) << std::endl;           // 输出：20
    return 0;
}
```

说明：程序主要展示了lambda表达式的基本用法，包括如何定义、调用lambda表达式以及捕获外部变量。

注意：程序中使用auto关键字为lambda函数定义了一个函数名fun，这样就能像使用普通函数一样来使用匿名函数。

lambda表达式在C++语言中提供了一种简洁、灵活的方式来定义和使用匿名函数。它可以与STL中的算法无缝结合，极大地提高了代码的可读性和可维护性。

例 16.30 函数对象的应用（输入*n*个整数，按从大到小的顺序排序输出）。

```
#include <iostream>
#include <vector>           // 为了引入std::vector
#include <algorithm>        // 为了引入std::sort
#include <functional>       // 为了引入std::greater
// 定义函数对象类，用于比较两个整数
class Comp {
    public:
        bool operator( )(int a, int b) {
            return a > b;
        }
};
// 使用普通函数作谓词
bool cmp(int a, int b) {
    return a > b;
}
// 函数模板，用于遍历并打印vector中的每个元素
template <typename T>
void printVector(const std::vector<T>& v){
    for(auto val : v){
        std::cout << val << " ";
    }
    std::cout << "\n";
}
int main( ) {
    int n;
    std::cin >> n;
    std::vector<int> v(n);
    for(int i = 0; i < n; ++i) {
        std::cin >> v[i];
    }
    // 使用函数对象
    std::sort(v.begin( ), v.end( ), Comp( ));
    // 使用谓词
    std::sort(v.begin( ), v.end( ), cmp);
```

```
    // 使用内建函数对象
    std::sort(v.begin( ), v.end( ), std::greater<int>( ));
    // 使用lambda表达式
    std::sort(v.begin( ), v.end( ), [ ](int a, int b) {
        return a > b;
    });
    printVector(v);
    return 0;
}
```

运行结果：

```
6↙
23 9 87 12 65 18↙
87 65 23 18 12 9
```

说明：程序分别演示了使用函数对象、普通函数、内建函数对象以及lambda表达式作为std::sort( )的谓词参数，来定义排序的顺序规则，并对std::vector<int>中的元素进行排序。

16.4.3 STL的常用算法

在编程时使用STL提供的算法，可以大大提高编程的效率，下面介绍几种常用算法。

1. find( )算法

find( )是非修改性序列算法，原型如下：

```
template<class InputIt, class T>
InputIt find(InputIt first, InputIt last, const T& value );
```

说明：

（1）InputIt：输入迭代器的类型。

（2）first、last：表示要检查的序列范围，[first, last)表示一个左闭右开的区间。

（3）value：要在序列中查找的值。

作用：在序列中查找给定值第一次出现的位置，并返回一个指向该位置的迭代器。如果未找到，则返回一个指向序列末尾的迭代器。

例 16.31 find( )算法的应用示例。

```
#include <iostream>
#include <vector>
#include <algorithm>
int main( ) {
    std::vector<int> v = {1, 2, 3, 4, 5, 6, 7, 8, 9, 10};
    auto it = std::find(v.begin( ), v.end( ), 5);      // 查找值为5的元素
    if(it != v.end( )) {
        std::cout << "Found 5 at position: " << std::distance(v.begin( ), it) << std::endl;
    } else {
        std::cout << "5 not found in the vector." << std::endl;
    }
    return 0;
}
```

运行结果：

```
Found 5 at position: 4
```

说明：distance(first, last)为迭代器成员函数，求first到last之间的元素个数。

2. for_each( )算法

for_each( )是非修改性序列算法，原型如下：

```
template <class InputIterator, class Function>
Function for_each(InputIterator first, InputIterator last, Function fn);
```

说明如下。

(1) InputIterator：输入迭代器的类型。

(2) first 和 last：输入迭代器变量，定义了要遍历的范围[first,last)。

(3) fn：要应用于每个元素的函数或函数对象，它将对范围内的每个元素执行操作。

作用：for_each( )算法按顺序对给定范围内的每个元素执行指定的操作，不会修改元素，也不会改变原来容器的元素次序，只是对元素应用一个操作。

例 16.32 for_each( )算法的应用示例。

```
#include <iostream>
#include <vector>
#include <string>
#include <algorithm>
void printString(std::string s) {              // 定义一个函数，用于输出字符串
    std::cout << s << " ";
}
int main( ) {
    std::vector<std::string> str = {"first", "second", "third", "fourth"};
    // 使用 for_each( )和printString( )函数打印所有元素
    std::for_each(str.begin( ),str.end( ), printString);
    return 0;
}
```

运行结果：

```
first second third fourth
```

3. sort( )算法

sort( )是修改性序列算法，其原型有如下两种重载形式：

```
template <class RandomIt>                                    // 第一种形式
void sort(RandomIt first, RandomIt last );
template <class RandomIt, class Compare>                     // 第二种形式
void sort(RandomIt first, RandomIt last, Compare comp);
```

说明如下。

(1) first, last：表示要排序的序列范围。这是一个半开区间，包含 first 指向的元素，但不包含 last 指向的元素。

(2) comp：一个比较函数，用于比较两个元素。如果第一个参数要在第二个参数之前，则 comp(first, last) 返回 true。这个参数是可选的，默认使用元素类型的"<"运算符。

作用：std::sort( )算法对给定范围内的元素进行排序，使得每个元素都不小于它前面的元素，排序是稳定的，即多次进行排序时，具有相等键值的元素会保持它们的相对顺序。

在前面的程序中已多次使用了 sort( )算法，其详细使用示例见例 16.30。

注意： 不支持随机访问迭代器的容器，不可使用 sort( )算法，如 list、forward_list。

4. binary_search( )算法

binary_search( )是二分查找算法，其原型有如下两种重载形式。

```
template <class ForwardIt, class T>                          // 第一种形式
bool binary_search(ForwardIt first, ForwardIt last, const T& value);
template <class ForwardIt, class T, class Compare>           // 第二种形式
bool binary_search(ForwardIt first, ForwardIt last, const T& value, Compare comp);
```

说明如下。

(1)ForwardIt first, ForwardIt last：表示要搜索的已排序序列的范围。这是一个半开区间，包含first指向的元素，但不包含last指向的元素。

(2)T value：要搜索的值。

(3)Compare comp：一个比较函数，用于比较两个元素。如果第一个参数要排在第二个参数之前，则comp(first, last)返回true。这个参数是可选的，默认使用元素类型的“<”运算符。

作用：binary_search( )算法使用二分查找算法在已排序的序列中查找特定的元素。如果找到该元素，则返回true，否则返回false。

例 16.33 binary_search( )算法的应用示例。

```
#include <iostream>
#include <algorithm>                         // 为了引入std::binary_search, std::sort
#include <vector>
bool cmp (int a, int b) {                    // 比较函数
    return (a < b);
}
int main( ){
    int a[ ] = {1, 2, 3, 4, 5, 4, 3, 2, 1};
    std::vector<int> v(a, a + 9);
    // using default comparison:
    std::sort (v.begin( ), v.end( ));
    std::cout << "looking for a 3...";
    if(std::binary_search (v.begin( ), v.end( ), 3)){
        std::cout << " found!\n";
    }else{
        std::cout << " not found.\n";
    }
    // using cmp as comparison:
    std::sort (v.begin( ), v.end( ), cmp);
    std::cout << "looking for a 6...";
    if(std::binary_search (v.begin( ), v.end( ), 6, cmp)){
        std::cout << " found!\n";
    }else{
        std::cout << " not found.\n";
    }
    return 0;
}
```

运行结果：

```
looking for a 3... found!
looking for a 6... not found.
```

说明：程序演示了如何使用STL算法对数组进行排序和搜索，并展示了如何使用用户自定义的比较函数。

注意：binary_search( )算法只能在顺序存储的有序序列中进行查找，而且用户自定义的比较规则要与有序序列的排序规则一致，否则可能导致未定义的行为。

5. reverse( )算法

reverse( )是倒置算法，原型如下：

```
template <class BidirectionalIterator>
void reverse (BidirectionalIterator first, BidirectionalIterator last);
```

说明如下。

（1）first：指向要反转的序列的第一个元素的迭代器。

（2）last：指向要反转的序列的最后一个元素之后的迭代器。

作用：reverse( )算法将序列中元素的顺序反转。它接收两个迭代器参数，分别表示要反转的序列的开始和结束（不包含last指向的元素）。该算法要求提供的迭代器至少是双向迭代器，这意味着可以通过迭代器向前或向后遍历序列。

例 16.34 reverse( )算法的应用示例。

```
#include <iostream>
#include <string>
#include <algorithm>
int main( ) {
    std::string str = "live evil!";
    std::reverse(str.begin( ), str.end( ));  //反转str中的元素
    std::cout << str << std::endl;           //输出反转后的str: !live evil
    return 0;
}
```

说明：string对象也是序列容器，SLT中的算法也适用于string对象。

上述算法的应用示例展示了STL中算法的主要参数，包括迭代器、函数对象或lambda表达式、值参数、输出迭代器以及专门用于算法的其他参数。这些参数的灵活组合使得STL算法能够广泛应用于各种场景和任务中。因此，在使用STL算法时，了解并正确传递这些参数是至关重要的。

16.5 习 题 16

一、填空题

1．STL是________的缩写，它是一种通用的模板库。

2．在STL中，________是一种对象，它能存储一组元素，这些元素按某种规则进行排列。

3．容器适配器是通过________机制来实现的，它提供了一种对现有容器接口进行转换的手段。

4．在C++语言中，通过重载类的________运算符，可以使类的实例表现得像函数一样。

5．在STL中，________如同一个特殊的指针，用于指向容器中某个位置的数据元素。

二、判断题

1．STL中的容器确实都是类模板，可以存储任意数据类型的对象，只要这些数据类型符合容器的要求。（　　）

2．std::vector是一个序列容器，不是关联容器。关联容器如std::map和std::set是根据键值对存储元素的。（　　）

3．std::stack是一个容器适配器，它通常基于std::deque或std::list实现，而不是基于std::list本身。（　　）

4．STL中的算法是通过函数模板实现的，可以操作符合特定要求的迭代器。（　　）

5. 使用sort()算法对容器进行排序时，可以指定排序规则。 (   )

三、选择题

1. (   )是STL中的序列容器。

A. std::map　　B. std::set

C. std::vector　　D. std::unordered_map

2. 下列关于std::list的描述中，错误的是(   )。

A. std::list是一个双向链表　　B. std::list支持快速插入和删除操作

C. std::list支持随机访问　　D. std::list中的元素按链式存储

3. (   )是容器适配器。

A. std::deque　　B. std::queue

C. std::map　　D. std::unordered_set

4. 下列关于迭代器的说法中，正确的是(   )。

A. 所有迭代器都支持双向迭代

B. 输入迭代器只能读取数据，不能修改数据

C. 输出迭代器可以读写数据

D. 双向迭代器既支持前向遍历也支持后向遍历

5. (   )算法不是STL中的常用算法。

A. std::sort()　　B. std::find()

C. std::reverse()　　D. std::malloc()

6. 函数对象与普通函数的区别在于(   )。

A. 函数对象可以包含状态　　B. 函数对象不能重载

C. 函数对象不能作为参数传递　　D. 函数对象的执行速度更快

7. (   )是STL中的关联容器。

A. std::vector　　B. std::list

C. std::multiset　　D. std::queue

8. (   )不是STL中的迭代器类型。

A. 输入迭代器　　B. 输出迭代器

C. 双向迭代器　　D. 随机访问迭代器之外的一种特殊迭代器

9. 假设it1、it2是STL中list容器的迭代器，以下语句中不合法的是(   )。

A. it1++;　　B. it1--;

C. it1 += 1;　　D. int m = (it1 == it2);

10. 下列不属于函数对象的特征的是(   )。

A. 可以像函数一样被调用

B. 可以包含状态(成员变量)

C. 必须是类的实例

D. 可以与标准库算法结合使用，如std::sort()

四、简答题

1. STL编程思想的核心内容是什么？

2. 什么是迭代器？其作用是什么？

3. 什么是函数对象？其主要应用场景有哪些？

五、编程题

1. 使用 std::vector 存储一组整数，并对其进行排序输出。

2. 使用 std::map 存储一组键值对（{"apple", 1}, {"banana", 2}, {"cherry", 3}），遍历输出 map 的内容。

3. 使用 std::find_if( ) 算法从一个 std::list（存储一组整数）中查找第一个偶数，若找到则输出该偶数，若没有找到则输出“No even number found.”。

4. 使用 std::stack 实现一个简单的括号匹配验证器。编写函数，判定给定的字符串表达式中的括号是否匹配，在 main( ) 函数中验证此函数，若匹配则输出“Valid parentheses.”，否则输出“Invalid parentheses.”。

5. 使用 std::for_each( ) 算法和一个函数对象对一个 std::deque 中的所有元素进行某种操作（例如使 deque 中的所有元素变为原来的 2 倍）。

例题程序　　习题参考答案　　附录

参考文献

[1]谭浩强. C++程序设计[M]. 4版. 北京：清华大学出版社，2021.
[2]谭浩强. C程序设计[M]. 5版. 北京：清华大学出版社，2017.
[3]杨进才，沈显君. C++语言程序设计教程[M]. 4版. 北京：清华大学出版社，2022.
[4]黑马程序员. C++程序设计教程[M]. 2版. 北京：人民邮电出版社，2021.
[5]郭炜. 新标准C++程序设计[M]. 北京：高等教育出版社，2016.
[6]PRATA S. C++ Primer Plus中文版[M]. 6版. 张海龙，袁国忠，译. 北京：人民邮电出版社，2012.
[7]滕国文，丛飚，李闯，等. 算法设计方法与优化[M]. 北京：清华大学出版社，2017.
[8]郑莉，董渊，何江舟. C++语言程序设计[M]. 4版. 北京：清华大学出版社，2010.
[9]STROUSTRUP B. The C++ Programming Language[M]. 4th ed. Boston: Addison-Wesley, 2013.